先进功能材料丛书

植物纤维增强复合材料

李　岩　于　涛　沈轶鸥　著

科学出版社

北　京

内 容 简 介

采用源于大自然且具有高比强度、高比模量及良好吸声隔热性能的植物纤维来设计和制造结构功能一体化的先进复合材料，部分替代人造纤维增强复合材料，并实现其在航空、轨道交通和汽车等高端装备以及在风电、体育休闲等领域的大规模应用，是近年来全球范围内最为关注的基础和应用研究热点之一。本书针对植物纤维独特的微观结构特点，系统介绍了植物纤维增强复合材料的制备工艺、多层级界面结构和性能特点、力学性能、物理特性及工程示范应用案例，同时论述了植物纤维增强复合材料在不同服役环境条件下的耐久性及完整生命周期评价方法。

本书可作为高等院校复合材料类专业研究生的专业课教材或参考书，也可供航空航天类、交通车辆类、土木建筑类等专业的科研人员和工程师阅读参考。

图书在版编目(CIP)数据

植物纤维增强复合材料 / 李岩，于涛，沈轶鸥著．
—北京：科学出版社，2021.1
（先进功能材料丛书）
ISBN 978－7－03－066650－5

Ⅰ.①植…　Ⅱ.①李…　②于…　③沈…　Ⅲ.①植物纤维—纤维增强复合材料　Ⅳ.①TB334

中国版本图书馆 CIP 数据核字(2020)第 214133 号

责任编辑：许　健　责任校对：谭宏宇
责任印制：黄晓鸣 / 封面设计：殷　靓

科学出版社 出版
北京东黄城根北街 16 号
邮政编码：100717
http：//www.sciencep.com
南京展望文化发展有限公司排版
上海当纳利印刷有限公司
科学出版社发行　各地新华书店经销

*

2021 年 1 月第　一　版　开本：B5(720×1000)
2024 年 1 月第六次印刷　印张：12 3/4
字数：251 000

定价：100.00 元

（如有印装质量问题，我社负责调换）

丛书序

功能材料是指具有一定功能的材料，是涉及光、电、磁、热、声、生物、化学等功能并具有特殊性能和用途的一类新型材料，包括电子材料、磁性材料、光学材料、声学材料、力学材料、化学功能材料等等，近年来很热门的纳米材料、超材料、拓扑材料等由于它们具有特殊结构和功能，也是先进功能材料。人们利用功能材料器件可以实现物质的多种运动形态的转化和操控，可以制备高性能电子器件、光电子器件、光子器件、量子器件和多种功能器件，所以其在现代工程领域有广泛应用。

20 世纪后半期以来，关于功能材料的制备、特性和应用就一直是国际上研究的热点。在该领域研究中，新材料、新现象、新技术层出不穷，相关的国际会议频繁举行，科技工作者通过学术交流不断提升材料制备、特性研究和器件应用研究的水平，推动当代信息化、智能化的发展。我国从 20 世纪 80 年代起，就深度融入国际上功能材料的研究潮流，取得众多优秀的科研成果，涌现出大量优秀科学家，相关学科蓬勃发展。进入 21 世纪，先进功能材料依然是前沿高科技，在先进制造、新能源、新一代信息技术等领域发挥着极其重要的作用。以先进功能材料为代表的新材料、新器件的研究水平，已成为衡量一个国家综合实力的重要标志。

把先进功能材料领域的科技创新成就在学术上总结成科学专著并出版，可以有效地推动科学与技术学科发展，推动相关产业发展。我们基于国内先进功能材料领域取得众多的科研成果，适时成立了“先进功能材料丛书”专家委员会，邀请国内先进功能材料领域杰出的科学家，将各自相关领域的科研成果进行总结并以丛书形式出版，是一件有意义的工作。该套丛书的实施也符合我国“十三五”科技创新的需求。

在本丛书的规划理念中，我们以光电材料、信息材料、能源材料、存储材料、智能材料、生物材料、功能高分子材料等为主题，总结、梳理先进功能材料领域的优秀科技成果，积累和传播先进功能材料科学知识、科学发现和技术发明，促进相关学科的建设，也为相关产业发展提供科学源泉，并将在先进功能材料领域的基础理论、新型材料、器件技术、应用技术等方向上，不断推出新的专著。

希望本丛书的出版能够有助于推进先进功能材料学科建设和技术发展，也希望业内同行和读者不吝赐教，帮助我们共同打造这套丛书。

中国科学院院士

2020 年 3 月

前 言

近半个世纪来，复合材料作为新兴材料得到了长足的发展。以碳纤维、玻璃纤维、碳化硅纤维、芳纶纤维为代表的高性能纤维在航空、航天、汽车、风电和建筑等领域得到了广泛的应用。然而，生产这些高性能纤维需要消耗大量的自然资源及能源，更为重要的是，由这些纤维作为增强材料制备的复合材料在服役结束后难以回收和降解，会造成大量的复合材料废弃物，对环境造成不利影响。因此，为了保护环境、减少排放与污染，同时应对日益逼近的能源和资源危机，如何获取并利用来自大自然的天然材料成为国内外研究的热点。作为天然材料的一种，植物纤维由于具有来源广泛、高比性能、吸声隔热等优势，已引起科学界和工程界的广泛关注，特别是将其作为复合材料增强纤维研究的新方法、新成果以及新应用不断涌现。目前，植物纤维增强复合材料的工业应用在欧美有较好的基础，而我国相比有所落后，但相关基础研究工作起步并不算晚。我国农业资源丰富、纺织业发达，再结合已有的研究基础和成果，有望使我国植物纤维增强复合材料成为国际领先的新材料产业。作者所在的课题组是国内较早开展植物纤维增强复合材料研究的单位之一，在植物纤维增强复合材料的力学高性能化和多功能化的基础理论与实验研究领域取得了一系列的研究成果，形成了较为鲜明的研究特色，并已在国家重大工程项目中得到了示范应用。

本书围绕植物纤维增强复合材料，以其高性能化为主线，系统介绍了植物纤维的微观结构特点、植物纤维增强复合材料制备工艺、界面特点、力学行为、声和热等物理性能以及针对力学高性能化和多功能化的工程应用等方面的研究工作。本书共 9 章，第 1 章概述了植物纤维增强复合材料的应用现状；第 2 章介绍了植物纤维的结构和性能特点；第 3 章介绍了植物纤维的改性方法和其增强的复合材料的制备工艺方法，特别是针对其独特的微观结构所开展的多尺度树脂流动和工艺参数对力学性能的影响研究；第 4 章介绍了植物纤维增强复合材料的独特的多层级界面及其失效行为；第 5 章介绍了由纤维空腔、打捻等结构特点带来的植物纤维增强复合材料独特的力学行为及实现力学高性能化的方法；第 6 章介绍了植物纤维增强复合材料声学、热学、电磁、阻尼、燃烧、抗霉菌等物理性能以及改性方法；第 7 章介绍了植物纤维增强复合材料在湿热环境下的吸湿以及力学性能的变化；第 8 章介绍了植物纤维增强复合材料的生命周期评价研究；第 9 章介绍了近年来植物纤维增强复合材料的应用实例。

全书采用了循序渐进的模式编写，结构清晰，注重系统性和科学性，基本理论与工程应用紧密结合，突出了针对具有多层级结构植物纤维增强复合材料的独特研究方法。

由于植物纤维增强复合材料相关研究领域不断有新的进展和成果报道，加之作者水平有限，书中的疏漏和不足之处在所难免，敬请读者批评指正，以便今后修改和提高。

作　者

2020 年 6 月

目　录

第1章 绪 论

先进复合材料具有轻质、高强度、耐腐蚀等特点，已在航空航天、轨道交通、汽车、清洁能源等领域得到越来越广泛的应用。以大型客机为例，波音 787 中复合材料用量占到其结构质量的 50%，而空客 A350 的复合材料用量则达到 53%左右。风力发电作为清洁能源的主要来源之一，风机叶片全部由复合材料制造。然而，制备这些复合材料结构所用的增强纤维多为人造纤维，如碳纤维（简称“碳纤”）和玻璃纤维（简称“玻纤”），生产制造这些纤维不仅消耗大量的能源和资源，而且制品服役结束后回收和处理相当困难，尚无好的解决办法。随着复合材料应用领域和用量的不断扩大，对资源、能源和环境都带来很大的压力和挑战。

近年来，采用来源于大自然的植物纤维为原料制备复合材料已引起国内外的热切关注，这类复合材料不但具有来源广泛、可回收可降解、重量更轻等优势，而且具有较为优异的力学和声热等物理性能。当前，绿色装备和绿色制造都是各国摆在首位的发展目标。欧美等发达国家均制定了一系列国家层面的计划，习近平总书记也提出了“绿水青山就是金山银山”的科学论断。研究开发资源环境友好的绿色材料正成为世界范围内的一个新方向。

与人造纤维相比，植物纤维来源于大自然，具有重量轻、比强度和比模量高、阻尼性能好、吸声隔热性能优异等特点，且加工过程中不会给操作人员带来健康危害（如皮肤刺激等），可通过焚烧等手段实现对其制品的处理。因此，植物纤维是继玻璃纤维、碳纤维等人造纤维之后，又一类引起国内外学者广泛关注的复合材料增强纤维，有望成为部分替代玻璃纤维等人造纤维的有力竞争者。图 1.1 给出了 2000~2019 年发表的与植物纤维增强复合材料相关的 SCI 论文数，呈逐年增加的趋势。

植物纤维（plant fiber）是广泛分布在种子植物中的一种厚壁组织，在植物体中主要起机械支持作用，属于天然纤维的一种，也是目前应用最为广泛的天然纤维。植物纤维普遍对生长环境要求不高，且生长周期较短，主要包括草纤维、非木质纤维和木质纤维等。其中，非木质纤维又可进一步细分为韧皮纤维、树叶纤维、树籽纤维和果纤维等。从韧皮纤维中提取出的苎麻、亚麻、汉麻（大麻）、黄麻和洋麻（红麻），以及从树叶纤维中提取出的剑麻等植物纤维已被复合材料工业界接受多年，这些纤维可被加工成连续纱线或织物，用作复合材料的增强材料。

相比人造纤维，植物纤维具有很多优势，主要包括：可再生、来源丰富、成本低、密度低、比模量较高、绝缘隔热、吸声降噪、可生物降解、加工过程中对成型设备无磨损、燃烧时释放的 CO_2 对环境影响是中性的、且在燃烧时可以热量形式回收能

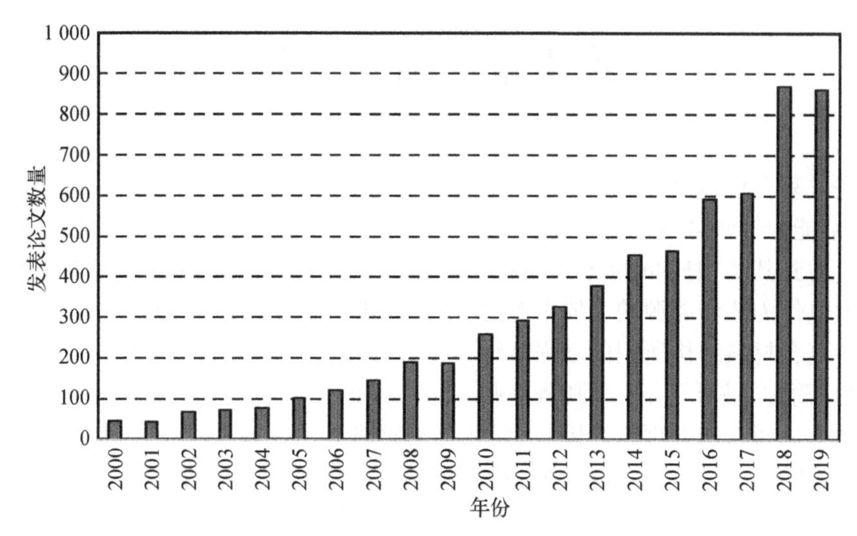

图 1.1 2000~2019 年在 Web of Science 发表的与植物纤维增强复合材料相关的 SCI 论文数量

量,有些植物纤维(如竹纤维)还有抗菌抑菌及抗紫外线的特性。因此,植物纤维已经成为部分替代人造纤维的有力竞争者,目前已在汽车、建材、电子产品、运动器材等工业领域有了一定的应用[1],例如汽车内饰结构(车门内饰板、行李盘和客厢饰板、座椅、地毯、内衬等)、汽车外部构件(底部护板、前保险杠等)、建筑内饰结构(喷涂材料、人造板等)、包装运输(集装箱底板、集装箱内衬板、铁路平车底板、托板等)、露天公共设施(阳台、栅栏、桌椅、花盆、容器等)、电子电器产品(计算机外壳、电器耗材等)、体育用品(滑雪板、高尔夫球杆、枪托等)等一些非承力或次承力结构制品[2-4]。

近年来,植物纤维增强复合材料的市场价值呈不断上升的趋势[5](图 1.2),同时在整个复合材料领域,植物纤维增强复合材料是需求增长最快的产品之一。2005~2010 年,采用植物纤维增强复合材料制造的汽车零部件的年均增长率为 50%左右[6];2010~2016 年,植物纤维增强复合材料全球市场的年均增长率为 75%;至 2019 年,植物纤维增强复合材料全球市场交易额已超过 58 亿美元,从事植物纤维增强复合材料的研发单位和开发公司已形成一套较为完整的产业链[7]。

在汽车领域,早在 20 世纪中期,植物纤维就开始应用于汽车内饰材料,主要的产品形式是无纺织物(nonwoven fabric)。随后,也开发了一些非承力或次承力结构的植物纤维增强复合材料内饰制品。在德国,仅 2005 年,汽车工业就使用了大约 180 000 t 植物纤维增强复合材料,相当于每辆汽车消耗了 16 kg 的该种复合材料。

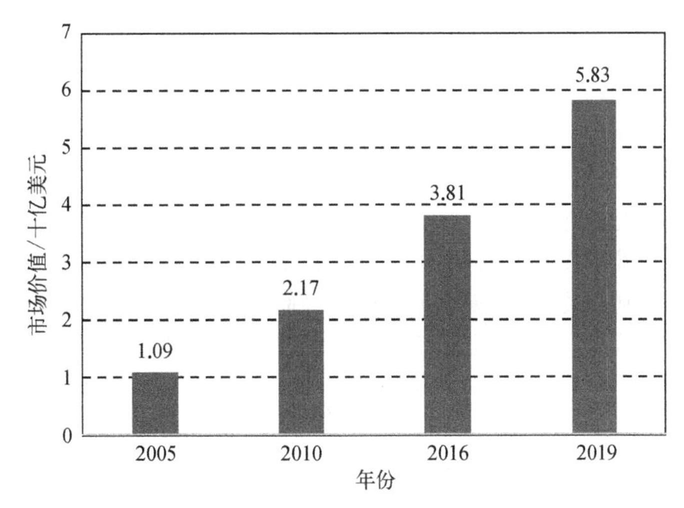

图1.2　2005~2019年天然纤维增强复合材料市场价值趋势[5]

福特公司福克斯轿车的发动机罩使用大麻纤维增强聚丙烯(PP)材料制造,其重量比使用玻璃纤维复合材料减轻了30%;奔驰S级系列轿车使用了32个采用植物纤维制造的部件,总重达24.6 kg。在日本,诸多汽车公司使用可全降解的植物纤维增强聚乳酸(PLA)复合材料制造汽车零部件,丰田公司在"Raum"车型上采用了洋麻纤维增强聚乳酸复合材料制造备用轮胎罩和车垫;马自达公司制造的混合动力汽车"Premacy Hydrogen RE Hybrid"的中控台和内饰板都是由植物纤维增强聚乳酸复合材料制造的;本田公司的燃料电池车"FCX Clarity"顶棚部分也是由植物纤维增强聚乳酸复合材料制造的。在我国,植物纤维增强复合材料在汽车领域的应用相对滞后,除成本等因素之外,制约其发展的技术瓶颈也亟需突破。

在航空领域,碳纤维增强复合材料是研究和发展的主流,主要应用于飞机的主承力和次承力结构;玻璃纤维增强复合材料则主要应用于飞机的次承力结构及功能性的内饰结构等。然而,在国际社会越来越强烈的可持续发展呼声与越来越严格的法律法规性质的减排限制要求下,飞机制造商们已开始考虑选择新型的资源节约与环境友好型复合材料,并开始尝试将其应用于一些特定的飞机结构。欧盟先后出台了一系列大型的研究开发计划,如Clean Sky、Flightpath 2050等;美国等国家也提出了类似的资源利用和环境保护的目标,从而拉开了航空技术,包括航空材料及结构绿色化和可持续发展技术的大幕。将植物纤维增强复合材料逐步应用到飞机制造中去,不仅可以减少飞机所使用材料对石油等资源的依赖,还可望研制开发出新型的轻质多功能复合材料结构件,作为替代玻璃纤维增强复合材料的一个生态经济型新选项。

然而,相对于碳纤维、玻璃纤维等人工合成纤维,植物纤维相对较弱的力学性能以及易燃、强吸湿等特性，限制了其增强复合材料的大规模工业应用。此外，植物纤维增强复合材料的上下游产业，包括植物纤维的来源、植物纤维原材料的提取、植物纤维预浸料的研制、植物纤维增强复合材料的结构设计方法及结构件的开发等都还不够成熟，这也进一步制约了相关产业的发展。

近年来，国内外很多科研机构和生产企业已分别从优化复合材料结构设计和制造工艺方面开展了针对植物纤维增强复合材料高性能化的研究工作。通过研究开发实现植物纤维增强复合材料的高性能化，以及满足阻燃、降噪、阻尼等需求的多功能化设计与制造技术，积累数据和应用经验，大力推动其在汽车、轨道交通、建筑乃至航空等领域的应用，这也是植物纤维增强复合材料未来的发展方向。

参考文献

[1] Thakur V K, Thakur M K. Processing and characterization of natural cellulose fibers/thermoset polymer composites[J]. Carbohydrate Polymers, 2014, 109: 102 - 117.

[2] Kaup M, Karus M, Ortmann S. Use of natural fibers in composites in the German and Austrian automotive industry[J]. Technical Textiles, 2003, 46: 73.

[3] Bledzki A K, Faruk O, Sperber V E. Cars from bio-fibers[J]. Macromolecular Materials & Engineering, 2006, 291: 449 - 457.

[4] Pritchett I. Hemp and lime composites in sustainable construction[C]. Bath: Proceedings of the 11th International Conference on Non-conventional Materials and Technologies (NOCMAT 2009), 2009.

[5] Lucintel Brief. Opportunities in natural fiber composites[EB/OL]. https: //www.lucintel.com/ [2011 - 12 - 03].

[6] 鲁博，张林文，曾竟成.天然纤维复合材料[M].北京：化学工业出版社，2005.

[7] Mansor M R, Salit M S, Zainudin E S, et al. Agricultural biomass based potential materials [M]. Berlin: Springer, 2015.

第2章　植物纤维

植物纤维作为目前应用最广泛的天然纤维,具有环境友好和比强度比模量高等特点,有望部分替代人造纤维。麻纤维、竹纤维、棉纤维等资源丰富,经过提取和编织工艺可制得便于进一步加工的纱线与织物。植物纤维与人造纤维在化学组成和微观结构上有很大区别,具有多层级的结构特点,与人造纤维所具有的均匀光滑表面和单一尺度的结构形成鲜明对比。本章在简要介绍植物纤维分类、化学组成、力学性能等内容基础上,着重介绍植物纤维多层级的微观结构特征,并结合复合材料经典力学理论,建立植物纤维多层级力学计算模型。

2.1　概　述

植物纤维根据来源部位的不同,可分为六大类[1],分别为：韧皮纤维(bast fibers)、叶纤维(leaf fibers)、种子纤维(seed fibers)、草纤维(grass fibers)、木纤维(wood fibers)和稻壳纤维(husk fibers)。韧皮纤维是植物韧皮部的组成部分之一,由两端尖的细长细胞纤维构成,质柔韧,富于弹力。常见的韧皮纤维有亚麻、大麻、黄麻、槿麻、苎麻、菽麻和梵天花等。叶纤维是从草本单子叶植物的叶子上获得的维管束纤维,在经济上形成稳定工业生产资源的主要有剑麻和蕉麻纤维。种子纤维是指一些植物种子表皮细胞生长成的单细胞纤维,主要包括棉纤维、木棉纤维和椰壳纤维等。草纤维中的主要代表是竹纤维,是从自然生长的竹子中提取出的纤维素纤维。木纤维指由木质化的增厚细胞壁和具有细裂缝状纹孔的纤维细胞所构成的机械组织,是构成木质部的主要成分之一。稻壳纤维来源于稻谷等外面的一层壳,由一些粗糙的厚壁细胞组成。表2.1列举了这六类植物纤维中的典型代表。

表2.1　植物纤维的分类[1]

分　类	纤　维　种　类
韧皮纤维	亚麻、大麻、黄麻、洋麻、苎麻、荨麻等
叶 纤 维	剑麻、蕉麻、龙舌兰、菠萝纤维等
种子纤维	棉纤维、椰壳纤维、木棉纤维等
草 纤 维	秸秆、竹纤维等
木 纤 维	软木、硬木等
稻壳纤维	稻米壳、麦壳等

植物纤维是自然界中资源最丰富的天然高分子材料,每年生长总量高达千亿吨,是一种极为重要的资源。麻纤维(包括韧皮纤维和叶纤维)资源稳定丰富,从世界范围来看,工业用麻的种植主要集中在俄罗斯、东亚、西欧、北美、东南亚等地。常见的工业用麻主要有亚麻、苎麻、大麻、剑麻、黄麻、北美红麻等。我国是产麻大国之一,世界上主要麻类作物在我国均有种植,包括亚麻、剑麻、大麻、罗布麻、苎麻、洋麻、黄麻和红麻等。其中苎麻是我国特有的绿色资源,产量占世界总产量的近90%;亚麻生产规模目前已跃居世界第一;洋麻和黄麻在我国有大面积种植,产量占世界总产量的20%;另外,罗布麻也是我国的特产。全球麻纤维年产量在几百万吨量级。亚洲是全球麻和麻纤维的主要产区,其产量为全世界总产量的96.7%[2]。印度、斯里兰卡、菲律宾等是椰壳纤维的主要供应国,我国也具有丰富的椰壳资源,但对椰壳纤维的应用几近空白。传统的提取和加工椰壳纤维的工艺过程使制得的纤维粗细不均匀,导致其最终用途十分有限,开发有效的椰壳纤维提取加工工艺是需首要解决的问题。竹子主要生长在热带、亚热带地区,东亚、东南亚和印度洋及太平洋岛屿上分布最集中,且种类很多。中国是世界上竹纤维的输出大国,每年出口欧美等国家竹产品的产值超过1亿美元。表2.2列举了几种主要的植物纤维的全球年产量及主要产地。

表2.2　各种植物纤维的全球年产量及产地[3]

纤维种类	年产量/百万吨	产　地
蕉　麻	0.10	菲律宾、赤道地区
棉纤维	25	中国、美国、印度、巴基斯坦
椰壳纤维	0.45	印度、斯里兰卡
亚　麻	0.50~1.50	中国、法国、比利时、乌克兰
大　麻	0.10	中国
黄　麻	2.50	印度、孟加拉国
洋　麻	0.45	中国、印度、泰国
苎　麻	0.15	中国
剑　麻	0.30	巴西、中国、坦桑尼亚、肯尼亚

麻纤维主要通过机械物理的方法进行提取。以剑麻纤维为例,剑麻纤维的提取主要有以下几个关键步骤:① 割叶,一般在剑麻种植两年达到一定的成熟度后开割,以保证较高的纤维获得率和较优的力学性能;② 乱麻,指将新鲜的剑麻叶片放入自动或半自动乱麻机中刮掉叶片上的肉质,同时从中提取出纤维;③ 锤洗(冲洗),经过乱麻机加工后的纤维表面可能存在大量的胶质和杂质,通过锤洗工序进一步去除青皮和纤维上的胶质以及杂质;④ 压水,除去杂质后将剑麻纤维放置在压水机上进

行压水,至无水流出为止;⑤ 烘干;⑥ 打包入库。如椰壳纤维,也通过椰子壳获取、浸泡、脱脂、机械打松、挑选和成纤等一系列的机械物理方法进行提取。图 2.1 为洋麻纤维种植、收割、浸麻、分离、梳理、编织等一系列过程的照片。

图 2.1 洋麻纤维的(a) 提取及(b) 纱线和织物的制备过程

竹原纤维则是采用物理和化学相结合的方法提取天然竹纤维。提取过程为：① 制竹片，首先把竹子截断去掉竹节并剖成竹片，竹片的长度根据需要而定；② 煮炼竹片，将竹片放入沸水中煮炼；③ 压碎分解，将竹片取出压碎锤成细丝；④ 蒸煮竹丝，将竹丝再放入压力锅中蒸煮，去除部分果胶、半纤维素和木质素；⑤ 生物酶脱胶，把上述预处理的竹丝浸入含有生物酶的溶液中处理，让生物酶进一步分解竹丝中的木质素、半纤维素、果胶，以获得竹子中的纤维素纤维，在分解木质素、半纤维素和果胶的同时也可在处理液中加入一定量可以分解纤维素的酶，以获得更细的竹纤维；⑥ 梳理纤维，把酶分解后的竹纤维清洗、漂白、上油、柔软、开松梳理后即可获得纺织用的竹原纤维。

2.2 化学组成

植物纤维主要由纤维素、木质素、半纤维素、果胶、蜡质等成分组成，这些组分在植物纤维中的含量取决于纤维的来源、生长条件、生长时间以及加工工艺等。纤维素是植物纤维中最重要的组分，在多种植物纤维中的含量可达70%以上。纤维素是D-葡萄糖以β-1,4糖苷键组成的大分子多糖，聚合度在10 000左右[4]，每个重复单元含有3个羟基基团，这也使得植物纤维具有很强的亲水性。纤维素分子排列规整、聚集成束，以微纤丝的形式构成了细胞纤维壁层的构架，而构架之间则充满了半纤维素和木质素。植物纤维中细胞纤维的壁层结构非常紧密，在纤维素、半纤维素和木质素分子之间存在着不同的结合力：纤维素和半纤维素或木质素分子之间的结合主要是依赖于氢键；半纤维素和木质素之间除氢键外，还存在着化学键的结合，因此从植物纤维原料中分离的木质素总含有少量的碳水化合物。不同于人造纤维单一的化学组成，植物纤维可以被看作是一种以纤维素微纤丝为增强体，以木质素、半纤维素为基体的高分子复合材料。表2.3总结了植物纤维中细胞纤维壁层中纤维素、半纤维素和木质素的化学结构和化学组成。

表2.3　植物纤维中纤维素、半纤维素和木质素化学结构特性[5]

项　目	纤维素	半纤维素	木质素
结构单元	D-葡萄糖基	D-木糖、甘露糖、L-阿拉伯糖、半乳糖、葡萄糖醛酸	愈创木基丙烷(G)、紫丁香基丙烷(S)、对羟基苯丙烷(H)
结构单元间连接键	β-1,4糖苷键	主链大多为β-1,4糖苷键、支链为β-1,2糖苷键、β-1,3糖苷键、β-1,6糖苷键	多种醚键和碳—碳键主要是β-O-4型醚键
聚合度	几百到几万	200以下	4 000

续表

项目	纤维素	半纤维素	木质素
聚合物	β-1,4 葡聚糖	木聚糖类、半乳糖葡萄糖甘露聚糖、葡萄糖甘露聚糖	G 木质素、GS 木质素、GSH 木质素
结构	由结晶区和无定形区两相组成立体线性分子	有少量结晶区的空间结构不均一的分子，大多为无定形	不定形的、非均一的、非线性的三维立体聚合物
三种成分之间的连接	无化学键结合	与木质素有化学键结合	与半纤维素有化学键结合

由纤维素、半纤维素和木质素相互交织形成植物纤维中细胞纤维的壁层，其中任何一类成分的降解都必然受到其他成分的制约。如木质素对纤维素酶和半纤维素酶降解植物纤维中碳水化合物有空间的阻碍作用，致使许多纤维素分解菌不能侵袭完整的植物纤维原材料。植物纤维原材料的主要结构成分是化学性质很稳定的高分子化合物，不溶于水，也不溶于一般的有机溶剂，在常温下，也不能被稀酸和稀碱所水解。三类主要成分纤维素、半纤维素和木质素一般组成比例为 4 : 3 : 3，但不同来源的植物纤维其比例存在差异。表 2.4 列举了不同种类植物纤维的化学成分对比，也可以看出不同种类的植物纤维在组成上差异较为明显。

表 2.4 不同种类植物纤维的化学组成[6-8]

植物纤维	纤维素/%	半纤维素/%	木质素/%	果胶/%	蜡质/%	螺旋角/(°)
亚麻	62~72	18.6~20.6	2~5	2.3	1.5~1.7	10
大麻	55~90	6~22.4	2~10	0.9	0.8	6
剑麻	52.8~78.0	10.0~19.3	8.0~13.5	10	2.0	20
蕉麻	56~68	20~25	7~9	0.8	3.0	—
苎麻	61.8~76.2	5.3~16.7	0.6~9.1	1.9	0.3	8
黄麻	58.0~71.5	13.6~20.4	12~13	0.4	0.5	8
洋麻	31~72	15.0~29.7	9.0~21.5	3~5	—	6~10
菠萝纤维	80~83	17.5	8.3~12	4	—	—
椰壳纤维	32~63	0.1~0.3	41~45	3.0~4.0	—	—
棉纤维	82~90	4.0~5.7	0.7	4.0~6.0	0.6~3	—
竹纤维	26~54	11~30	21~31	—	—	—

2.3 微观结构

植物纤维除具有复杂的化学组成外，还具有独特的多层级微观结构(hierarchical

structure），这与均匀实心的人造纤维有很大的不同。以剑麻纤维为例，从纤维结构的角度来看，单根植物纤维也称技术纤维（technical fiber），是由一束中空的细胞纤维组成，剑麻纤维中的细胞纤维是厚壁中空结构[9]（图 2.2），由初生壁（primary wall）、次生壁（secondary wall）以及中部空腔（lumen）组成。初生壁是由原生质体在细胞生长过程中分泌形成，厚度约为 0.2 μm，主要成分为果胶、低结晶度的纤维素和半纤维素木葡聚糖。次生壁则是在细胞停止生长后，由原生质体代谢生成的细胞壁物质沉积在细胞纤维壁层的内层形成的，占据细胞纤维壁层厚度的绝大部分，主要是由螺旋排列的纤维素微纤丝（microfibrils）增强木质素和半纤维素构成，通常由外至内分为三层，分别称为 S1 层、S2 层和 S3 层，每一层的相对厚度、微纤丝螺旋角（microfibril angle，MFA）均不相同[10]，厚度分别为 0.08 ~ 0.2 μm、1 ~ 10 μm和 0.1 μm，即 S2 层厚度相对最大，约占 70%，最厚的 S2 层决定了植物纤维的力学性能。构成每层细胞纤维壁层的最小结构单元是微纤丝，微纤丝相互交织成网状，构成了细胞纤维壁层的基本构架，而纤维轴向和微纤丝之间的夹角定义为微纤丝螺旋角，S1 层是交叉的网络，S3 层呈横向取向，这两层的 MFA 较大，相比之下，S2 层呈螺旋取向结构，MFA 一般在 20°以内。在微纤丝的某些区域，纤维素分子排列得非常有序，从而使纤维素具有晶体性质。细胞纤维壁层因纤维素、半纤维

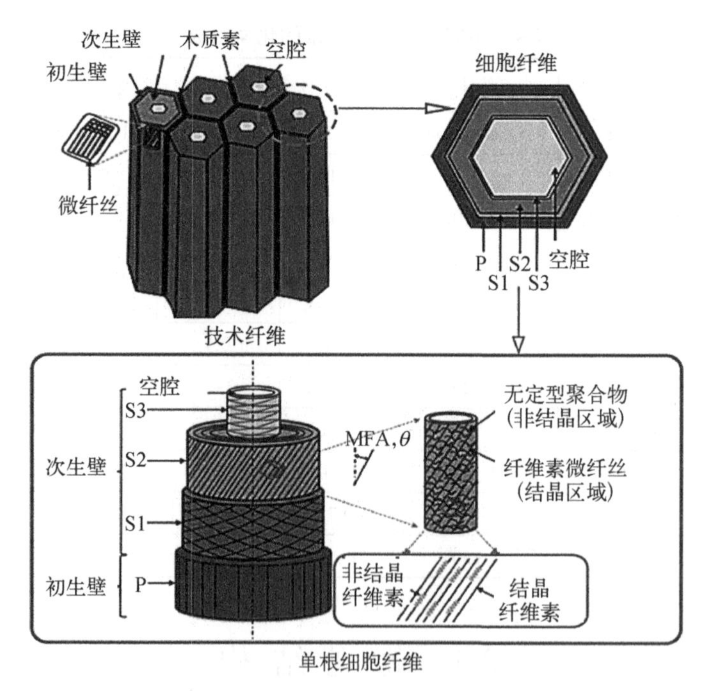

图 2.2　剑麻技术纤维（technical fiber）和细胞纤维（elementary fiber）壁层结构示意图[9]

素和木质素通过不同的结合力相互交织而形成非常紧密的结构。此外,位于细胞纤维中心的孔称为空腔。

通过纳米压痕技术可以较为直观地表征植物纤维的多层级结构,并确定纤维中各层级结构的力学性能(刚度和硬度)。通过纳米压痕实验获得的剑麻纤维截面不同位置处的压入载荷-深度的曲线呈现明显的不同,分别对应了基体或空腔、细胞纤维各壁层(P、S1、S2 或 S3)、细胞纤维各壁层(P 和 S1,S1 和 S2,或 S2 和 S3)之间的界面,基体和细胞纤维壁层(P 层)之间的界面或空腔和细胞纤维壁层(S3 层)之间的界面以及细胞纤维(CML)之间界面的响应曲线(图 2.3)。

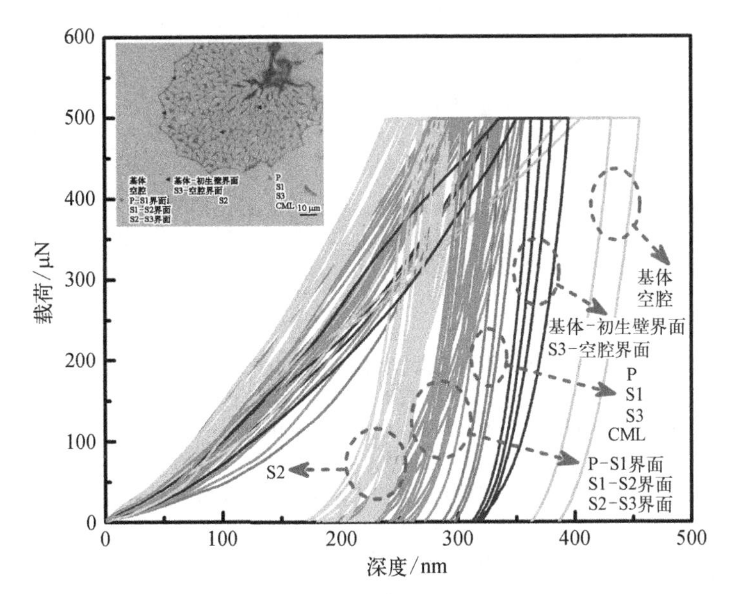

图 2.3 不同压痕位置处的载荷-深度关系曲线[9]

图 2.4 给出了通过纳米压痕实验获得的单根剑麻纤维埋入环氧树脂中的不同测量位置的减缩弹性模量和硬度的云图。可以看出,弹性模量和硬度随着远离空腔的距离(从 S3 到 S2 层)的增加而逐渐增加,然后又逐渐减小(从 S2 到 P 层)。剑麻纤维中细胞纤维壁层(包括 S3、S2、S1 和 P 层)的厚度可以分别被定量确定为 2、5、2 和 0.5 μm。其中,S2 层的平均弹性模量和硬度分别为10.99 GPa 和 378.72 GPa,与其他细胞纤维壁层相比,S2 层具有最大的模量、硬度及厚度。这是由于 S2 层在植物纤维中的纤维素含量最高[11],并对植物纤维的力学性能起主要作用。

竹纤维的截面结构与麻纤维大致相同,也是由许多的同心层组成,分为初生层(P)、次生层($O \sim L_4$)和空腔 3 个部分。但是,竹纤维的次生层比麻纤维要复杂得

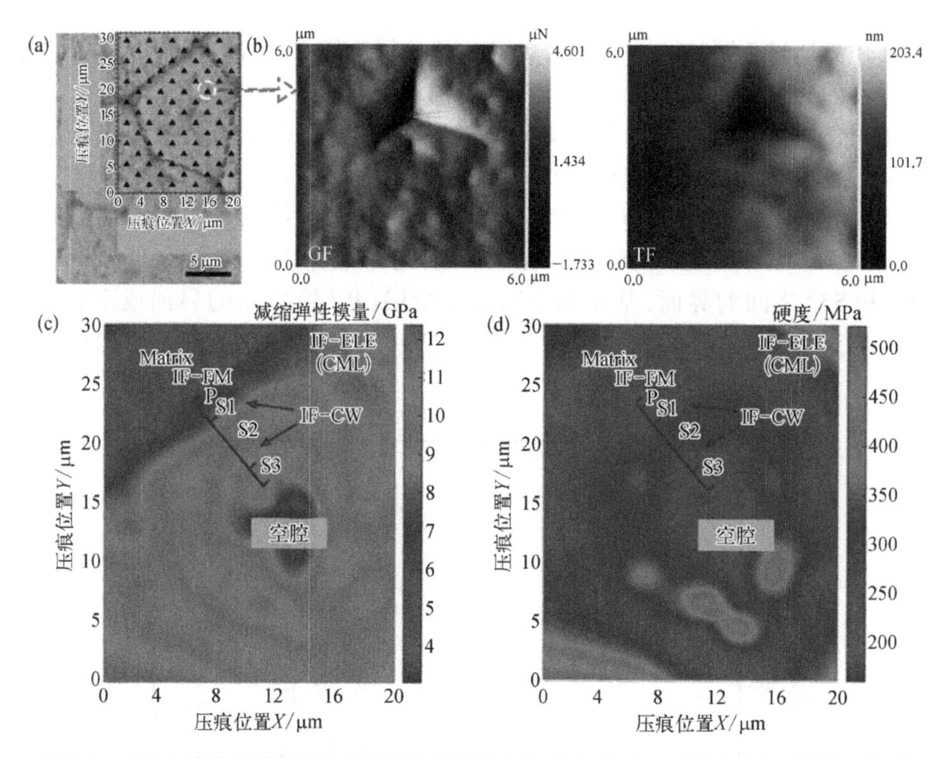

图 2.4　(a) 压痕在剑麻纤维和环氧树脂基体的分布、(b) 典型压痕的原子力显微镜观察到的形貌、剑麻纤维增强复合材料纳米压痕轴向(c) 减缩弹性模量和(d) 硬度的云图。其中细胞纤维与环氧基体间界面为 IF－FM (interface between elementary fibers and epoxy matrix),细胞纤维之间界面为 IF － ELE (interface between elementary fibers),细胞纤维壁层之间界面为 IF－CW(interface between cell wall layers)[11]

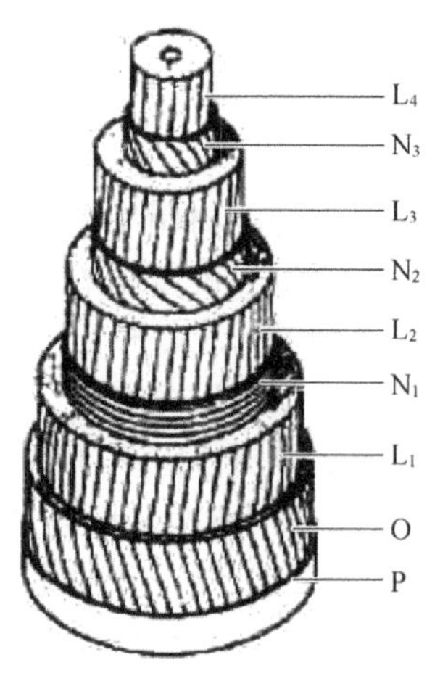

图 2.5　竹纤维的结构示意图[12]

多,分为次生外层(O)、宽层(L_1 ~ L_4)和窄层(N_1 ~ N_3)(图 2.5)。竹纤维的次生层外层较薄,其 MFA 为 2° ~ 10°,而内层则是由宽层与窄层交替组合而成。宽层中木质素密度较低,MFA 较小;而夹在两个宽层之间的窄层中,木质素密度较高,MFA 较大,特别是 N1 层,MFA 偏离纤维的轴向而更接近横向。

不同种类植物纤维的长度、直径、细胞纤维个数以及空腔比例差异都很大。通过比较几种不同种类植物纤维截面的微观形貌(图 2.6)可以发现,剑麻纤维中的细胞纤维的数目最多,这主要是由于剑麻纤维提取自植物的叶片,叶片是植物进行光合作用和蒸腾作用的主要器官,所以叶片纤维中含有的细胞纤维数目远远大于茎秆类纤维中细胞纤维数目。而对于同样是提取自植株茎秆的纤维,黄麻和洋麻纤维的细胞纤维数目较多。这是由于茎秆对于植株的主要作用是从根部运输养料和水分,所以植株长得越高,需要的养料和水分越多,所需的细胞纤维数目也越多。而苎麻植株相较于黄麻和洋麻矮小,所以细胞纤维最不发达,由单细胞纤维组成。因此,不同种类植物纤维微观结构的差异与其所承担的功能密切相关,是由自然选择所致。

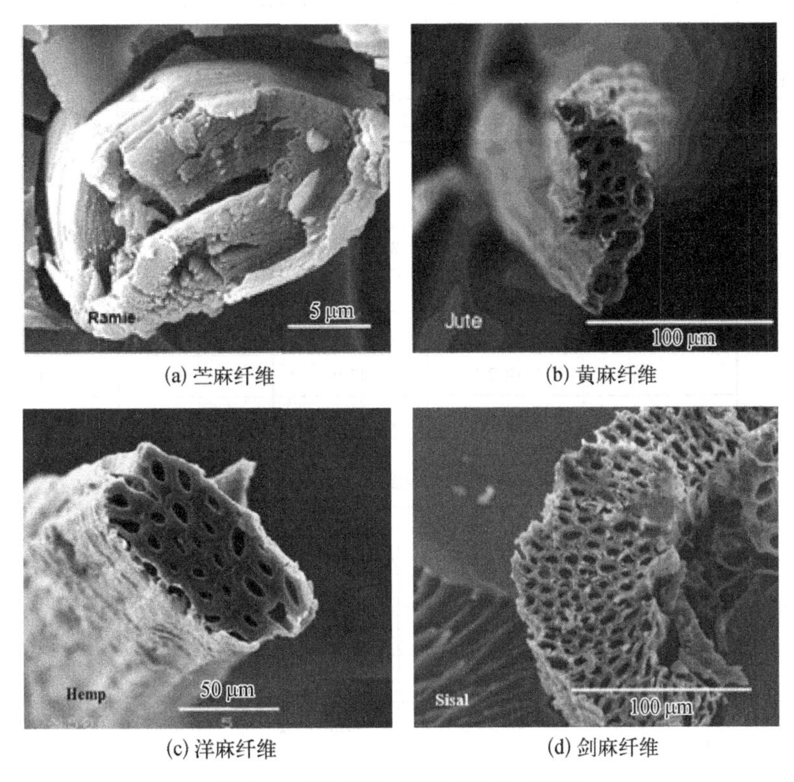

(a) 苎麻纤维 (b) 黄麻纤维

(c) 洋麻纤维 (d) 剑麻纤维

图 2.6 不同植物纤维 SEM 微观形貌

通过进一步对不同种类植物纤维的微观结构参数进行统计和分析,发现由于植物自然生长的特点,每种植物纤维中所含有的细胞纤维个数、纤维的横截面面积、横截面周长等各参数均明显不同,且都显示出了很大的离散性(表 2.5)。而对于不同种类植物纤维中的细胞纤维的微观结构参数进行分析,发现不同种类的纤维其细胞纤维的形状与空腔等参数也有明显区别(表 2.6)。

假定植物纤维的截面形状服从概率密度函数为 $f(x)=\dfrac{1}{\sqrt{2\pi}\sigma}\mathrm{e}^{-\frac{(x-\mu)^2}{2\sigma^2}}$ 的正态分布,根据表 2.5 及表 2.6 中几种植物纤维的微观结构参数可得到它们横截面面积和周长的概率密度函数曲线(图 2.7)。可以发现苎麻纤维横截面面积和横截面周长的离散性在几种纤维中最大。另外，在比较同种纤维的横截面的面积和周长概率分布曲线时，发现每种纤维的横截面周长的分散性比面积分散性小些（图2.7）。因此，采用纤维周长这一参数描述植物纤维的尺寸比其他结构参数更为准确。

表2.5　植物纤维横截面参数

纤维		苎麻	黄麻	洋麻	剑麻
细胞个数（平均值）		1	20	21	134
单纤维面积/μm^2	平均值	495	2 342	3 678	20 490
	取值范围	224～1 014	436～5 271	963～6 316	12 535～36 988
单纤维周长/μm	平均值	88.1	180.9	228.5	533.9
	取值范围	62～132	80.4～286.0	170～286	420～721
长轴长度/μm	平均值	35.50	70.35	89.03	198.80
	取值范围	23～57	29.2～109.0	50.2～134.0	144～256
短轴长度/μm	平均值	18.2	43.9	56.7	141.0
	取值范围	11.5～27.1	22.3～74.1	26.0～91.9	99.7～204.7

表2.6　植物纤维中细胞纤维的形状和尺寸参数

纤维			苎麻	黄麻	洋麻	剑麻
细胞纤维外形	面积/μm^2	平均值	506	141.8	213.3	189.6
		取值范围	152～1043	66.6～270.0	56.0～522.4	100.7～334.1
	周长/μm	平均值	88.1	45.7	54.6	51.5
		取值范围	46.5～132.0	34.8～67.2	28.0～81.7	36.2～69.5
	长轴/μm	平均值	35.2	16.8	20.2	18.8
		取值范围	18.2～57.9	12.1～25.1	10.5～30.7	11.9～25.1
	短轴/μm	平均值	18.1	11.6	14.0	13.2
		取值范围	8.9～27.1	8.4～15.1	7.2～24.7	8.31～20.0
	长短轴之比		2.02	1.46	1.53	1.53
细胞纤维空腔	长轴/μm	平均值	19.1	6.33	8.14	10.4
		取值范围	8.33～42.6	1.7～11.4	1.9～20.3	3.5～17.5
	短轴/μm	平均值	1.76	2.67	4.61	4.18
		取值范围	0～5.04	0.85～5.85	1.37～10.5	1.2～9.54
空腔率/%			16.7	24.3	28.6	39.2

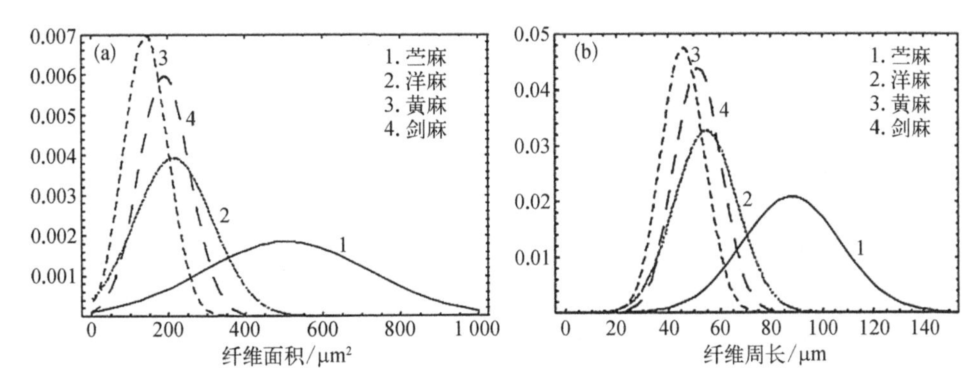

图 2.7 植物纤维横截面的(a)面积概率密度函数图和(b)周长概率密度函数图

2.4 力 学 性 能

植物纤维的力学性能很大程度上取决于其纤维素的含量,纤维素含量越高则植物纤维的力学性能越好。另外,植物纤维中微纤丝螺旋角的大小也会对纤维的性能产生影响,螺旋角越大,植物纤维的强度越低,但韧性越大。实际上,植物纤维的化学组成和微观结构还会受到植物纤维植株所种植的地域、提取方式、生长的阶段以及收获的季节等因素的影响。因此,植物纤维的力学性能具有较大的分散性。从表 2.7 几种常见的植物纤维及玻璃纤维力学性能的比较可以看出,不同种类的植物纤维之间力学性能差异较大,而同种植物纤维的性能也存在较大的分散性。其中,亚麻、苎麻等纤维的弹性模量与玻璃纤维相近,有的甚至高于玻璃纤维。考虑到植物纤维的密度低于玻璃纤维,其比模量更具优势,而比强度则可与后者相当。因此,植物纤维较高的比强度和比模量将使其成为极具发展前景的复合材料的增强纤维。

表 2.7 植物纤维的力学性能[1, 13]

纤维	密度/(g/cm^3)	拉伸强度/MPa	弹性模量/GPa	断裂延伸率/%
亚麻	1.5	345~1 500	10~80	1.4~1.5
大麻	1.48	270~900	20~70	1.6
苎麻	1.5	400~938	44~128	3.6~3.8
黄麻	1.3~1.45	270~900	10~30	1.5~1.8
剑麻	1.45	511~700	3.0~98	2.0~2.5
蕉麻	1.5	400~980	6.2~20	1.0~10
棉纤维	1.5~1.6	287~597	2.5~12.6	7.0~8.0
椰壳纤维	1.15~1.46	95~230	2.8~6.0	15~51.4

续表

纤　维	密度/(g/cm³)	拉伸强度/MPa	弹性模量/GPa	断裂延伸率/%
竹纤维	0.6~1.1	350	22	5.8
硬　木	0.3~0.88	51~120.7	5.2~15.6	—
E-玻璃纤维	2.5	2 000~3 500	70	2.5

前文已指出,植物纤维具有多层级的微观结构:植物纤维单纤维由细胞纤维组成,而细胞纤维则是由螺旋状的纤维素微纤丝增强的半纤维素和木质素组成。因此,针对植物纤维的结构特点可建立计算其力学性能的多层级模型。

1. 细胞纤维力学模型

借鉴 Salmon 和 Deruvo [14]提出的层状板模型(图 2.8),假设细胞纤维是扁平的,且其内表面完全贴合,则细胞纤维可以被看成是一种由具有不同螺旋角纤维素微纤丝增强的反对称层状复合材料。因此,可利用复合材料经典层合理论对其弹性性能进行计算。

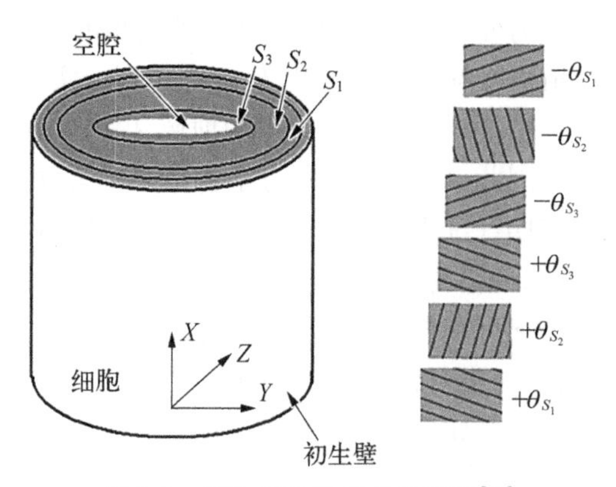

图 2.8　细胞纤维的层状板模型[12]

首先,假设的细胞纤维复合材料中的纤维(纤维素)和基体(半纤维素、木质素等)的弹性性能(E_{11}、E_{12}、G_{12}、υ_{12})、纤维体积分数(纤维素含量)、各层纤维角度(纤维素螺旋角)以及厚度(细胞纤维各壁层厚度)等可通过文献获取(表 2.4 和表 2.8)。为便于计算,假设细胞纤维各壁层的相对厚度分别为 $P=8\%$,$S_1=8\%$,$S_2=76\%$,$S_3=8\%$(因为 S_2是细胞壁中最厚的一层,约占 76%[15]),半纤维素与木质素的弹性性能相同,S_1和 S_3的螺旋角为 70°[16, 17]。由于决定植物纤维性能的纤维素弹性模量为 74~168 kN/m²,因此计算出的结果也应是一个范围值。对于其他参数,则采用平均值。考虑到植物纤维空腔的存在,计算结果也必须乘以一个与空腔率有关的转换系数,由此获得四种植物纤维的细胞纤维的理论弹性模量值并列于表 2.9。

表 2.8 植物纤维各组分弹性参数[16, 18]

化学组成	E_{11} /GPa	E_{22} /GPa	G_{12} /GPa	υ_{12}
纤 维 素	74~168	27.2	4.4	0.1
半纤维素	8	4	2	0.2
木 质 素	4	4	1.5	0.33
胶　　质	1.6	1.6	0.62	0.3

表 2.9 几种植物纤维中细胞纤维的理论弹性模量

细胞纤维	计算值/GPa	空腔率/%	转换系数/%	转换后计算值/GPa
苎　麻	42.1~91.8	16.7	83.3	35.1~76.4
黄　麻	35.6~77.2	24.3	75.7	26.9~68.3
洋　麻	34.1~73.9	28.6	71.4	24.3~52.8
剑　麻	31.7~66.0	39.2	60.8	19.2~40.1

2. 植物纤维单纤维力学模型

植物纤维单纤维可以看作是由一束中空的细胞纤维增强的半纤维素和木质素的复合材料。因此,可采用 Halpin-Tsai 半经验公式来计算植物纤维的弹性模量,其微观结构模型如图 2.9 所示。Halpin-Tsai 公式是一种基于复合材料混合定律,并且考虑纤维的几何形状、排列形式以及加载形式的半经验公式。

根据 Halpin-Tsai 公式[式(2.1)和式(2.2)],复合材料的整体性能可通过基体和增强相的相应性能获得。其中 $\bar{p}$ 代表了复合材料的有效模量(包括弹性模量、泊松比以及剪切模量等),p_f 和 p_m 为增强体与基体相对应的有效模量,φ 为增强体的体积分数,ξ 是与纤维形状、排列方式和加载方式有关的参数,一般可根据具体问题查表获得。

$$\frac{\bar{p}}{p_m}=\frac{1+\xi\eta\varphi}{1-\eta\varphi} \tag{2.1}$$

$$\eta=\frac{\dfrac{p_f}{p_m}-1}{\dfrac{p_f}{p_m}+\xi}=\frac{M_R-1}{M_R+\xi} \tag{2.2}$$

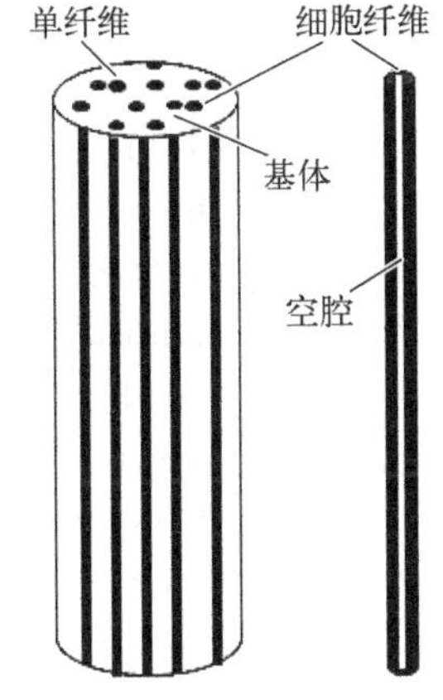

图 2.9 植物纤维单纤维微观结构模型

假如将 Halpin-Tsai 公式应用于计算植物纤维单纤维的模量,公式中 $\bar{p}$、p_f 和 p_m 分别代表了单纤维、细胞纤维和木质素、半纤维素、果胶等基体的纵向弹性模量,φ

代表了细胞纤维占整个单纤维的体积百分比。ξ 参数的确定与纤维的几何形状以及需要确定的模量有关。如果纤维横截面是圆形的，且需要确定的是纵向模量，则：

$$\xi = 2L/D \tag{2.3}$$

其中，L 为纤维的长度；D 为纤维的直径。

以苎麻、黄麻、洋麻及剑麻四种植物纤维为例，根据前述章节中获得的这几种纤维的几何结构参数及细胞纤维的模量，并采用 Halpin-Tsai 公式对其模量进行理论计算。由于纤维中果胶、蜡质等基体材料的模量相比纤维素的较小，因此可忽略不计。由此，可计算出几种植物纤维单纤维的弹性模量(表 2.10)。

表 2.10　植物纤维单纤维理论计算弹性模量

	苎　麻	黄　麻	洋　麻	剑　麻
φ/%	100	80.6	86.2	45.8
单纤维模量理论值/GPa	36.4~83.6	21.7~55.0	20.9~45.5	8.8~18.4

参考文献

[1] Michael A F, Shanshan H, Chad A U. Natural fiber reinforced composites[J]. Polymer Reviews, 2012, 52(3-4): 259-320.

[2] 中国产业信息网.2014 年全球麻和麻纤维产量及生产区域分布分析[EB/OL].http://www.chyxx.com/industry/201602/388726.html[2018-10-16].

[3] 中国产业信息网.2014 年全球棉纤维产量及生产区域分布分析[EB/OL]. http://www.chyxx.com/industry/201602/387701.html[2018-10-16].

[4] John M J, Thomas S. Biofibres and biocomposites[J]. Carbohydrate Polymers, 2008, 71(3): 343-364.

[5] 陈洪章.纤维素生物技术[M].北京：化学工业出版社,2011.

[6] Alain B, Johnny B, Darshil U S, et al. Towards the design of high-performance plant fibre composites[J]. Progress in Materials Science, 2018, 18: 347-408.

[7] Kestur G S, Gregorio G C A, Fernando W. Biodegradable composites based on lignocellulosic fiber: An overview[J]. Progress in Polymer Science, 2009, 34: 982-1021.

[8] Mohanty A K, Misra M, Hinrichsen G. Biofibres, biodegradable polymers and biocomposites: An overview[J]. Macromolecular Materials and Engineering, 2000, 276/277: 1-24.

[9] Li Q, Li Y, Zhou L M. Nanoscale evaluation of multi-layer interfacial mechanical properties of sisal fiber reinforced composites by nanoindentation technique[J]. Composites Science & Technology, 2017, 152: 211-221.

[10] Gorshkova T, Morvan C. Secondary cell-wall assembly in flax phloem fibres: role of galactans [J]. Planta, 2006, 223(2): 149-158.

[11] Cheng Y T, Cheng C M. Relationships between hardness, elastic modulus, and the work of indentation[J]. Applied Physics Letters, 1998, 73(5): 614-616.

[12] Wai N N, Nanko H, Murakami K. A morphological study on the behavior of bamboo pulp fibers in the beating process[J]. Wood Science & Technology, 1985, 19(3): 211-222.

[13] Faruk O, Bledzki A K, Fink H P, et al. Biocomposites reinforced with natural fibers: 2000-2010[J]. Progress in Polymer Science, 2012, 37(11): 1552-1596.

[14] Salmen L, Deruvo A. A model for the prediction of fiber elasticity[J]. Wood and Fiber Science, 1985, 17: 336-350.

[15] Charlet K, Jernot J P, Eve S, et al. Multi-scale morphological characterisation of flax: From the stem to the fibrils[J]. Carbohydrate Polymers, 2010, 82(1): 54-61.

[16] Baley C. Analysis of the flax fibres tensile behaviour and analysis of the tensile stiffness increase [J]. Composites Part A: Applied Science and Manufacturing, 2002, 33: 939-948.

[17] Fratzl P, Weinkamer R. Nature's hierarchical materials[J]. Progress in Materials Science, 2007, 52: 1263-1334.

[18] Mangiacapra P, Gorrasi G, Sorrentino A, et al. Biodegradable nanocomposites obtained by ball milling of pectin and montmorillonites[J]. Carbohydrate Polymers, 2006, 64: 516-523.

第3章　植物纤维增强复合材料成型工艺

由于植物纤维独特的化学组成以及多层级并带有空腔的微观结构，植物纤维增强复合材料成型过程中树脂与纤维的复合过程与人造纤维增强复合材料有所不同，成型过程中缺陷的形成机制更加复杂。此外，成型工艺参数也不能简单套用人造纤维增强复合材料成型工艺参数。本章从植物纤维的特点出发，重点介绍植物纤维的表面处理方法和几种典型的植物纤维增强复合材料的成型工艺方法；以热压成型工艺为例，介绍成型工艺参数（固化压力、加压时机等）对植物纤维增强复合材料缺陷的形成和力学性能的影响；以树脂传递模塑成型工艺为例，介绍树脂在植物纤维预成型体中多尺度流动的数值仿真方法，进而通过调整成型工艺参数来实现缺陷控制。

3.1　植物纤维表面处理方法

与人造纤维增强复合材料一样，纤维和基体的界面性能是影响植物纤维增强复合材料整体性能的关键因素。植物纤维因化学组分中含有大量的羟基呈现亲水性，而目前常用的树脂基体通常是疏水的，这导致植物纤维增强复合材料中纤维和树脂基体间的界面结合较弱，从而影响了力学性能的发挥。因此，通常需要对植物纤维进行表面改性处理，改善纤维和基体间的界面性能，从而提高植物纤维增强复合材料的力学性能。目前常用的植物纤维表面改性处理方法主要包括物理改性和化学改性两种[1]。

3.1.1　植物纤维的物理改性处理

物理改性不改变纤维的化学组成，仅通过改变纤维的物理结构和表面性能来改善纤维与树脂基体间的物理黏合。常用的物理改性处理方法包括蒸汽爆破处理、碱处理法、激光及高能射线辐射处理和机械改性等方法。

1. 蒸汽爆破处理

蒸汽爆破处理主要用来处理纤维素，其基本原理是在密闭容器内处于高压状态的水蒸气进入纤维素的非晶区，引发纤维素的溶胀，在规定的极短时间内，将容器压力急剧降低到大气压，引发纤维素的超分子结构破坏，分子内氢键断裂程度增加。蒸汽爆破作为一项新技术，被认为是生物再生利用过程中取得的重大进展之一,西方发达国家都在积极发展与应用蒸汽爆破处理技术。该方法不需要添加任何化学物质和催化剂,因此,生产过程洁净环保。

2. 碱处理法

碱处理法是一种常用的植物纤维改性方法,碱处理可以使纤维中的半纤维素、果胶等物质被溶解掉,提高纤维表面的粗糙度,增加纤维与基体间的机械黏合力。此外,碱液处理后纤维表面纤维素的暴露比例增大,增加了反应基团的数量,有利于通过与憎水基团反应改善植物纤维的吸湿性。由于果胶等物质被去除掉,碱处理对植物纤维的力学性能也会产生较大影响。碱处理法的关键在于碱的溶解形式、碱液的浓度、体系温度、处理时间、材料的张力和所用添加剂等。

3. 激光及高能射线辐射处理

激光和 γ 射线等高能射线处理植物纤维的基本原理是利用高能射线增加纤维素的活性,促使纤维素产生游离基,引发乙烯类单体在纤维素游离基位置上的接枝共聚等。电子束辐射对改善植物纤维和“不活泼”高聚物(如 PP、PE、PS 等)的界面性能具有良好的效果。

4. 机械改性

机械改性是通过拉伸、压延、混纺等方法改变纤维的结构和表面性质,从而改善纤维和基体间的界面黏结性能。

3.1.2 植物纤维的化学改性处理

化学改性是通过改变植物纤维表面的化学组成和结构,在纤维和基体之间形成物理和化学键合来改善纤维与树脂基体的界面性能,进而提高复合材料的力学性能。植物纤维化学改性法主要包括酯化改性、包覆处理、接枝共聚和界面偶联改性等。

1. 酯化改性

植物纤维表面带有大量极性羟基基团,可以通过酯化改性方法降低植物纤维的表面极性,使其易于在基体中分散,从而改善纤维和聚合物间的界面相容性。一般酯化改性采用的试剂包括乙酸、乙酸酐、马来酸酐、邻苯二甲酸酐等低分子羧基或酸酐化合物。

2. 包覆处理

包覆处理是一种简单的纤维表面处理方法,其原理是将植物纤维浸泡在某种聚合物的溶液中,使其在纤维表面形成一层聚合物膜,从而提高植物纤维与 PP、PE

等非极性热塑性聚合物的相容性。

3. 接枝共聚

接枝有机聚合物到纤维上是提高纤维和各种聚合物之间相容性最常用的方法之一。在植物纤维的表面接枝上某些烯类单体的均聚物,可以改善材料的吸水性、浸润性和黏结性。例如,通过光引发法将苯乙烯接枝到棉纤维上,随聚苯乙烯接枝率的提高,纤维的吸水率降低,改善了棉纤维与疏水聚合物的相容性。但接枝反应过程中纤维会发生一定程度的降解,通常会引起纤维强度的下降。

4. 界面偶联改性

利用偶联剂对植物纤维进行改性是一种常用的化学改性方法。由于纤维和偶联剂发生反应后,纤维表面的羟基数目减少,使纤维的吸水率降低,有利于提高植物纤维与基体的键合稳定性;此外,偶联剂处理使纤维和聚合物之间形成化学键连接以及互穿网络结构,提高了纤维与树脂基体间的界面黏结性能。

3.2 植物纤维增强复合材料成型工艺

3.2.1 模压成型

模压成型是复合材料制造业中广泛使用的一种方法,其主要特点是模具简单、成本相对较低和加工产品质量稳定性好。模压成型工艺流程如图3.1所示,主要步骤是将植物纤维进行预处理(如表面改性处理、烘干等)并与树脂复合形成模压料或预浸料,将模具进行脱模剂涂刷、预热等处理,将模压料或预浸料置于模腔内,模具合模后放入模压机中,按照预先制定好的成型工艺参数进行固化成型。脱模后对制品进行切割等加工,获得所需的植物纤维增强复合材料制品。

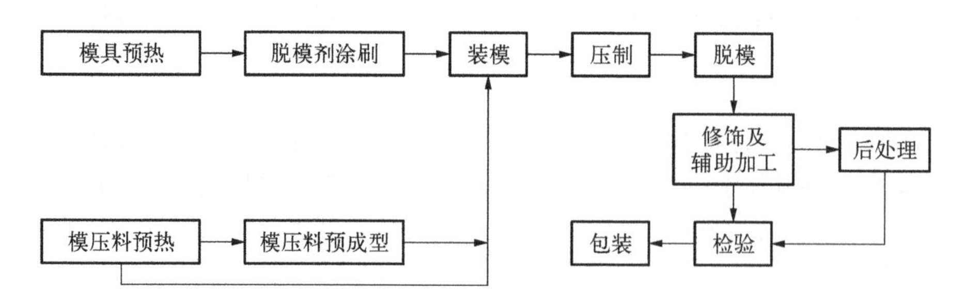

图3.1　模压成型工艺流程

利用模压成型工艺制备植物纤维增强复合材料,与成型其他人造纤维增强复合材料有一定的区别。首先,由于植物纤维具有皮绒多、软、细、长,易结团而阻塞气孔等特点，制品的表面质量低，因此，在用模压工艺成型时一般需控制皮绒多的植物纤维的长度。其次，植物纤维组织疏松、体积大，在压制同样厚度的复合材料层合板时，毛坯的厚度应高于一般模塑材料。在压制时，由于植物纤维组织疏松，导致预压制困难，在成型过程中易产生塌边现象。再次，植物纤维改性处理后，化学成分中冷、热水抽出物以及氢氧化钠抽出物和杂质多，在高温和高压下易出现黏模现象。此外，植物纤维在温度较高、压制时间长时易出现变黄发脆、甚至焦化等现象，需要精确控制植物纤维成型的时间和温度。

3.2.2 热压罐成型

热压罐成型的复合材料制品具有孔隙率低、增强纤维含量高、致密性好、尺寸稳定、性能优异、适应性强等优点，主要用于制造航空航天领域的高性能复合材料，其主要的成型制备步骤如图 3.2 所示。首先，将脱模布铺覆在涂有脱模剂的模具表面，将单层的预浸料按设计好的方向逐层铺放其上，再依次覆盖脱模布、吸胶毡、脱模布、匀压板、透气毡，将其密封于真空袋内[图 3.2(a)]；然后，将整个包封装置推入热压罐内，连接真空管，将袋内抽真空并按规定的固化制度进行升温和加压固化[图 3.2(b)]；固化结束后，将复合材料脱模取出，可获得高性能的植物纤维复合材料制品[图 3.2(c)]。其中，压力-温度随时间变化曲线的制定，是热压罐工艺最为关键的一步。成型温度主要影响纤维和基体的性能，植物纤维耐热性较差，如亚麻纤维在 180℃ 以上会发生化学结构的改变，使得纤维及其增强复合材料的力学性能下降。成型压力主要影响成型后复合材料内部的缺陷含量，但对植物纤维来讲，由于纤维中空腔的存在，较高的固化压力会破坏植物纤维的空腔结构，导致力学性能改变。成型时间则由树脂的固化程度决定。

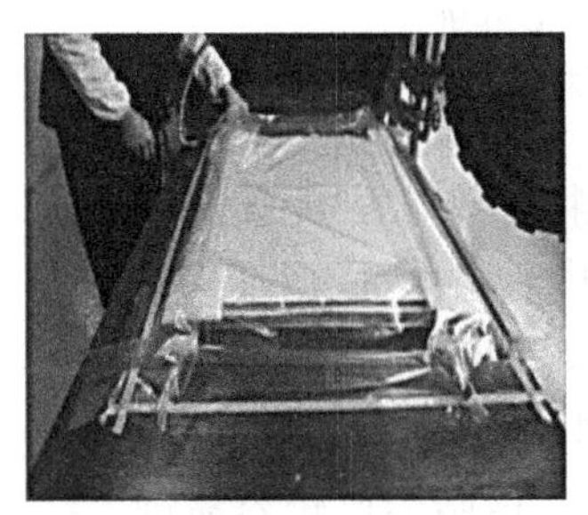
(a) 装袋形成真空系统

(b) 进罐

(c) 固化脱模

图 3.2 热压罐成型复合材料流程

3.2.3 树脂传递模塑成型

树脂传递模塑成型（RTM）制造工艺是目前低成本树脂基复合材料成型工艺发

展的主要方向之一。RTM 的主要原理是在模腔中铺放按性能和结构要求设计的增强材料预成型体，采用注射设备将专用的树脂体系注入闭合模腔中，模具周边紧固和密封，注射及排气系统保证树脂充分流动并排出模腔中的全部气体，使树脂完全浸润纤维。待树脂固化后，脱模即可获得复合材料制品。

在 RTM 工艺基础上，发展了真空辅助树脂灌注成型工艺（VARIM）（图 3.3），即利用真空膜将增强材料密封于单边模具上，借助真空将低黏度树脂吸入，利用高渗透率介质实现树脂在增强材料表面的快速浸渍，并同时向增强材料厚度方向浸润。该方法需将树脂进行抽真空以排除气泡，并保证薄膜边缘不漏气，以维持薄膜内的负压。在增强材料被树脂完全浸渍后，通常仍需保持真空状态直至固化。用这种方法制备的复合材料，纤维含量高，制品力学性能优良，且产品尺寸不受限制，适合制作大型复合材料结构。

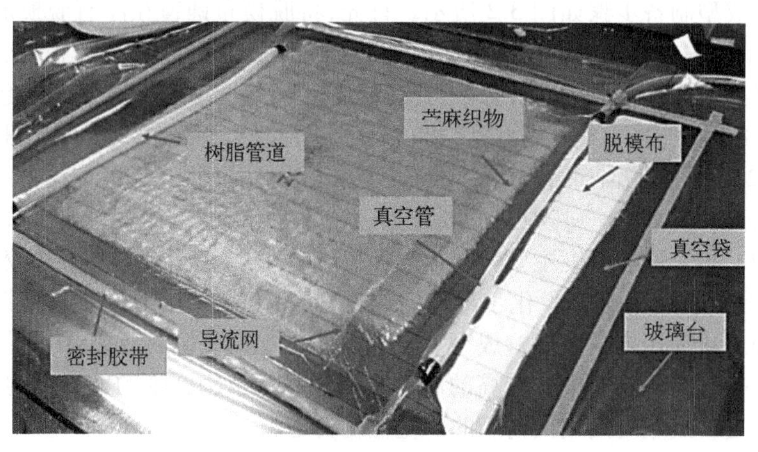

图 3.3　真空辅助树脂灌注成型工艺制备苎麻纤维增强复合材料的织物及辅助材料铺放

植物纤维具有空腔结构，在利用 RTM 工艺成型植物纤维增强复合材料过程中，低黏度的树脂会渗入并填充到植物纤维的空腔结构中。因此，成型过程中注射压力对于控制空腔中树脂含量尤其重要。由于空腔的尺寸小，因此树脂在空腔中的流动基本为毛细流动，流速很慢。压力高时，树脂在织物中流速快，则树脂很难进入纤维空腔中；而压力低时，树脂在预成型体中流速慢，树脂会比较容易进入纤维的空腔中。另外，空腔中树脂的含量对于复合材料的力学性能、声学性能等均有影响[2]，可通过控制成型工艺参数来调整空腔中树脂含量。

3.2.4　其他成型工艺

缠绕成型使用缠绕机将纱线从纱架上引出后，经集束进入胶槽，在浸渍树脂后经刮胶器挤出多余的树脂，再由小车上的绕丝头铺放在旋转的芯模上，成型过程如图 3.4 所示。在缠绕成型的过程中，纱线必须遵循一定的路径、满足一定的缠绕线型（环向缠绕、径向缠绕或螺旋缠绕）。固化后通常去掉芯模获得最终的复合材料结构。

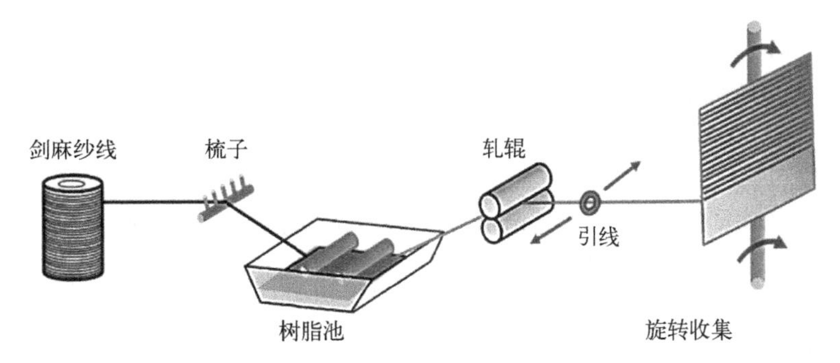

图 3.4 缠绕成型制备剑麻纤维增强复合材料过程示意图

挤出工艺是热塑性树脂基复合材料常用的制备方法，主要包括加料、塑化、成型、定型四个过程。粒料从粒斗进入挤出机的料筒，在热压作用下发生物理变化，并向前推进。由于滤板、机头和料筒阻力，粒料被压实并排出气体，与此同时，外部热源与物料摩擦热使料粒受热塑化，变成熔融固流态，凭借螺杆推力定量地从机头挤出。

挤出成型在植物纤维复合材料制品成型中应用并不普遍，其中一个重要的原因是植物纤维与树脂的相容性不好，导致复合材料中纤维添加量较低。另外，复合材料制作过程中会释放特殊的气味，这主要是由在热应力作用下纤维素和其他组分的降解所造成的。在混合和成型加工过程中，通过缩短滞留时间、降低平均温度和添加气体吸收剂可缓解此问题。

3.3 成型工艺参数对植物纤维增强复合材料性能的影响

植物纤维表面不光滑、直径分布不均匀、具有多层级多空腔等结构特点，与具有规整实心圆截面的人造纤维有着明显的区别。同时，植物纤维由于植株的生长特性而具有有限长度，需通过加捻工艺获得连续植物纤维纱线。此外，由于植物纤维带有大量羟基，具有较强的亲水性，在制备复合材料时，纤维与树脂的相容性不好。另外，空腔的存在，也使得树脂因进入空腔中的量不同而影响复合材料的力学性能。因此，使用植物纤维制备复合材料时，需特别考虑这些因素对其成型复合材料性能的影响，才能制定出较优的成型工艺参数。本节将从成型压力、温度及空腔影响三个方面介绍植物纤维增强复合材料成型过程中工艺参数对性能的影响，并重点关注成型过程中缺陷的形成机制。

3.3.1　压力影响

以单向亚麻纤维增强环氧树脂复合材料为例，采用热压成型工艺，通过改变固化压力、加压时间等成型工艺参数，可以获得具有不同孔隙分布、孔隙结构特征及孔隙率的植物纤维增强复合材料。

1. 固化压力

在采用热压成型工艺制备的单向亚麻纤维增强环氧复合材料中，孔隙为其主要成型工艺缺陷，且主要分布在复合材料中的纱线之间、纤维和基体间的界面处以及亚麻纱线内部（图 3.5）。

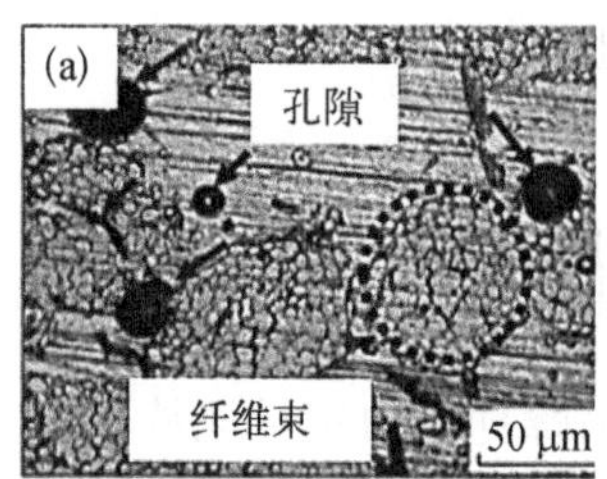

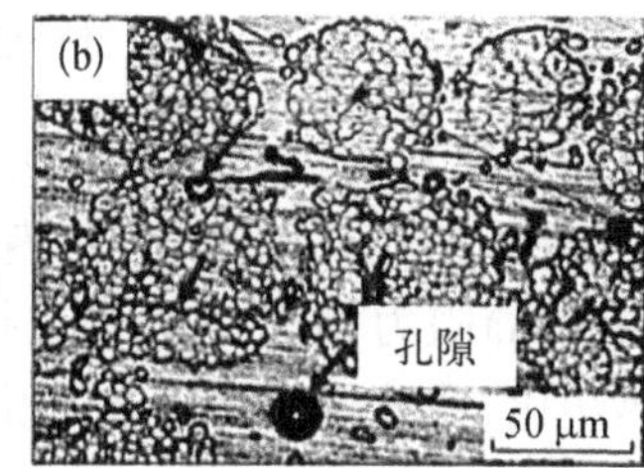

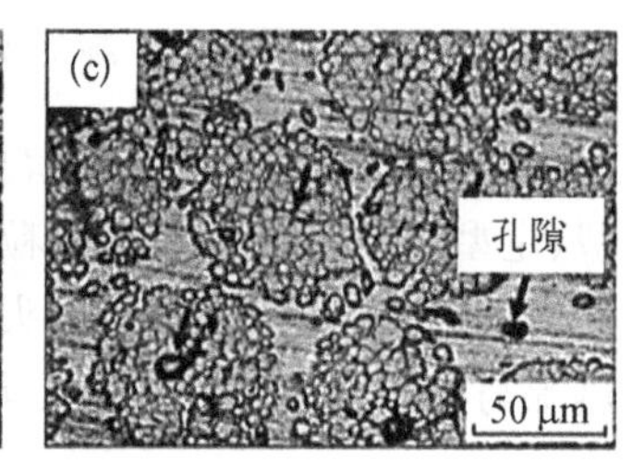

图 3.5　热压成型制备亚麻纤维增强复合材料中气泡的分布：
（a）纱线之间；（b）纤维与树脂之间；（c）纱线内部

注：图中箭头所指黑色区域为孔隙，圆圈内为纤维束。

表 3.1 给出了复合材料中孔隙含量随固化压力的变化情况。可以发现，随着固化压力的增加，孔隙含量显著下降，这是因为较高的压力更有助于空气的排出，而且树脂也更容易进入植物纱线内部。但由于植物纤维打捻和起伏的织物结构（图 3.6），不利于树脂的渗透，纱线周围和纱线内部的空气排出较为困难，从而导致树脂与纤维的交界处以及纱线内部存在孔隙缺陷，这一点与人造纤维增强复合材料不同。

表 3.1　不同固化压力下亚麻纤维增强复合材料层合板的孔隙含量、尺寸和形状统计

压力/MPa	0.50	1.00	1.50
孔隙率/%（C 扫描测试）	0.34	0.07	0.02
孔隙率/%（显微镜观察）	2.42±0.11	1.53±0.05	1.51±0.04
等效直径/μm	21.33±5.71	15.85±4.52	15.65±4.21
纵横比	1.45±0.26	1.23±0.14	1.16±0.09

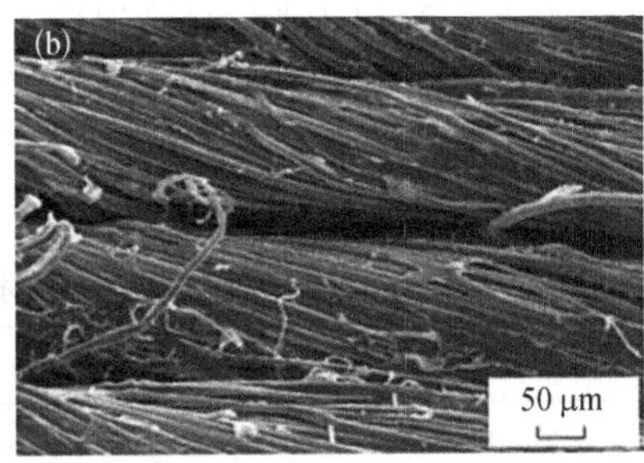

图 3.6 (a) 亚麻织物和(b) 亚麻纱线表面的微观形貌

人造纤维增强复合材料的孔隙主要出现在层与层之间[2]，并且孔隙在较低固化压力下呈扁平状，在较高固化压力下呈球形。对于植物纤维增强复合材料，在较低的固化压力下，孔隙主要集中在植物纤维纱线之间和纤维与基体之间的界面处，其尺寸较大且接近球形。但随着固化压力的增加，更多的微观孔隙出现在纱线内部，孔隙的等效直径减小，长径比几乎为 1。图 3.7 给出了植物纱线内部孔隙的形成机制。

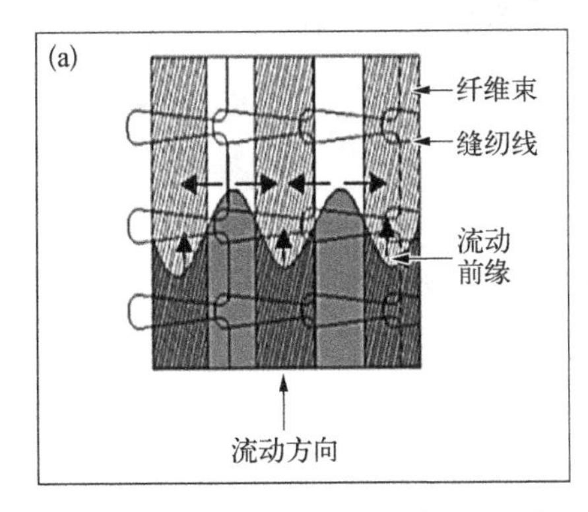

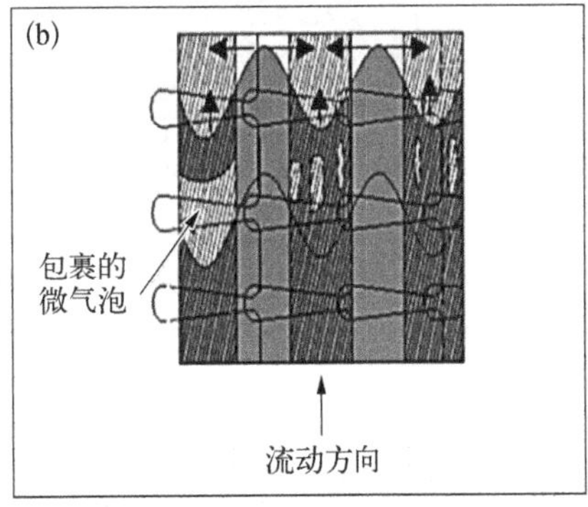

图 3.7 植物纱线内孔隙形成示意图：(a) 孔隙形成前；(b) 孔隙形成后

表 3.2 给出了复合材料的平均孔隙率与复合材料力学性能之间的关系。可以发现，孔隙含量对拉伸模量影响较小，这主要是由于复合材料的模量主要由组分材料的模量所决定。随着孔隙含量的减少，单向亚麻纤维增强复合材料的拉伸强度(TS)和层间剪切强度(ILSS)均有提高。在较低压力下固化的亚麻纤维增强复合材料的纤维/树脂界面和纱线之间存在着较多的孔隙[图 3.8(a)]，在拉应力的作用下导致应力集中，使得复合材料的拉伸强度降低，破坏模式主要是分层和基体开裂。而采用较高固化压力制造的复合材料孔隙含量较低，且主要存在于纱线内部，因此复合材料的强度下降不大，且以纱线断裂为主[图3.8(b)]。

通过计算发现，对于亚麻纤维增强复合材料，孔隙率每降低 1%，TS 和 ILSS 分别增加了 22%和 11%。而对于碳纤维或玻璃纤维增强复合材料，孔隙率每减少 1%，TS 和 ILSS 仅增加 5%～8%[3-5]。因此，植物纤维复合材料的力学性能对孔隙率更加敏感。

表 3.2　热压成型亚麻纤维增强复合材料层合板孔隙含量与力学性能的关系

孔隙率/%（显微镜观察）	2.42±0.11	1.53±0.05	1.51±0.04
拉伸强度/MPa	172.08±17.69	205.56±8.14	218.45±7.87
拉伸模量/GPa	22.25±1.29	22.67±0.47	23.52±0.30
层间剪切强度/MPa	29.99±6.36	32.89±3.93	33.18±3.26

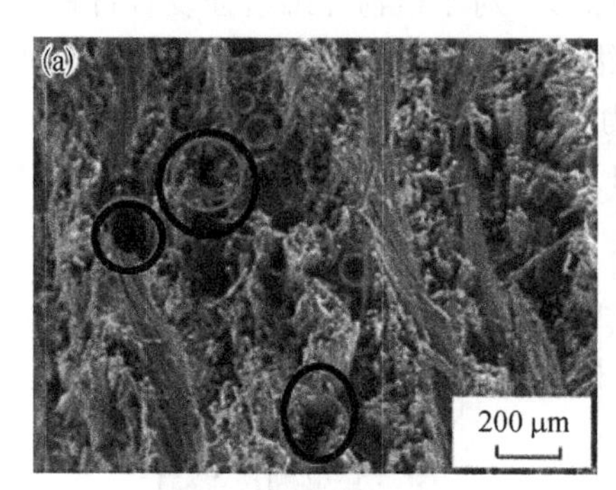

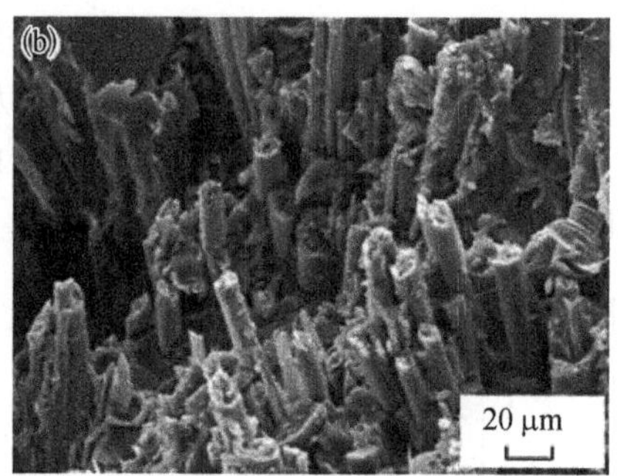

图 3.8　亚麻纤维增强复合材料拉伸测试破坏形貌：
（a）成型压力 0.5 MPa；（b）成型压力 1.5 MPa

2. 加压时间

加压时间对于植物纤维增强复合材料的缺陷形成及力学性能也有着重要的影响。从图 3.9 可以看出，在达到固化温度后不同的时间加压，成型复合材料层合板中孔隙的大小、形状和数量均不相同。表 3.3 总结了在不同的时机加压所制得的复合材料层合板的孔隙形态和孔隙含量。可以看出，在其他工艺参数（固化温度、压力等）保持不变的情况下，当加压时间选择合适（此种情况为30 min）时，孔隙率和孔隙尺寸最小。加压时间过早或过晚都会造成孔隙率的增加。因此，孔隙的形成不仅受到压力的影响，而且还与树脂的流变性能有关，需在树脂具有适当黏度时施加压力。根据达西定律，流速与流体的黏度成反比。如果加压过早，树脂黏度较低，树脂流动性较强，若此时加压，特别是在较小流道内，如植物纤维纱线内部[图 3.9（a）]，树脂无法充分浸润纤维，导致在复合材料层合板内部形成较小的束内孔隙。由于植物纤维与树脂基体间的相容性差，经打捻而成的植物纤维纱线表面容易包裹气泡，导致在纱线/树脂界面处也会产生较多的孔隙[图 3.9(b)]。如果加压过晚，由于树脂的交联反应，树脂的黏度显著增加，树脂流动性变差，流动缓慢，在植物纱线和树脂之间以及在纱线之间易形成孔隙[图 3.9(c)]。

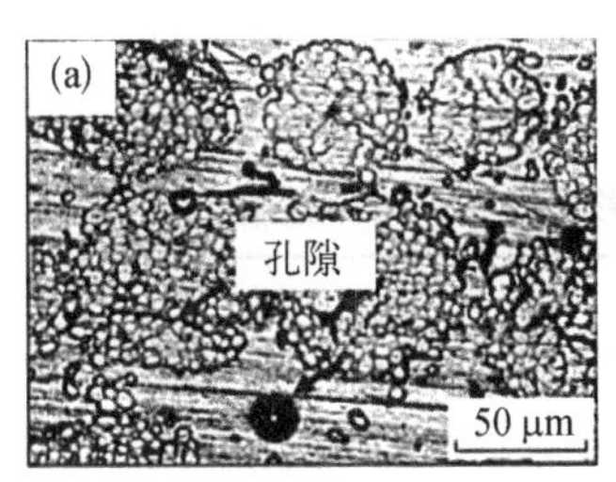

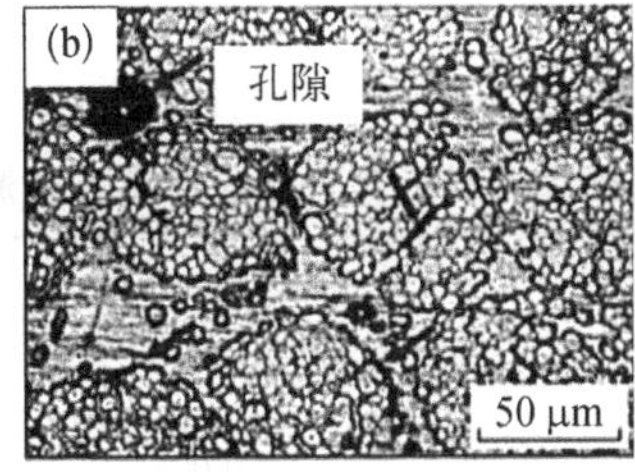

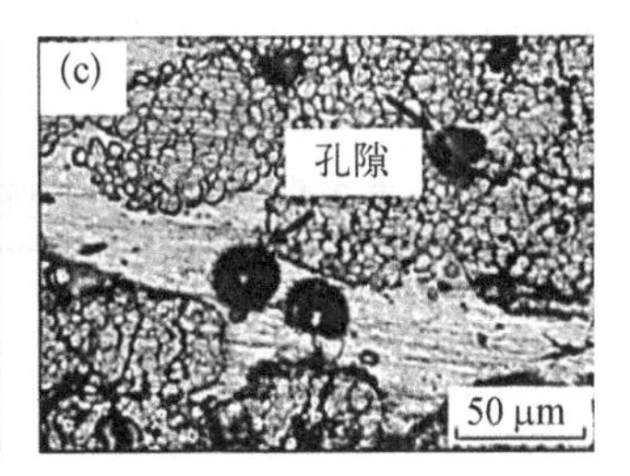

图 3.9 不同加压时间下亚麻纤维增强复合材料孔隙形态：
(a)、(b) 较早(20 min)；(c) 较晚(40 min)

表 3.3 热压成型不同加压时间下亚麻纤维增强复合材料层合板的孔隙含量、尺寸和形状以及力学性能

加压时间/min	20	30	40
孔隙率/%（C 扫描法）	9.43	0.07	12.22
孔隙率/%（显微镜法）	1.75±0.08	1.53±0.05	2.18±0.09
等效直径/μm	18.03±4.88	15.85±4.52	19.89±6.49
长宽比	1.38±0.19	1.23±0.14	1.43±0.23
拉伸强度/MPa	183.52±9.42	205.56±8.14	173.11±12.96
拉伸模量/GPa	22.38±0.51	22.67±0.47	22.27±0.42
层间剪切强度/MPa	31.59±4.26	32.89±3.93	30.49±5.35

另外，表 3.3 也给出了不同加压时间下获得的复合材料层合板的平均孔隙率和力学性能的关系。同样，随着孔隙含量的增加，TS 和 ILSS 均降低，而拉伸模量基本不变。复合材料层间以及纱线之间孔隙含量的增加会导致 ILSS 的下降。而由于孔隙存在引起的应力集中和弱的界面结合则会导致复合材料整体力学性能的下降。同样也可计算，孔隙率每增加 1%，复合材料的 TS 和 ILSS 分别下降 24% 和 11%。

3. *方差分析*

通过方差分析(analysis of variance, ANOVA)可以获得各制造工艺参数(固化压力、加压时间)对植物纤维增强复合材料力学性能的影响程度。表 3.4 为不同固化压力和加压时间下植物纤维增强复合材料力学性能的单因素 ANOVA 结果。F

表示显著差异的水平，通过计算并与 F 的标准值（可查表获得，文中情况为 3.88）对比，确定是否存在显著差异。p -值代表测试的特定显著性水平，通常与 0.05 比较。如果 F 的计算值大于 F 的标准值，且 p -值小于 0.05，则此工艺参数对力学性能存在影响，否则无影响。从表 3.4 可以看出，固化压力和加压时间对植物纤维增强复合材料的拉伸强度和层间剪切强度的影响均较大，但对拉伸模量没有太大影响。

表 3.4　亚麻纤维增强复合材料工艺参数对力学性能影响的 ANOVA 结果

工艺参数	固化压力	加压时间
F（拉伸强度）	7.06	4.65
p -值（拉伸强度）	0.005	0.024
F（拉伸模量）	0.84	0.85
p -值（拉伸模量）	0.459	0.444
F（层间剪切强度）	5.08	4.42
p -值（层间剪切强度）	0.013	0.016

3.3.2　温度影响

人造无机纤维（如玻璃纤维和碳纤维）因具有优异的耐温性，其增强复合材料的成型温度只取决于所用树脂的固化温度，而无需考虑纤维的耐热性。植物纤维主要由纤维素、半纤维素、木质素和果胶等成分组成，这些有机组分会随着温度的升高而逐渐被分解。因此，复合材料成型温度的选择对植物纤维及其增强复合材料力学性能具有较大影响。

近年来，不少国内外学者通过热失重分析研究了亚麻、苎麻、黄麻、剑麻和大麻等植物纤维的热稳定性[6-8]。由于植物纤维的化学组成基本相同，热稳定性分析结果较为一致。大部分植物纤维的起始热分解温度为 150℃，其热分解过程主要分为三个阶段：第一阶段，植物纤维脱去自由水和结合水；第二阶段，较为不稳定的半纤维素、木质素、果胶以及含糖苷键纤维素发生分解；第三阶段，较为稳定的纤维素和木质素发生分解。植物纤维自身化学组分的分解导致植物纤维及其增强复合材料力学性能下降。因此，需充分考虑成型温度对植物纤维化学组分及力学性能的影响，合理地选择树脂体系，并确定成型温度。Sridhar 等[6]研究了黄麻纤维在真空状态下热降解的过程，通过对比发现黄麻纤维在 300℃下保持 2 小时后，其拉伸强度下降了 60%。Gonz 等[7]研究了成型温度对木纤维增强复合材料力学性能的影响，发现复合材料的弯曲性能随着成型温度的升高逐渐变差。刘燕峰等[8]研究了不同固化温度对苎麻纤维增强复合材料力学性能的影响，通过测试不同固化温度下成型苎麻纤维增强复合材料的各类力学性能发现，随着固化温度的升高，苎麻纤维增强复合材料的拉伸、弯曲以及剪切强度均发生了不同程度的下降。

由于不同种类的植物纤维化学组成较为接近，本节以力学性能最优的亚麻纤维为例，重点介绍固化温度对亚麻纤维以及亚麻纤维增强复合材料性能的影响。

1. 亚麻纤维的热稳定性

从图3.10亚麻纤维在空气气氛下的热失重曲线可以看出，亚麻纤维的热分解主要分为三个阶段：第一阶段是室温到150℃左右，亚麻纤维的重量略有下降，主要是由于亚麻纤维中水分的析出，直到150℃左右纤维中的游离水、物理吸附水和分子中的结合水基本被全部去除。第二阶段的分解发生在150~310℃，而亚麻纤维真正开始发生热分解是在220℃左右，在这个温度区间内亚麻纤维的降解成分主要是较为不稳定的纤维素和半纤维素结构中的糖苷键开始断裂，部分木质素氧化分解，一些C—O键和C—C键开始断裂并产生一些新的产物和低分子量的挥发化合物[9]，同时亚麻纤维中的果胶也在这个阶段发生部分热分解。第三阶段的分解发生在310~500℃，是纤维素和木质素氧化热解的主要反应阶段，纤维素和木质素发生热分解直至结束。由于植物纤维的主要组成成分为纤维素，因此这个阶段的热分解比例最大。当温度升高至800℃时，重量残留量约为13%，主要成分为无机盐或无机氧化物。从热失重分析的结果可以得出，当复合材料成型温度低于220℃时，亚麻纤维减重量少，不会发生明显的分解。

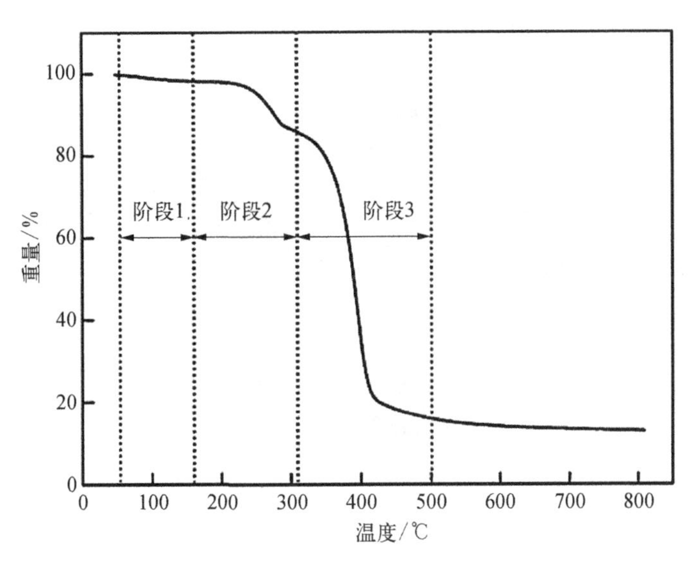

图3.10　亚麻纤维的热失重曲线

图 3.11 为未加热处理及分别在 120℃、140℃、160℃、180℃和 200℃下热处理 2 h后亚麻纤维的宏观形貌，可以发现未处理的亚麻纤维为灰色；当处理温度为 120℃、140℃和 160℃时，亚麻纤维的宏观形貌并未发生明显的变化；然而在 180℃和 200℃温度下热处理后的亚麻纤维颜色变深，这是由纤维发生脱水以及纤维中果胶等耐热性较差的组分发生部分分解造成的。但是，通过对比经 120℃和 200℃热处理后亚麻纤维的微观形貌(图 3.12)，发现两者并无明显区别，因此在 200℃以下对亚麻纤维进行热处理对其微观结构的影响不大。

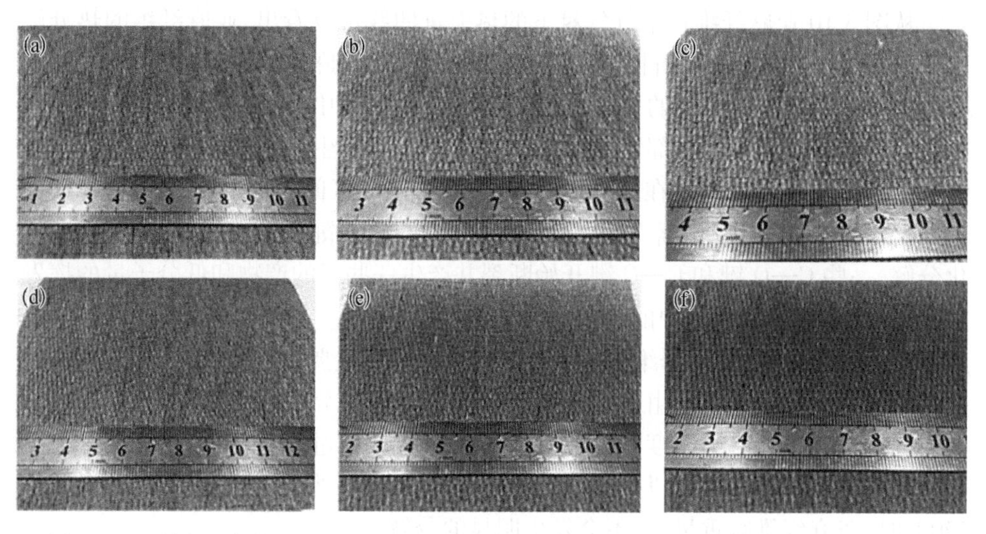

图 3.11　不同温度热处理后亚麻纤维的宏观形貌：(a) 未加热处理；(b) 120℃；(c) 140℃；(d) 160℃；(e) 180℃；(f) 200℃

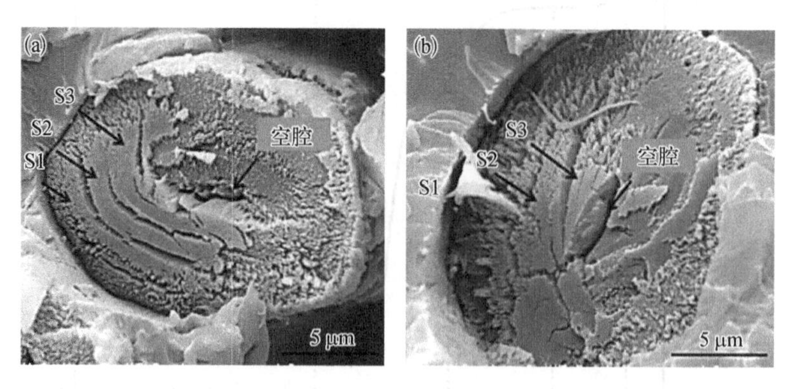

图 3.12　不同温度热处理后亚麻纤维的微观形貌：(a) 120℃；(b) 200℃

通过对未处理以及分别在 120℃、140℃、160℃、180℃和 200℃下热处理 2 h 后亚麻纤维的红外光谱图(图 3.13)的分析发现，亚麻纤维在热处理前后并没有新的基团生成,纤维的主要化学结构并未发生明显的变化。但是一些化学基团的红外吸收强度发生了明显的变化。随着亚麻纤维热处理温度的升高,红外光谱中1 608 cm^{-1}、1 247 cm^{-1}、1 184 cm^{-1}、1 034 cm^{-1}、865 cm^{-1}和 831 cm^{-1}处的吸收峰强度逐渐下降,尤其是当成型温度达到 200℃时,下降程度最大。其中 1 608 cm^{-1}处芳环和 C ═C 振动吸收峰和 1 247 cm^{-1}处芳香族 C—O 伸缩振动吸收峰主要为表征亚麻纤维中木质素的特征峰,1 184 cm^{-1}处的吸收峰为果胶环形分子(R—O—R)的特征峰,1 034 cm^{-1}处的 C—O 伸展运动表征亚麻纤维中纤维素和半纤维素的特征峰,865 cm^{-1}和 831 cm^{-1}处的吸收峰为木质素芳香族上 C—H 的特征峰。以上基团吸收峰强度的变化(表3.5)证明加热会引起亚麻纤维中的果胶、木质素、半纤维素以及较为不稳定的纤维素等部分发生分解,这与 TGA 的变化相吻合。亚麻纤维红外光谱图中 3 408 cm^{-1}处对应的羟基峰随着处理温度的提高并未发生明显变化,主要是因为一方面热处理后的亚麻纤维脱去自由水和结合水,使得游离的羟基增多并迁移至纤维表面,羟基含量增多;另一方面,部分纤维素及半纤维素的分解可能导致羟基含量的减少。在两方面机制共同作用下,亚麻纤维在热处理前后的羟基吸收峰变化并不明显。

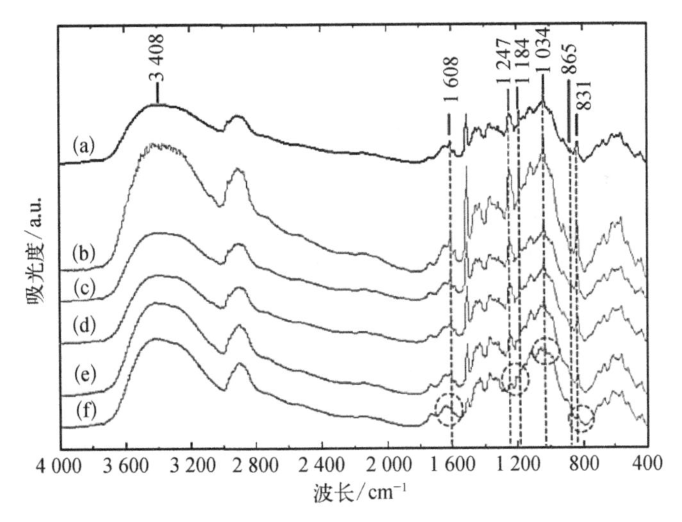

图 3.13 不同温度热处理后亚麻纤维红外光谱图:(a) 未加热处理;(b) 120℃;(c) 140℃;(d) 160℃;(e) 180℃;(f) 200℃

表 3.5 亚麻纤维红外光谱图分析结果对照

波数/cm^{-1}	官 能 团	归 属 成 分
3 408	—OH	纤维素、半纤维素和木质素
1 608	C ═C	木质素
1 247	C—O	木质素

续表

波数/cm^{-1}	官　能　团	归　属　成　分
1 184	C—O—C	果胶
1 034	C—O	纤维素和半纤维素
865	C—H	木质素
831	C—H	木质素

2. 成型温度对亚麻单纤维和复合材料力学性能的影响

表3.6给出了用Weibull统计方法获得的不同温度热处理后亚麻单纤维的拉伸性能。可以发现,当热处理温度不高于120℃时,亚麻纤维的力学性能未发生明显改变,其中120℃处理2 h后的亚麻纤维强度可以达到883.50 MPa,在考虑其低密度的前提下,亚麻纤维的比强度几乎和玻璃纤维相同。随着热处理温度的升高,亚麻单纤维拉伸强度逐渐下降。在180℃下热处理2 h后亚麻单纤维强度降至615.65 MPa,相比未热处理过的亚麻单纤维下降了30%。在200℃下热处理2 h后亚麻单纤维强度发生了更为明显的下降,为413.93 MPa,相比未热处理的亚麻单纤维下降幅度超过50%。这是由于高温会破坏亚麻纤维中的部分有机化学成分,如果胶、半纤维素和木质素的化学结构,从而降低亚麻单纤维的力学性能。此外,Gourier等[9]提出植物纤维中的水分子可以有效起到塑化纤维的作用,在加热过程中亚麻纤维会发生脱水从而导致纤维的韧性下降。这两个方面的综合作用使得高温处理后亚麻单纤维的力学性能发生较为明显的下降。

表3.6　热处理前后亚麻单纤维拉伸强度韦伯统计结果

热处理温度/℃	拉伸强度/MPa	下降比例/%
未处理	871.08	—
120	883.50	-1.4
140	857.68	1.5
160	835.16	4.1
180	615.65	29.8
200	413.93	52.5

图3.14给出了不同固化温度成型的单向亚麻纤维增强复合材料的拉伸性能。可以发现,当复合材料固化成型温度在120℃、140℃和160℃时,复合材料的拉伸

强度变化不大,分别为 266.77 MPa、268.84 MPa 和 267.75 MPa;当固化成型温度升高至 180℃时,复合材料的拉伸强度则降为 236.48 MPa,相比 120℃成型的复合材料层合板下降了 11%;当固化温度进一步升高至 200℃时,复合材料的拉伸强度大幅度下降至 152.81 MPa,相比 120℃成型的复合材料下降约 43%[图 3.14(a)]。从图 3.15 所给出的 120℃成型和 200℃成型的亚麻纤维增强复合材料拉伸破坏的形貌可以看出,200℃固化成型的复合材料断面较为平整,呈明显的脆性断裂。而从不同温度下固化的环氧树脂拉伸强度(图 3.16)来看,并未随着固化温度的改变而发生明显变化,这是因为该研究所用环氧树脂在 120℃下固化 2 h 后已可完全固化,成型温度的升高并不会改变树脂的固化度。因此,亚麻单纤维强度的下降是导致亚麻纤维增强复合材料强度下降的主要原因,因此,复合材料拉伸强度随固化温度的变化趋势与亚麻单纤维强度随固化温度的变化趋势相似。然而,亚麻纤维增强复合材料的拉伸模量并未随着固化温度的升高而下降[图 3.14(b)],始终维持在 24 GPa 左右。而当固化温度升至 200℃时,复合材料的拉伸模量反而出现了上升。这可能是由于亚麻纤维中果胶和半纤维素发生热分解所带来的无定形物质的去除,使得亚麻纤维的结晶度上升所造成的[10]。

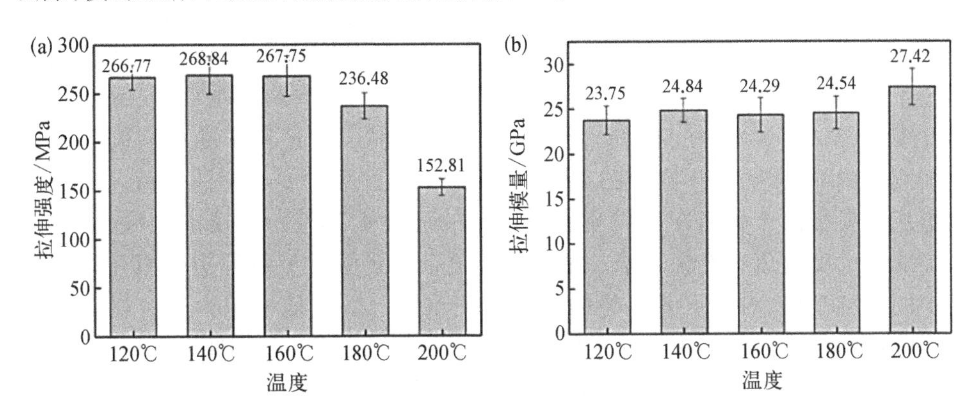

图 3.14 不同固化成型温度制备的亚麻纤维增强复合材料的拉伸性能:(a) 拉伸强度;(b) 拉伸模量

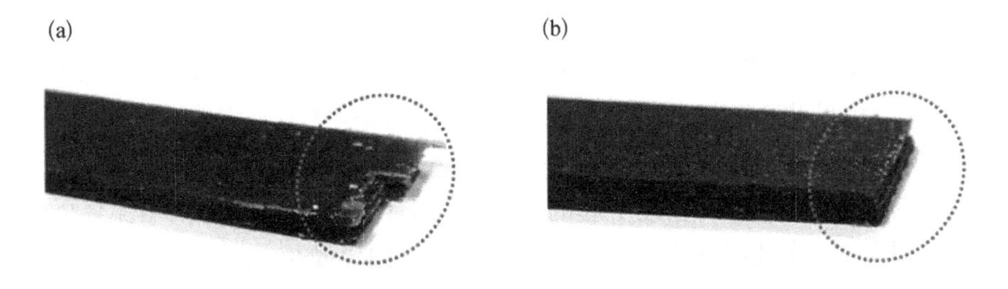

图 3.15 亚麻纤维增强复合材料层合板拉伸破坏宏观形貌:(a) 120℃成型;(b) 200℃成型

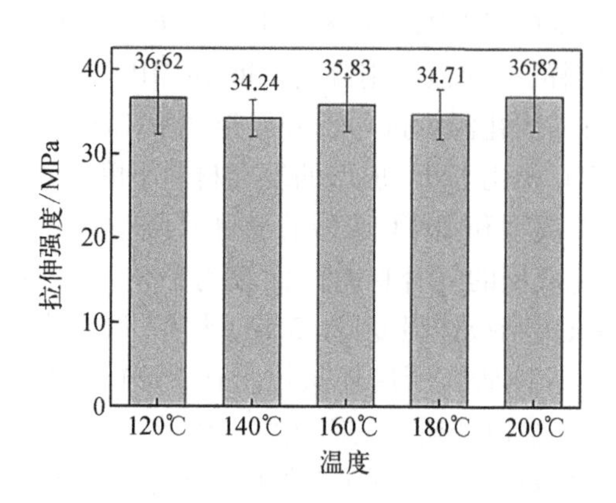

图 3.16　不同固化成型温度制备的环氧树脂的拉伸强度

3.3.3　空腔影响

植物纤维具有典型的空腔结构，即一根植物纤维是由一根或一束中空的细胞纤维所组成。因此，在植物纤维增强复合材料的成型过程中，需考虑空腔的存在对树脂浸润植物纤维的影响。特别是在以 RTM 为代表的复合材料液态成型工艺中，树脂对纤维的浸润和渗透直接影响成型后的复合材料的质量，而对于植物纤维来说，树脂除了在与人造纤维增强复合材料成型过程中的相同的束内和束间流道内流动外，由于空腔的存在，还增加了第三个尺度更小的流道。而缺陷的形成主要是由于树脂在不同流道内流动的流速不匹配所造成的。因此，植物纤维的三尺度流道必然使缺陷的形成更为复杂。了解成型过程中树脂在植物纤维中的流动过程，对于工艺缺陷的控制至关重要。而数值模拟为复合材料成型过程中树脂在增强纤维中的流动研究提供了很好的方法。以 RTM 成型为例，可根据计算流体力学理论，建立树脂在植物纤维束间、束内以及空腔中流动的数学模型，利用计算流体软件 Fluent 中的 PISO 算法模拟树脂流体在纤维多孔介质中的流动过程。

复合材料成型过程中，树脂流动的各物理量都随着时间变化，因此一般采用非稳态流动仿真模拟树脂的流动。此外，假定树脂是不可压缩牛顿流体，即黏度不随剪切力变化，并假设纤维的密度不变，即纤维本身不因吸湿而膨胀。另外，复合材料 RTM 成型过程中树脂流速较低，雷诺数较低，可以忽略惯性力作用，而仅考虑流体黏性力的作用，即树脂的黏度所起的黏滞作用。因此，采用不可压缩流体的非稳态流动过程来描述树脂在植物纤维空腔内、纤维束内以及增强织物中的流动，并考虑树脂的表面张力和重力的影响。同时，由于树脂填充增强材料过程中涉及填入的树脂相和被排出的空气相两部分，因此采用多相流模型进行模拟，从而获得流动过程中直观的树脂流动前沿及流动过程。

本节将介绍单根剑麻纤维毛细上升流动、剑麻纤维束毛细上升流动和单向剑麻纤维增强复合材料层合板制备 RTM 工艺过程及缺陷形成四部分的流动过程模拟。其中单根剑麻纤维毛细上升流动和剑麻纤维增强复合材料层合板 RTM 工艺模拟均采用了两种方法进行模拟。

1. 纤维空腔中树脂流动模拟

可采用两种方法来模拟树脂在植物纤维空腔中的流动。第一种方法是在几何建模时直接将与实际植物纤维空腔尺寸相当的多孔结构建模出来，以直接表示多孔区域并进行模拟。以剑麻纤维为例，所建的空腔模型的透视图和横截面分别如图 3.17(a)和(b)所示。通过 Fluent 软件的计算与模拟，得到在无外加压力的作用下，仅凭毛细压力使得环氧树脂在剑麻纤维空腔内沿着空腔壁向上攀附的高度与时间的关系，其二维纵剖面树脂流动的典型过程如图 3.18 所示。深色部分表示树脂占 0%，浅色部分表示树脂占 100%，中间过渡区为树脂上升过程中未全部填充满的部分，根据颜色变化来表示树脂填充情况的变化。图中白色部分为细胞纤维壁层实体，没有树脂流过，树脂只在空腔中攀附上升。可以看出，模拟的树脂上升趋势为先快后慢。

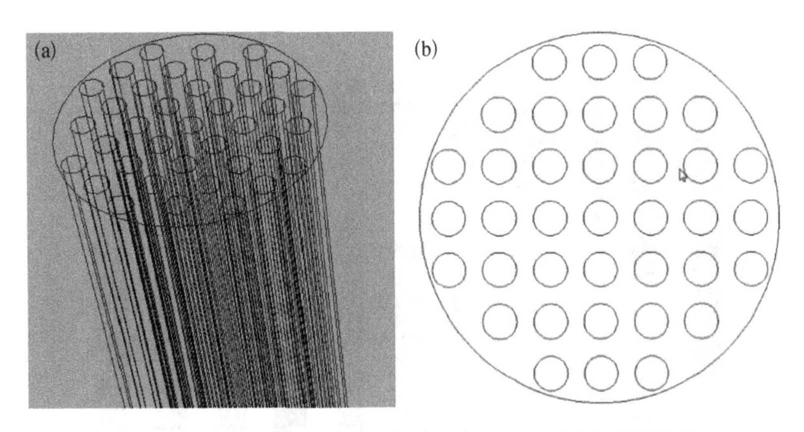

图 3.17 (a) 剑麻纤维空腔的几何模型和(b) 剑麻纤维横截面

第二种方法是不将纤维内部空腔通过直接建模表示出来，而是以二维矩形的几何模型表示剑麻纤维的剖向截面，然后将该区域赋予多孔的属性，输入由实验测得的渗透率参数算出的黏性阻力系数 $\frac{1}{\alpha}$ 和惯性阻力系数 C_2，计算公式如式(3.1)和(3.2)所示，所得树脂在剑麻纤维空腔中毛细上升高度随时间变化的关系如图 3.19 所示。可以看出，在初始阶段，树脂的毛细上升现象明显；后期，毛

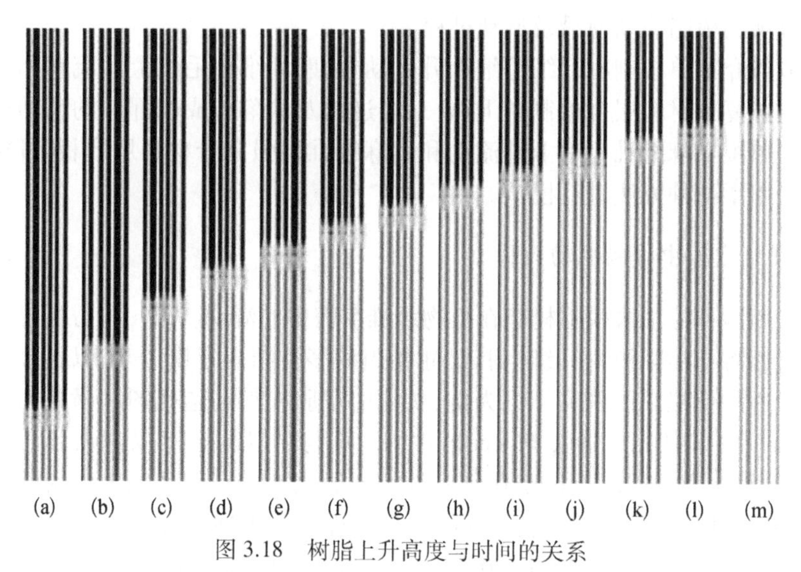

图 3.18　树脂上升高度与时间的关系

注：(a) 100 s,1.9 mm;(b) 500 s,3.3 mm;(c) 1 000 s,4.2 mm;(d) 1 500 s,5 mm;(e) 2 000 s,5.5 mm;(f) 2 500 s,6 mm;(g) 3 000 s,6.4 mm;(h) 3 500 s,6.8 mm;(i) 4 000 s,7.2 mm;(j) 4 500 s,7.5 mm;(k) 5 000 s,7.7 mm;(l) 5 500 s,8 mm;(m) 6 000 s,8.2 mm。

细爬升逐渐放缓,并且重力的作用凸显,出现一定程度攀附高度的下降。与第一种建模方法相比,趋势基本保持一致。

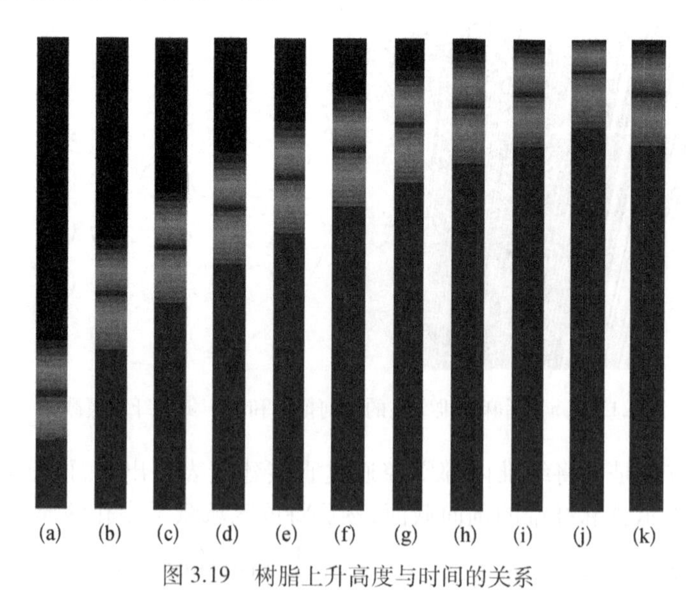

图 3.19　树脂上升高度与时间的关系

注：(a) 100 s,2.5 mm;(b) 500 s,4.7 mm;(c) 1 000 s,5.7 mm;(d) 1 500 s,6.6 mm;(e) 2 000 s,7.3 mm;(f) 2 500 s,7.8 mm;(g) 3 000 s,8.5 mm;(h) 3 500 s,9 mm;(i) 4 000 s,9.4 mm;(j) 4 500 s,9.6 mm;(k) 5 000 s,9.3 mm。

$$\alpha = K \tag{3.1}$$

$$C_2 = \frac{3.5}{d_p} \frac{(1-\varepsilon)}{\varepsilon^3} \tag{3.2}$$

将两种方法建模计算所得结果与实验测得结果进行对比(图 3.20),可以看出,在毛细浸润初期,第一种方法(空腔建模)得到的树脂毛细上升流动情况比第二种方法(等效建模)与实验测试结果符合得更好。而在毛细浸润后期,等效建模方法比空腔建模更符合实验结果。总体而言,空腔建模法比等效建模法得到的树脂流动慢一些,这是由于在前一种方法中,尽管将微米尺度下的空腔直接通过建模表示出来了,但主要还是表面张力起作用。而在后一种方法中,由于直接引入了多孔介质的参数及模块,毛细作用更明显,因此,毛细作用力引起的攀附速度更快。由以上结果可以看出,采用实验测得的渗透率所计算出的黏滞阻力等参数来等效表示空腔等流道的方法是可行的。

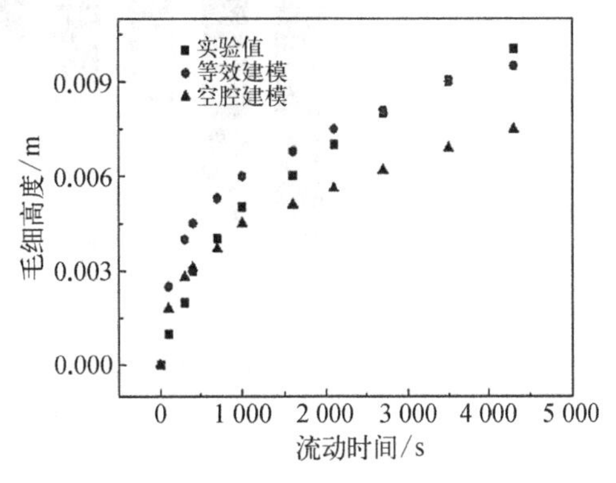

图 3.20 两种建模方法所得结果及实验结果

2. 纤维束内毛细流动模拟

可采用上述模拟树脂在剑麻纤维空腔内毛细流动的等效建模法模拟树脂在纤维束内的毛细上升过程,其中树脂在纤维束内流动的上升高度与时间的关系如图 3.21 所示,并与实验结果进行了对比(图 3.22)。可以看出,树脂在纤维束内毛细流动上升的速度表现出先快后慢的趋势,虽然与实验结果在数值上有一定的差异,但趋势是一致的。

3. 增强织物中树脂流动模拟

基于实验所测得的剑麻纤维单向织物的渗透率计算黏滞阻力系数,通过 Fluent 进行模型简化,可对树脂在植物纤维织物中的流动过程进行模拟。模拟中考虑了纤维束内与纤维束间渗透率的差异,即纤维束内为多孔介质,纤维束间为原本填充着空气的纯流道。几何模型如图 3.23 所示,最左端树脂来向区为纯树脂,假定在 0 s 时就已填充满树脂。模型中有 3 束剑麻纤维,5 道空气开放域流道。

模拟所得结果如图 3.24 所示。图中自上而下为树脂在剑麻纤维织物中流动前沿随流动时间的变化情况。通过模拟结果可以看出,当进行定压注射树脂时,注

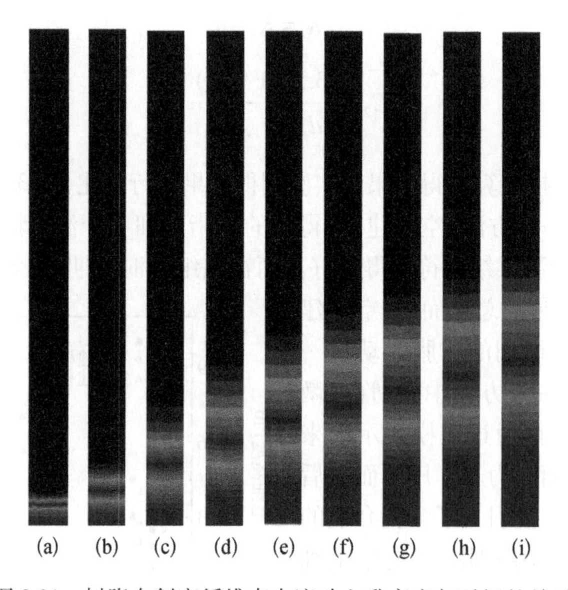

图 3.21　树脂在剑麻纤维束内流动上升高度与时间的关系

注：(a) 10 s,1.1 mm;(b) 100 s,3.3 mm;(c) 500 s,6.5 mm;(d) 1 000 s,10 mm;(e) 1 500 s,13.2 mm;(f) 2 000 s,15.4 mm;(g) 2 500 s,16.5 mm;(h) 3 000 s,17 mm;(i) 3 500 s,17.4 mm。

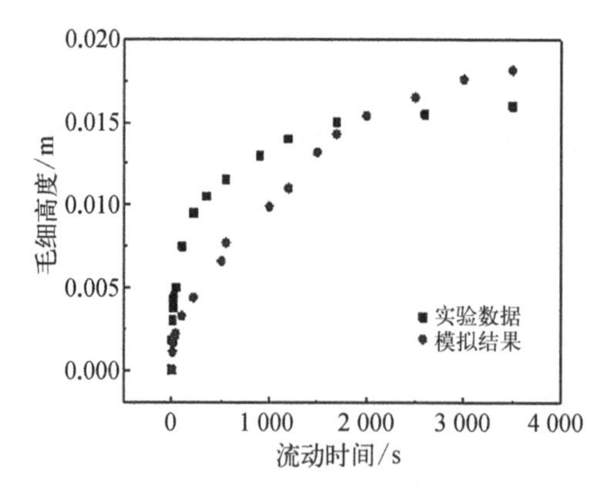

图 3.22　树脂在剑麻纤维束内毛细流动上升高度与时间关系的模拟结果和实验结果

射口附近由于压力较大,树脂流动较快。随着树脂往出口处流动,由于压力减小,树脂的流速显著下降。此外,纤维束内和纤维束间表现出明显的流动前沿的差异。图 3.25 比较了该种模拟方法与采用商用软件 PAM - RTM 的模拟结果以及实验结果,可以看出,两种模拟结果均和实验结果符合较好,但比较而言,采用 Fluent 模拟方法与实验结果更接近。

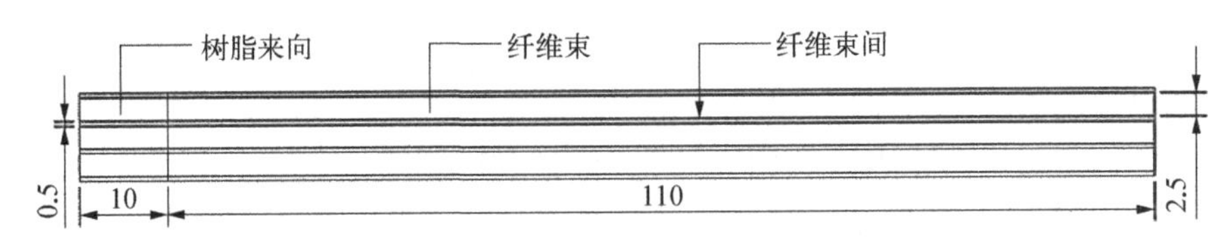

图 3.23 Fluent 模拟 RTM 充模所用几何模型

图 3.24 Fluent 模拟得到的简化 RTM 工艺过程流动前沿

注：(a)1 s;(b) 10 s;(c) 50 s;(d) 100 s;(e) 150 s;(f) 200 s;(g) 250 s。

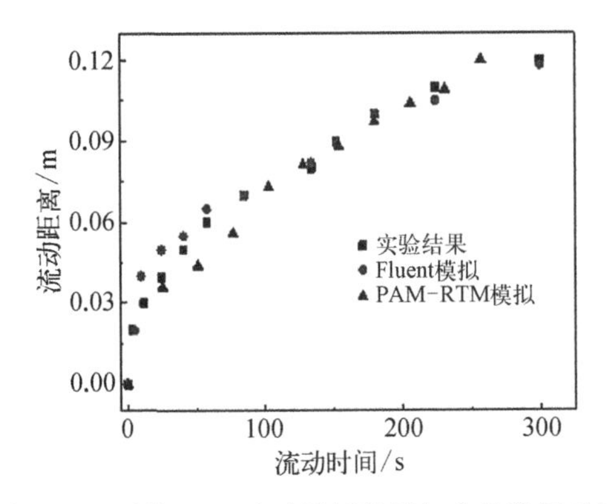

图 3.25 两种 RTM 流动模拟结果与实验数据对比

4. 增强织物中缺陷形成的数值模拟

对于 RTM 成型工艺来说，设置合理的工艺参数是减少气泡形成并保证制品质量的关键。气泡是复合材料液态成型过程中最不可忽视的问题之一，在充模过程中若产生气泡并残留在树脂中，固化成型后就会变成复合材料中的缺陷，使得复合材料承载能力下降，甚至影响制件的疲劳性能等。因此，揭示植物纤维增强复合材料中气泡形成的机制至关重要。

在 RTM 成型工艺中，外界施加的压力和毛细作用力共同驱动树脂的流动。一般而言，树脂在束间的流动取决于施加压力的大小，树脂在纤维束内的流动取决于毛细作用力。毛细作用力与外加压力的比值,可由液体黏度、液体流速与液体表面自由能给出。对于同一种树脂而言,其黏度和表面自由能不变,因此流速对于毛细作用的影响很大。树脂在纤维束内和纤维束间的流动速度差异,可能会产生不均匀流动,从而导致空气包覆气泡的产生。当外加压力较大时,树脂流动速率较快,由于纤维束间的渗透率远大于纤维束内的渗透率,束间流动前沿更快,因此容易在纤维束内部包覆空气形成较小的气泡;而当外加压力较小时,流动速率较慢,纤维束内部的毛细效应使得纤维束内部流动前沿更快,因此容易在纤维束之间包覆空气形成较大的气泡。然而,由于植物纤维不同于人工合成纤维的多空腔结构特点,使得树脂在植物纤维增强织物中流动时,必须考虑除纤维束间和纤维束内以外的纤维空腔中的微观尺度流道,这使得纤维束内部的毛细作用变得更为明显。

树脂在单向剑麻纤维增强复合材料中流动产生气泡这一过程可以认为是多相流模块与多孔介质模块的结合作用,这里主要考虑树脂相和空气相。求解区域中有两种流动域,一种是多孔介质渗流域,一种是开放区纯流体域。采用单区域法对树脂在纤维束间和束内界面上流动的浸润过程进行模拟。

所采用的多相多孔介质数学模型为

$$\frac{\partial}{\partial t}(\varepsilon a_q \rho_q u_q) + \nabla \cdot (\varepsilon a_q \rho_q u_q u_q) = -\varepsilon a_q \nabla p + \nabla \cdot (\varepsilon \tau_q) + \varepsilon a_q \rho_q g + \varepsilon \sum_{p=1}^{n} (R_{pq} + \dot{m}_{pq} u_{pq} - \dot{m}_{qp} u_{qp}) + \varepsilon (F_q + F_{\text{lift},q} + F_{vm,q}) + a_q \left(\frac{\mu}{K} + \frac{C_2 \rho}{2} | u_q | u_q \right) \tag{3.3}$$

其中,K 为渗透率;C_2 为惯性阻力系数;第 q 相的动量方程如式(3.4):

$$\frac{\partial}{\partial t}(\gamma a_q p_q) + \nabla (\gamma a_q \rho_q u_q) = \gamma \sum_{p=1}^{n} (\dot{m}_{pq} u_{pq} - \dot{m}_{qp} u_{qp}) + \gamma S_q \tag{3.4}$$

式(3.4)中的 S 表示多孔介质中的动量阻力源项,该源项是由黏性损失项和惯性损失项两部分组成,即

$$S_i^2 = -\left(\sum_{j=1}^{3} \boldsymbol{D}_{ij} \mu v_j + \sum_{j=1}^{3} \boldsymbol{C}_{ij} \frac{1}{2} \rho | v_j | v_j \right) \tag{3.5}$$

其中,$\boldsymbol{D}_{ij}$ 和 $\boldsymbol{C}_{ij}$ 分别为黏性阻力和惯性损失系数矩阵,负号表示压力降。将式(3.4)表示为通用表达式后可得式(3.6)。

$$\frac{\partial}{\partial t}(\varepsilon a_q \rho_q \phi_q) + \nabla \cdot (\varepsilon a_q \rho_q u_q \phi_q) = \nabla \cdot (\varepsilon \Gamma_q \nabla \phi_q) + \varepsilon S_{\phi,q} \tag{3.6}$$

其中，ε 为孔隙率；a_q 为第 q 相的体积分数；ρ_q 为第 q 相的密度；ϕ_q 为第 q 相的通用物理量；Γ_q 为第 q 相的通用扩散系数；S_q 为第 q 相的源项部分。

当在源项 S 中加入表面张力 F，如式(3.7)所示：

$$|F| = \frac{2\sigma_{ij}\rho k_i \nabla a_i}{\rho_i + \rho_j} \tag{3.7}$$

其相应的追踪流动前沿的流体体积函数如式(3.8)所示：

$$\frac{\partial a_q}{\partial t} + u \cdot \nabla a_q = 0 \tag{3.8}$$

通过引入实验测得的考虑了空腔流道和纤维束内缝隙流道的细观渗透率参数来计算纤维束多孔区域的黏力阻力系数，编织导致的纤维束之间的缝隙为开放空气阈，建立图 3.26 所示的经纬向织物单元模型来进行正交编织植物纤维增强复合材料 RTM 成型过程中气泡形成过程的模拟。

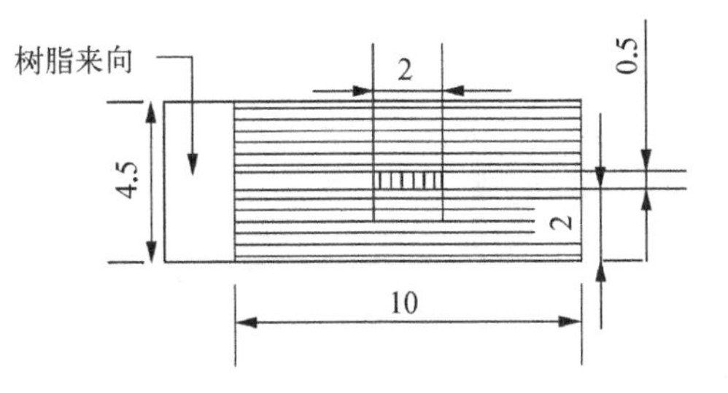

图 3.26 经纬向织物单元模型

图 3.27 为在注射压力为 0.2 MPa，纤维束内黏滞阻力系数为 $2.9\times10^{10}\,m^{-2}$，纤维束间距为 0.5 mm 的条件(条件 1)下纤维织物单元内气泡形成过程的模拟结果。可以看出：在外加压力的作用下，树脂向流速正方向流动，模型上下两侧的纵向纤维束多孔介质对流体有一定的阻碍，因此中间开放域中流动前沿相对超前。随着中间部分树脂开始流经横向纤维束，受到明显的阻碍作用，随着时间的增加，树脂在两侧纤维束和横向纤维束后方的开放域流动快，而在中间横向纤维束部分流动

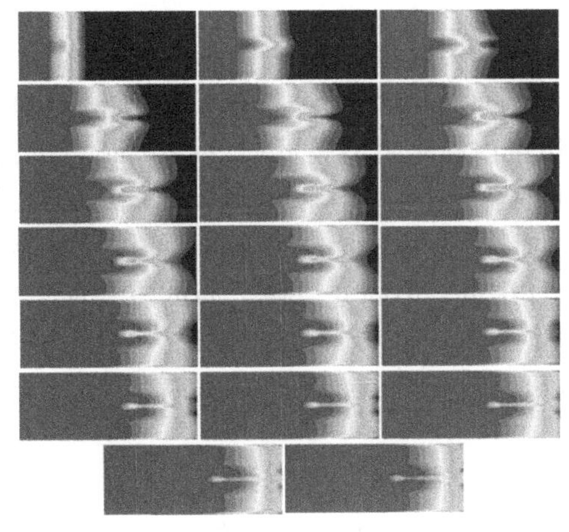

图 3.27 条件 1 情况下树脂流动随时间的变化全过程模拟结果

滞后,随着两侧纤维束中树脂与横向纤维束后开放域树脂的汇合,有可能在横向纤维束附近包裹空气形成气泡。

图 3.28(a)和(b)分别为将注射压力变为 0.3 MPa 和 0.1 MPa 时树脂流动随时间变化的全过程。由树脂流动云图可以看出,当施加压力为 0.3 MPa 时,树脂的流动趋势与条件 1 的情况基本一致,但形成气泡的可能性较小。这是由于随着压力的增大,树脂向出口处流动的速度和惯性均增加,因此在横向纤维束附近的树脂受到较大的向出口处的推动力,减少了树脂滞留的机会。然而,当注射压力降为0.1 MPa时,树脂的流动速度减慢,给予树脂充分浸润纤维的时间,因此形成气泡的可能性也较低。由此可以得出,注射压力对气泡的形成有较大的影响。

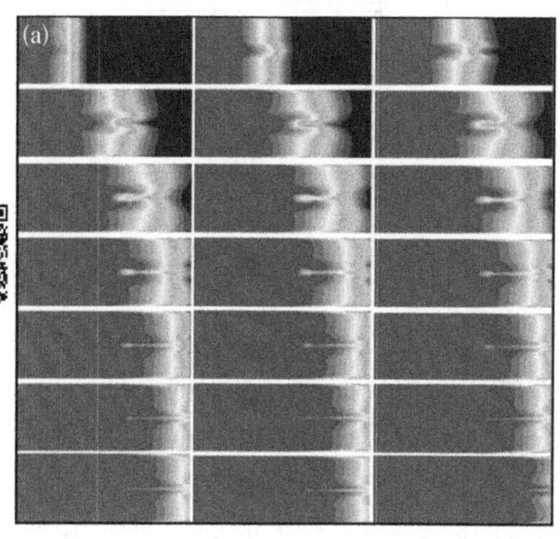

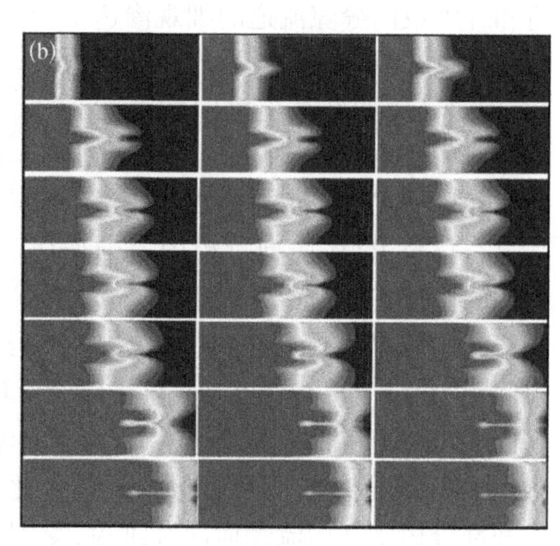

图 3.28 注射压力为(a) 0.3 MPa 和(b) 0.1 MPa 时树脂流动随时间的变化全过程模拟结果

图 3.29(a)和(b)分别为将条件 1 中纤维束黏滞阻力变为 $2.9\times10^{9}\,m^{-2}$ 和 $2.9\times10^{11}\,m^{-2}$ 时树脂流动随时间变化的全过程模拟结果。可以看出,当选择渗透率较大的纤维(即纤维束内黏滞阻力较低,$2.9\times10^{11}\,m^{-2}$)时,由于径向纤维束和横向纤维束对树脂的阻碍作用均很小,导致流动时间大幅度缩短,并且气泡形成的可能性降低。当选择渗透率较小的纤维(即纤维束内黏滞阻力较高,$2.9\times10^{9}\,m^{-2}$)时,两侧径向纤维束与中间开放域之间的流动前沿差异更加明显,而且当树脂流经横向纤维束时,受到较大的阻碍作用,包裹形成气泡。另外,两侧纤维束内部的树脂前沿相比开放域中的树脂前沿明显滞后,因此有可能在径向纤维束内部也形成气泡。

图 3.30(a)和(b)分别为将条件 1 中的纤维束间距变为 1 mm 和 0.1 mm 时树脂流动随时间变化的全过程模拟结果,相比条件 1 所获得的树脂流动云图,可以发

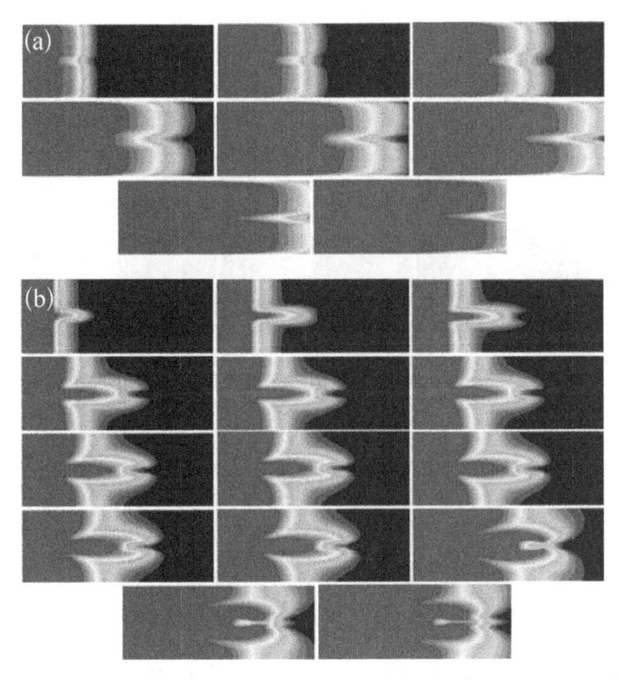

图 3.29 纤维束内黏滞阻力系数为(a) $2.9\times10^{9}\,m^{-2}$和(b) $2.9\times10^{11}\,m^{-2}$时树脂流动随时间的变化全过程模拟结果

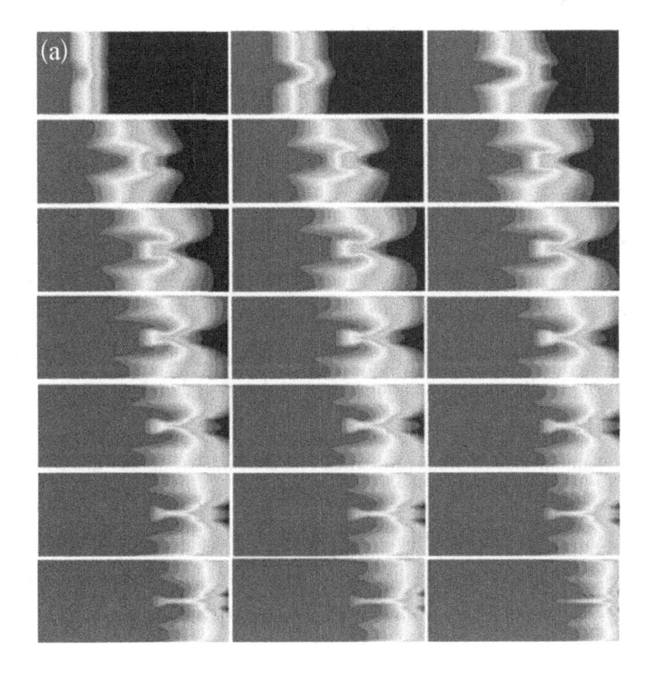

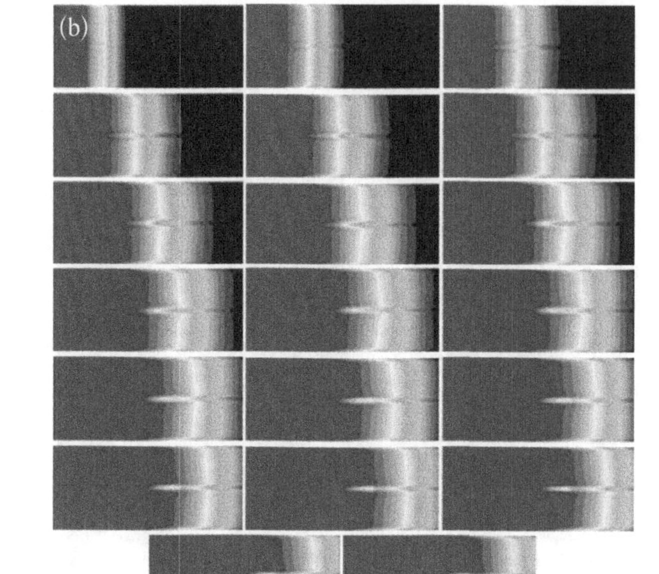

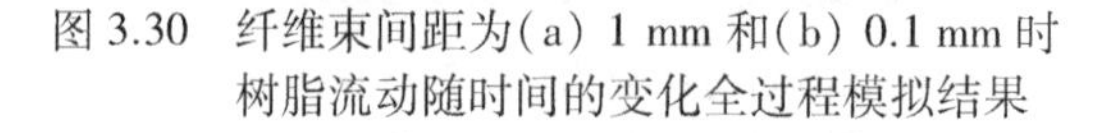

图 3.30　纤维束间距为(a) 1 mm 和(b) 0.1 mm 时树脂流动随时间的变化全过程模拟结果

现无论纤维束之间的开放域宽度变大或者变小,对最终气泡形成的可能性影响都不大。因此,纤维束间距对气泡形成的影响并不大。

参 考 文 献

[1] 冯彦洪,张叶青,瞿金平,等.植物纤维/生物降解塑料复合材料的纤维表面改性研究[J].中国塑料,2011, 25(10): 50－54.

[2] Koushyar H, Alavi-Soltani S, Minaie B, et al. Effects of variation in autoclave pressure, temperature, and vacuum-application time on porosity and mechanical properties of a carbon fiber/epoxy composite[J]. Journal of Composite Materials, 2012, 46(16): 1985－2004.

[3] Wimmer R, Lucas B N, Tsui T Y, et al. Longitudinal hardness and Young's modulus of spruce tracheid secondary walls using nanoindentation technique[J]. Wood Science and Technology, 1997, 31(2): 131－141.

[4] Shih Y F. Mechanical and thermal properties of waste water bamboo husk fiber reinforced epoxy composites[J]. Materials Science and Engineering: A, 2007, 445: 289－295.

[5] De Rosa I M, Kenny J M, Puglia D, et al. Morphological, thermal and mechanical characterization of okra (Abelmoschus esculentus) fibres as potential reinforcement in polymer composites[J]. Composites Science and Technology, 2010, 70: 116－122.

[6] Sridhar M K, Basavarajappa G, Kasturi S G, et al. Evaluation of jute as a reinforcement in

composites[J]. Indian Journal of Textile Research, 1982, 7: 87 - 92.

[7] Gonz Ã, lez C, Myers G E. Thermal degradation of wood fillers at the melt-processing temperatures of wood-plastic composites: effects on wood mechanical properties and production of voiatiles[J]. International Journal of Polymeric Materials & Polymeric Biomaterials, 1993, 23: 67 - 85.

[8] 刘燕峰,包建文,李艳亮,等.固化温度对苎麻纤维增强复合材料性能的影响[J].航空材料学报,2012,32: 49 - 53.

[9] Gourier C, Duigou A L, Bourmaud A, et al. Mechanical analysis of elementary flax fibre tensile properties after different thermal cycles [J]. Composites Part A: Applied Science and Manufacturing, 2014, 64: 159 - 166.

[10] 李贤军,刘元,高建民,等.高温热处理木材的 FTIR 和 XRD 分析[J].北京林业大学学报,2009,31(S1): 104 - 107.

第4章　植物纤维增强复合材料界面

本章将针对由植物纤维独特的微观结构所带来的复合材料多层级界面这一特点，从理论、实验及数值模拟的角度，介绍植物纤维增强复合材料多层级界面性能、失效模式和失效机制，为植物纤维增强复合材料的界面结构设计提供理论指导，对于进一步提升植物纤维增强复合材料的力学性能以及全面实现高性能化具有重要的理论和应用意义。

4.1　植物纤维增强复合材料多层级界面性能及失效行为

纤维增强复合材料的力学性能在很大程度上取决于界面黏结性能。而植物纤维独特的多层级结构，必然会带来与人工纤维增强复合材料不同的多层级界面，从而产生多层级的力学失效行为和损伤机制。

本书在第2.3节中以剑麻纤维为例，给出通过纳米压痕技术表征的植物纤维多层级微观结构，这种多层级结构使得植物纤维增强复合材料除了具有与人工纤维增强复合材料相同的纤维与基体间的界面外，在植物纤维内部还具有多个层级的界面。通过纳米压痕测试技术，可以获得植物纤维增强复合材料不同层级界面区域的平均减缩弹性模量和硬度（图4.1），包括基体和植物纤维之间的界面（IF－FM）、胞纤维之间的界面（IF－ELE），以及细胞纤维内部各壁层之间的界面（IF－CW）。可以看出，纤维和基体之间的界面（IF－FM）的减缩模量和硬度低于IF－ELE和IF－CW的减缩模量和硬度，这主要是因为亲水性植物纤维和疏水环氧基体之间的界面结合较弱，而IF－ELE的减缩模量和硬度则低于IF－CW。

在纳米压痕测试过程中所获得的复合材料界面的塑性功与总功的比值（W_{pl}/W_t）被定义为特定阻尼比，反映了界面破坏过程中能量耗散的大小[1]。对于剑麻纤维增强复合材料的三类界面，W_{pl}/W_t 随着压痕载荷的增加总体呈上升趋势［图4.2(a)］，这表明界面发生塑性变形，且塑性区域随着压痕载荷的增加而扩大。当达到临界压痕载荷（IF－FM为2 400 μN，IF－ELE为5 200 μN，IF－CW为6 800 μN）时，曲线的斜率随着压痕载荷的增加而突然增加，这归因于载荷超过界面的断裂载荷，发生了裂纹的萌生和扩展。因此，在这些载荷条件下，塑性变形和裂纹的萌生和扩展的共同作用使得能量耗散显著增加。可以发现，界面IF－FM的 W_{pl}/W_t 低于界

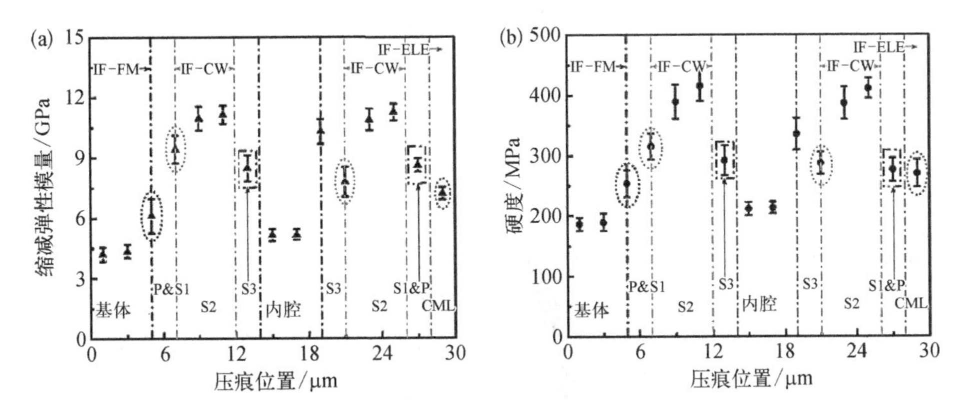

图 4.1 剑麻纤维增强复合材料(a) 减缩弹性模量和(b) 硬度随压痕位置的分布

面 IF－ELE 和 IF－CW 的比值,这表明界面 IF－FM 发生破坏时所耗散的能量小于剑麻纤维增强复合材料的其他两类界面(IF－ELE 和 IF－CW)破坏所耗散的能量。图 4.2(b)描绘了剑麻纤维增强复合材料三类界面硬度与减缩弹性模量的比值(H/E_r)与图 4.2(a)的 W_{pl}/W_t 的比值的关系。H/E_r 可用于描述当光滑表面(压头)与材料的粗糙表面接触时材料的变形特性。相比其他两类界面(IF－ELE 和 IF－CW),IF－FM 的 H/E_r 最高,这表明可回复(弹性)变形占主导地位,而 W_{pl}/W_t 最低,IF－FM 界面破坏耗散最低。这种现象也证明了界面损伤首先发生在 IF－FM 界面。

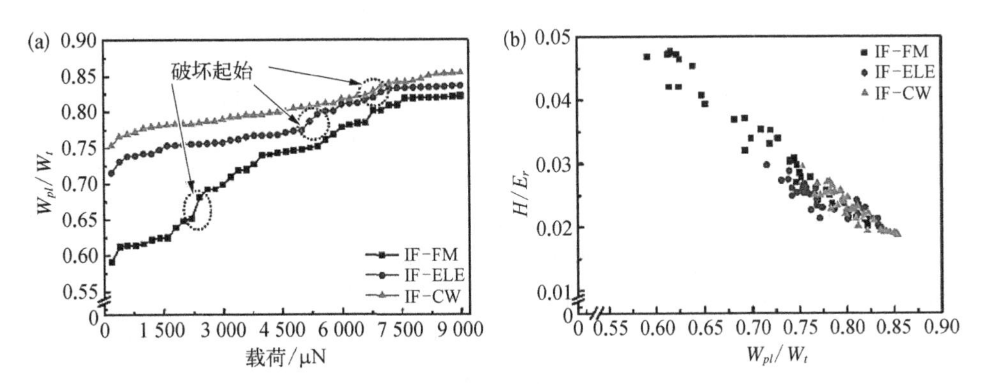

图 4.2 单步纳米压痕试验下剑麻纤维增强复合材料三类界面:
(a) W_{pl}/W_t 和压痕载荷(b) W_{pl}/W_t 和 H/E_r 的关系

从剑麻纤维增强复合材料的多步纳米压痕实验结果(图 4.3)可以看出,三种界面均呈现出材料硬化现象,表现为 W_{pl}/W_t 值随着压痕载荷的增加而减小。这是因为逐步增大的载荷反复作用在界面上,界面要继续发生应变必须增加应力,界面抵抗变形的能力逐步提高。然而,当压痕载荷超过特定值(IF－FM 为 4 600 μN,

IF－ELE为 7 000 μN，IF－CW 为 8 000 μN）时，会出现相反的增长趋势，这可归因于当压痕载荷超过一定值时会在界面处产生裂纹。与界面 IF－FM 相比，界面 IF－ELE 和 IF－CW 的 W_{pl}/W_t 值的转变点发生在较高的压痕载荷下。这表明 IF－FM 的界面结合较弱，结果与单步纳米压痕的测量结果一致。

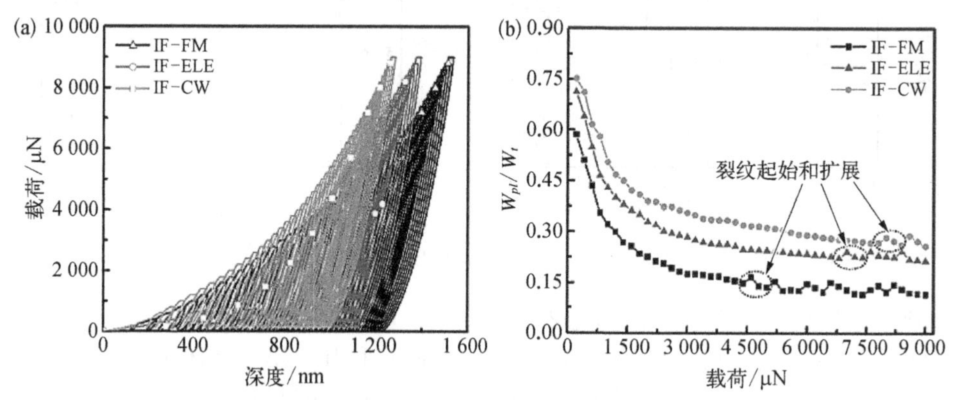

图 4.3　多步纳米压痕实验下剑麻纤维增强复合材料三类界面：(a) 载荷-深度曲线；(b) W_{pl}/W_t 和压痕载荷的关系对比

在局部区域进行的循环纳米压痕加载可以为具有多层级结构的剑麻纤维增强复合材料提供其不同层级结构的动态损伤信息。通过纳米压痕循环加载实验发现，由于材料变形时硬化的现象，三类界面在峰值压痕载荷 600 μN 下 W_{pl}/W_t 值均呈下降趋势[图 4.4(a)]。其中，IF－CW 的 W_{pl}/W_t 值最高，而 IF－FM 的 W_{pl}/W_t 值最低，这表明剑麻纤维增强复合材料中界面 IF－CW 变形耗散更大的能量，界面黏结力最强，而界面 IF－FM 恰恰相反，这与前面的讨论也相一致。随着峰值压痕载荷的增加[图 4.4(b)]，当达到 2 000 μN 时，IF－FM 的 W_{pl}/W_t 值发生了明显地波动，这与裂纹的萌生和扩展有关，即在 10 个循环加载后裂纹开始萌生和扩展，从而引起 W_{pl}/W_t 比值的增加。当峰值压痕载荷达到 4 400 μN 时，如图 4.4(c)所示，界面 IF－FM 和界面 IF－ELE 的 W_{pl}/W_t 值分别在 4 个和 13 个加载循环之后开始出现波动，界面 IF－ELE 裂纹萌生晚于界面 IF－FM。而当压痕载荷持续上升到 6 200 μN 时，如图 4.4(d)所示，所有三类界面的 W_{pl}/W_t 值均呈现出波动变化，其中界面 IF－CW 出现波动所需的循环加载次数最多。因此可以得出，当剑麻纤维增强复合材料承受静载甚至疲劳载荷时，不会同时出现由裂纹萌生和扩展引起的 IF－FM、IF－ELE 和 IF－CW 界面的同时失效，而是呈现出多阶段的失效行为。图 4.5(a)～(c)依次呈现了通过扫描电子显微镜观察到的剑麻纤维增强复合材料三类界面经过纳米压痕实验循环加载后的破坏形貌，即纤维和基体间界面(IF－FM)、细胞纤维间界面(IF－ELE)和细胞纤维壁层间界面(IF－CW)开裂。

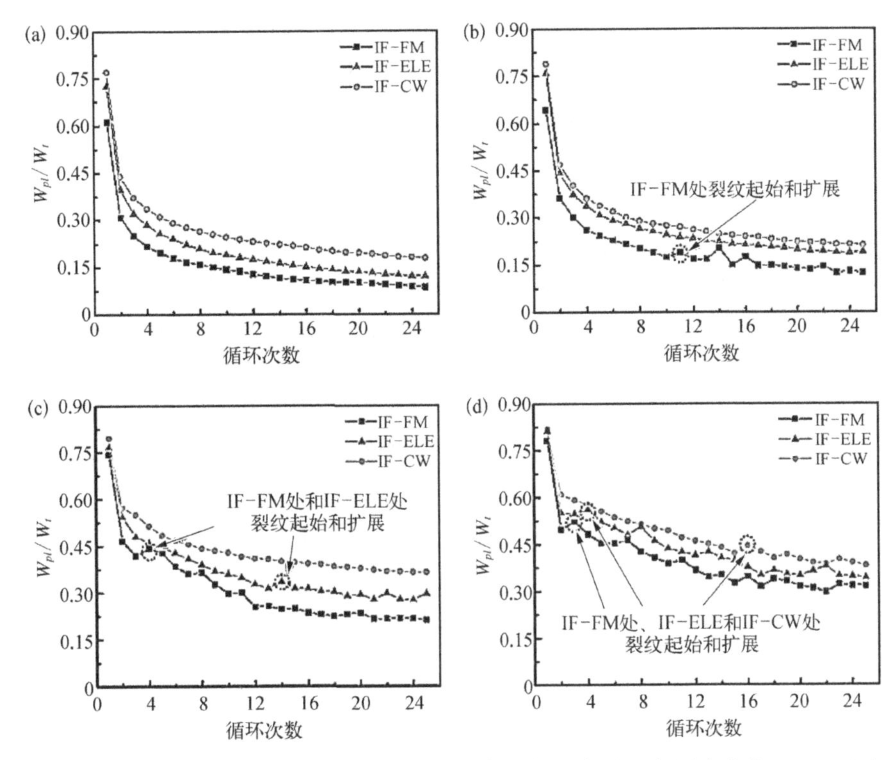

图 4.4　循环纳米压痕实验下剑麻纤维增强复合材料三类界面在压痕载荷 600 μN(a)、2 000 μN(b)、4 400 μN(c)和 6 200 μN(d)下获得的 W_{pl}/W_t 随循环次数的变化

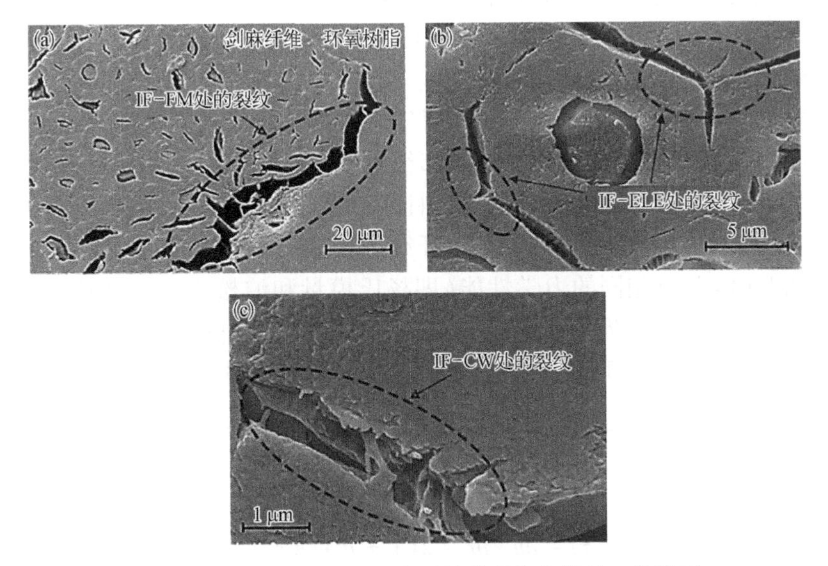

图 4.5　循环压痕载荷下剑麻纤维增强复合材料三类界面：
(a) IF-FM；(b) IF-ELE；(c) IF-CW 的开裂形貌

4.2　植物纤维增强复合材料多层级界面细观力学理论

从上一节中可以看出植物纤维增强复合材料具有多种界面破坏模式。然而，采用传统的界面力学研究方法，尤其是理论分析建模，无法准确地给出植物纤维增强复合材料的界面力学性能。因此，有必要考虑植物纤维自身独特的多层级结构特点，建立适用于植物纤维增强复合材料的细观力学理论模型。本节将在复合材料细观力学理论的基础上，基于已有的传统剪滞模型、库仑摩擦定律、断裂力学的概念和 Griffith 能量平衡方程[2-7]，建立适用于植物纤维增强复合材料的双界面单纤维拔出模型[8]。进一步考虑植物纤维的粗糙度和其复合材料的热残余应力，依据基于傅里叶变换方法的纤维滑移模型，确定由植物纤维本身独特的多层级结构特征所带来的植物纤维增强复合材料的多层次界面参数(界面剪切强度、界面断裂韧性和界面摩擦系数)、界面黏结状况、脱黏准则(部分脱黏应力、最大脱黏应力和初始摩擦拔出应力)和内部应力分布，进而揭示了其界面载荷传递机制和双界面破坏过程。

4.2.1　双界面剑麻单纤维拔出模型

为了描述植物纤维增强复合材料的多界面脱黏行为，基于已有的传统剪滞模型、库仑摩擦定律、断裂力学的概念和 Griffith 能量平衡方程，建立了如图 4.6 所示的植物纤维增强复合材料的双界面单纤维拔出模型。在该模型中，半径为 a_1 的单根植物纤维由若干根细胞纤维组成，并嵌入在半径为 b 的同轴基体的中心。位于单纤维中心的细胞纤维束被等效为半径为 a_2 的单纤维，定义为内部细胞纤维(InEFs)。单纤维剩余部分被定义为外部细胞纤维(OutEFs)。纤维的轴向和径向方向分别命名为 z 轴和 r 轴，形成通用的柱坐标系$(r,\ \theta,\ z)$。L 是单纤维的总嵌入长度。基体底端$(z=L)$固定，并且在单纤维的顶端$(z=0)$施加拉伸应力 σ。假设 OutEFs 和 InEFs 具有相同的力学性能(即杨氏模量和泊松比)[9]，而假设 IF－FM 和 IF－ELE 具有不同的界面性能，包括界面断裂韧性和摩擦系数。因此，对于完全弹性和各向同性的细胞纤维和基体，通常的应力-应变关系式为

$$\varepsilon_i^z(r,\ z)=\partial u_i^z/\partial z=\{\sigma_i^z(r,\ z)-\nu_i[\sigma_i^r(r,\ z)+\sigma_i^\theta(r,\ z)]\}/E_i+\alpha_i\Delta T \tag{4.1}$$

$$\varepsilon_i^\theta(r,\ z)=u_i^r/r=\{\sigma_i^\theta(r,\ z)-\nu_i[\sigma_i^r(r,\ z)+\sigma_i^z(r,\ z)]\}/E_i+\alpha_i\Delta T \tag{4.2}$$

$$\varepsilon_j^{rz}(r,\ z)=\partial u_j^z/\partial r=2(1+\nu_j)/E_j\tau_j^{rz}(r,\ z) \tag{4.3}$$

其中，$i=m,\ f_1,\ f_2$；$j=m,\ f_1$。E 和 v 分别为杨氏模量和泊松比。

图 4.6 给出了单纤维拔出过程中出现的两个阶段的界面失效过程。在阶段一中，IF－FM 的界面脱黏首先发生；接着在阶段二中，IF－ELE 界面发生脱黏。

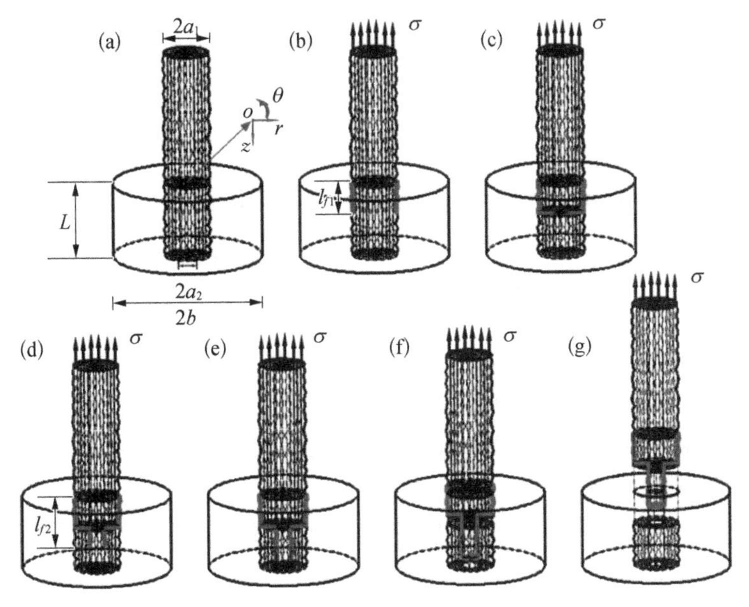

图 4.6　植物纤维单纤维双界面拔出模型示意图：(a) 初始阶段；(b)和(c) 阶段一；(d)和(e) 阶段二；(f)和(g) 拔出阶段

因此，建立包含施加应力(σ)、内部应力(σ_{f1}，σ_{f2}，σ_m)和界面剪切应力(τ_{i1}，τ_{i2})的力学平衡方程如下：

$$\sigma = \eta/(1+\eta)\sigma_{f2}^{z}(z) + \sigma_{f1}^{z}(z)/(1+\eta) + \sigma_{m}^{z}(z)/\gamma \tag{4.4}$$

$$\mathrm{d}\sigma_{f2}^{z}(z)/\mathrm{d}z = -2/a_2\tau_{i2}^{rz}(z) \tag{4.5}$$

$$\mathrm{d}\sigma_{f1}^{z}(z)/\mathrm{d}z = -2(1+\eta)/a_1\tau_{i1}^{rz}(z) + 2\eta/a_2\tau_{i2}^{rz}(z) \tag{4.6}$$

$$\mathrm{d}\sigma_{m}^{z}(z)/\mathrm{d}z = 2\gamma/a_1\tau_{i1}^{rz}(z) \tag{4.7}$$

其中，$\eta[=a_2^2/(a_1^2-a_2^2)]$和$\gamma[=a_1^2/(b^2-a_1^2)]$分别为细胞纤维与单纤维的体积比和单纤维与基体的体积比。下标 m、f_1 和 f_2 分别指代基体($a_1<r<b$)、OutEFs($a_2<r<a_1$)和 InEFs($0<r<a_2$)，上标表示材料性能的方向。

最终可以确定植物纤维拔出过程中的界面脱黏准则、轴向应力分布、部分脱黏应力、最大脱黏应力、外部施加应力和初始摩擦拔出应力。

在下文中，阶段一和阶段二中的 OutEFs 和 InEFs 的应力分布将通过分别考虑在 IF－FM 和 IF－ELE 处脱黏产生和扩展引起的边界条件来得到。

1. 阶段一：植物纤维与树脂基体之间的脱黏($0<z<L$)

(1) 黏结区的应力($l_{f1}<z<L$)

在阶段一中，由于 OutEFs 和 InEFs 的变形和模量相同，所以它们的轴向应力是相同的[$\sigma_{f1}^{z}(z)=\sigma_{f2}^{z}(z)=\sigma_{f}^{z}(z)$]。在黏结区，利用微分方程和附录 A 中 A.1 节的边界条件，计算出纤维轴向应力的解为

$$\sigma_f^z(z)=\begin{Bmatrix}[\sigma_{lf1}+(1+\eta)A_1/\eta\sigma+A_2]\sinh[\sqrt{A_3}(L-z)]\\+[(1+\eta)A_1/\eta\sigma+A_2]\sinh[\sqrt{A_3}(z-l_{f1})]\end{Bmatrix}/\sinh[\sqrt{A_3}(L-l_{f1})]-[(1+\eta)A_1/\eta\sigma+A_2] \tag{4.8}$$

其中，σ_{lf1}表示黏结区和脱黏区临界点处($z=l_{f1}$)作用的裂纹尖端脱黏应力。其他系数是关于材料性能和几何参数的函数，具体表达式见附录 A 中 A.3 节。基体轴向应力 $\sigma_m^z(z)$和剪切应力 $\tau_{i1}^{rz}(z)$、$\tau_{i2}^{rz}(z)$的表达式可由式(4.4)~(4.7)确定。

(2) 脱黏区的应力($0<z<l_{f1}$)

在 IF－FM 的脱黏区，摩擦剪切应力由库仑摩擦定律确定，假设沿着脱黏界面的摩擦系数恒定，为μ_1[3]，则：

$$\tau_{i1}^{rz}(z)=-\mu_1[q_{01}+q_{a1}(z)-q_{R1}(z)] \tag{4.9}$$

其中，q_{01}、$q_{a1}(z)$和 $q_{R1}(z)$的表达式在附录 A 中 A.2 节给出。q_{01}是由基体收缩以及制备过程中组分之间的热收缩或膨胀引起的残余应力。$q_{a1}(z)$是由拉力作用下纤维泊松收缩引起的径向应力。$q_{R1}(z)$是由于纤维和基体之间的界面粗糙度的不匹配引起的额外的径向应力。

通过运用应力边界条件 $\sigma_f^z(0)=\sigma$，可以求出单纤维轴向应力的解为

$$\begin{aligned}\sigma_f^z(z)=&\,e^{A_5z}\sigma+\begin{Bmatrix}[1-2\mu_1\alpha\nu_{f1}A_4/(a_1A_5)]\sigma\\-\mu_1[2q_{01}+k_1/(a_1B_{01})]/(a_1A_5)\end{Bmatrix}(1-e^{A_5z})\\&-\sum_{n_1=1}^{\infty}B_{n_1}2\mu_1k_1A_5L^2/[a_1(A_5^2L^2+n_1^2\pi^2)]\\&\begin{bmatrix}\cos(n_1\pi z/L)-e^{A_5z}\\-n_1\pi/(A_5L)\sin(n_1\pi z/L)\end{bmatrix}\end{aligned} \tag{4.10}$$

其中相关的系数附于附录 A 中 A.2 节和 A.3 节。基体轴向应力 $\sigma_m^z(z)$和界面剪切应力 $\tau_{i1}^{rz}(z)$、$\tau_{i2}^{rz}(z)$可以通过应用式(4.4)~(4.7)与式(4.10)获得。

(3) 界面 IF－FM 的脱黏准则和外部施加应力求解

基于断裂力学和 Griffith 能量平衡方程确定界面脱黏准则：

$$G_{ic1} = 1/(2\pi a_1)\partial U_{t1}/\partial l_{f1} \tag{4.11}$$

总弹性应变能 U_{t1} 表示为单纤维 U_f 与树脂基体 U_m 的弹性应变能之和。

$$U_{t1} = U_f + U_m \tag{4.12}$$

通过将式(4.8)和(4.10)代入式(4.11),可以得到纤维和树脂基体之间的界面脱黏准则如下:

$$2\pi a_1 G_{ic1} = p_1\sigma^2 + p_2\sigma + p_3 \tag{4.13}$$

其中,p_1、p_2 和 p_3 列于附录 A 中 A.3 节。因此,当脱黏开始萌生并扩展时,施加在纤维上的外部应力可以通过重新排列式(4.13)计算得到。

$$\sigma = [2\pi a_1 G_{ic1}/p_1 + (p_2^2 - 4p_1p_3)/(4p_1^2)]^{1/2} - p_2/(2p_1) \tag{4.14}$$

使用脱黏区的边界条件 $\sigma_f^z(l_{f1}) = \sigma_{lf1}$,阶段一中的部分脱黏应力 σ_{d1}^p 由式(4.15)给出:

$$\sigma_{d1}^p = (\sigma_{lf1} - A_7)/A_6 \tag{4.15}$$

2. 阶段二:细胞纤维之间的脱黏($0<z<L$)

(1) 黏结区的应力($l_{f2}<z<L$)

在阶段二中,由于 OutEFs 突然部分断裂,应力重新分配。由于位移不连续,OutEFs 和 InEFs 的轴向应力不再相等。施加应力与内部应力之间的平衡方程重写为

$$\sigma = \sigma_{f2}^z(z) + \sigma_{f1}^z(z)/\eta + (1+\eta)/(\gamma\eta)\sigma_m^z(z) \tag{4.16}$$

其中,$\sigma_{f1}^z(z) = \sigma_{f2}^z(z) = \sigma_f^z(z)$ 用于阶段二的黏结区。

使用与阶段一类似的方法来求解纤维轴向应力。

$$\sigma_f^z(z) = \frac{\left\{\begin{aligned}&(\sigma_{l_{f2}} + A_1\sigma + A_2)\sinh[\sqrt{A3}(L-z)]\\&+(A_1\sigma + A_2)\sinh[\sqrt{A_3}(z-l_{f2})]\end{aligned}\right\}}{\sinh[\sqrt{A_3}(L-l_{f2})]} - (A_1\sigma + A_2) \tag{4.17}$$

其中,$\sigma_{l_{f2}}$ 为裂纹尖端处($z=l_{f2}$)的脱黏应力。相应的基体轴向应力和剪切应力可以通过将式(4.17)代入式(4.5)~(4.7)和(4.16)求得。

(2) 脱黏区的应力($0<z<l_{f2}$)

在阶段二中,如图 4.6(d)所示,脱黏的界面 IF-FM(在阶段一中产生)的存在对界面 IF-ELE 的应力分布有影响,这归因于阶段一中 InEFs 存在剩余轴向应力。因此,阶段二中的脱黏区沿 z 轴线分为两部分,命名为部分 1($0<z<l_{f1}$)和部分

$2(l_{f1}<z<l_{f2})$。

部分1中，纤维轴向应力，基体轴向应力和界面IF－ELE处的剪切应力可以按照前节所述的相似过程求解。

部分2中，由于应力重新分布和位移差，OutEFs和InEFs的轴向应力是不同的$[\sigma_{f1}^{z}(z)\neq\sigma_{f2}^{z}(z)]$。采用库仑摩擦定律确定细胞纤维之间的摩擦剪切应力与恒定摩擦系数μ_2：

$$\tau_{i2}^{rz}(z)=-\mu_2[q_{02}+q_{a2}(z)-q_{R2}(z)] \tag{4.18}$$

其中，忽略OutEFs和InEFs之间的热收缩或膨胀的差异，假设q_{02}等于q_{01}，$q_{a2}(z)$是径向应力，$q_{R2}(z)$是由于OutEFs和InEFs之间的界面粗糙度不匹配引起的额外径向应力。$q_{a2}(z)$和$q_{R2}(z)$的表达式列于附录A中A.2节。

结合应力边界条件$\sigma_{f1}^{z}(l_{f1})=0$；$\sigma_{f1}^{z}(l_{f2})=\sigma_{f2}^{z}(l_{f2})=\sigma_{l_{f2}}$；$\sigma_{f2}^{z}(l_{f1})=\sigma_{f2l_{f1}}$与式(4.4)～(4.7)和(4.17)，求解OutEFs$[\sigma_{f1}^{z}(z)]$和InEFs$[\sigma_{f2}^{z}(z)]$轴向应力得

$$\begin{aligned}\begin{bmatrix}\sigma_{f1}^{z}(z)\\ \sigma_{f2}^{z}(z)\end{bmatrix}=&\begin{pmatrix}C_8\\ F_2\end{pmatrix}\sigma+\begin{pmatrix}C_9\\ -F_3\end{pmatrix}+(C_1\sigma+C_2)\begin{pmatrix}C_3\\ 1\end{pmatrix}\mathrm{e}^{r_1z}\\ &+\begin{bmatrix}D_3\sigma+D_7\\ -D_5(C_1\sigma+C_2)\end{bmatrix}\begin{pmatrix}C_4\\ 1\end{pmatrix}\mathrm{e}^{r_2z}+\begin{bmatrix}D_4\sigma+D_8\\ +D_6(C_1\sigma+C_2)\end{bmatrix}\begin{pmatrix}C_5\\ 1\end{pmatrix}\mathrm{e}^{r_3z}\\ &+\begin{pmatrix}C_6\\ D_9\end{pmatrix}\sum_{n_2=1}^{\infty}B_{n_2}\cos(n_2\pi z/L)-\begin{pmatrix}C_7\\ -F_1\end{pmatrix}\sum_{n_2=1}^{\infty}B_{n_2}\sin(n_2\pi z/L)\end{aligned} \tag{4.19}$$

其中，根据式(4.4)～(4.7)、(4.16)和(4.17)可以得到基体轴向应力$\sigma_m^z(z)$和两个界面处的剪切应力$\tau_{i1}^{rz}(z)$、$\tau_{i2}^{rz}(z)$的相应表达式。相关系数C_i、D_i、F_i均列于附录A中A.3节。

(3) 界面IF－ELE的脱黏准则和外部施加应力求解

依据与前节类似的步骤，总弹性应变能(U_{t2})可表示为基体(U_m)、OutEFs(U_{f1})和InEFs(U_{f2})的弹性应变能的总和，具体表达式列于附录A中A.3节。通过应用边界条件$\sigma_{f2}^{z}(l_{f2})=\sigma_{l_{f2}}$，使用与阶段一相同的方法来确定阶段二中的部分脱黏应力σ_{d2}^{p}为

$$\sigma_{d2}^{p}=\begin{bmatrix}\sigma_{l_{f2}}+F_3-C_2\mathrm{e}^{r_1l_{f2}}+(C_2D_5-D_7)\mathrm{e}^{r_2l_{f2}}-(C_2D_6+D_8)\mathrm{e}^{r_3l_{f2}}\\ -D_9\sum_{n_2=1}^{\infty}B_{n_2}\cos(n_2\pi l_{f2}/L)-F_1\sum_{n_2=1}^{\infty}B_{n_2}\sin(n_2\pi l_{f2}/L)\end{bmatrix} \tag{4.20}$$
$$/[C_1\mathrm{e}^{r_1l_{f2}}+(D_3-C_1D_5)\mathrm{e}^{r_2l_{f2}}+(D_4+C_1D_6)\mathrm{e}^{r_3l_{f2}}+F_2]$$

考虑到在$z=l_{f2}-s$(s是纤维滑移距离)处当$\sigma_{f2}^{z}=0$时，摩擦拔出应力σ_{fr}为

$$\sigma_{fr} = \left\{ \begin{array}{l} F_3 - C_2 e^{r_1(l_{f2}-s)} + (C_2 D_5 - D_7) e^{r_2(l_{f2}-s)} - (C_2 D_6 + D_8) e^{r_3(l_{f2}-s)} \\ - D_9 \sum_{n_2=1}^{\infty} B_{n_2} \cos[n_2 \pi (l_{f2} - s)/L] - F_1 \sum_{n_2=1}^{\infty} B_{n_2} \sin[n_2 \pi (l_{f2} - s)/L] \end{array} \right\}$$
$$/[C_1 e^{r_1(l_{f2}-s)} + (D_3 - C_1 D_5) e^{r_2(l_{f2}-s)} + (D_4 + C_1 D_6) e^{r_3(l_{f2}-s)} + F_2] \tag{4.21}$$

图 4.7 为不同纤维嵌入长度的单根剑麻纤维从环氧树脂基体中拔出过程的实验[图 4.7(a)]和理论[图 4.7(b)]应力-位移曲线。可以清楚地看到经受拉伸载荷作用的植物纤维增强复合材料呈现两个界面依次断裂的多阶段破坏模式。即在单剑麻纤维拔出测试中观察到两个阶段,两类界面(IF-FM 和 IF-ELE)依次发生脱黏失效,这与传统人工纤维增强复合材料的拔出过程不同。在阶段一中,复合材料受到外加载荷而先发生弹性变形,当载荷达到弹性变形的极限时开始发生纤维和基体之间界面的脱黏。随着脱黏长度的增加,施加的应力值(即部分脱黏应力 σ_d^p)继续升高到剑麻纤维的抗拉强度时,达到最大脱黏应力(σ_d^m)。由于部分细胞纤维的断裂,此时施加的拔出应力下降,拔出过程进入第二个阶段,随着剩余细胞纤维的继续承载,细胞纤维之间(IF-ELE)发生界面的进一步脱黏。最终,所有细胞纤维的断裂导致所施加的拔出应力再次下降。之后,剑麻纤维克服细胞纤维之间的摩擦力而被全部拔出。理论分析与拔出测试的实验结果一致。由于径向粗糙度不匹配引起的压力的增加,随着纤维嵌入长度 L 的增加,阶段一和阶段二中的最大脱黏应力均升高。

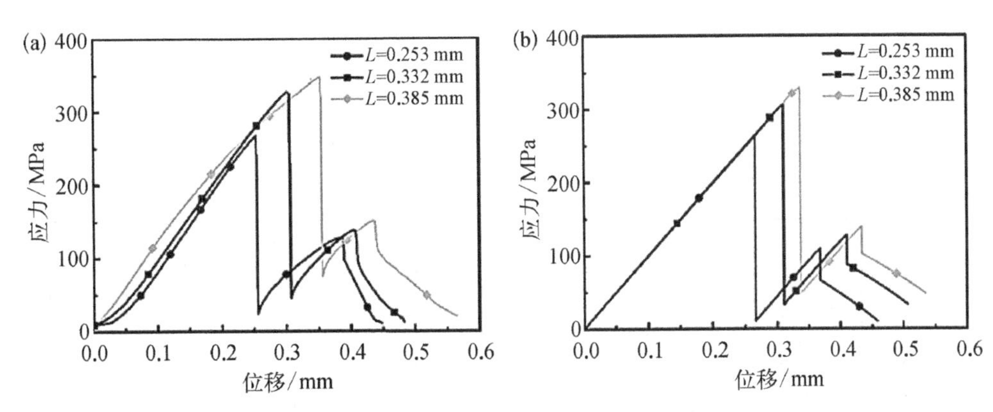

图 4.7 单剑麻纤维拔出测试中典型应力-位移关系曲线的(a) 实验和(b) 理论对比

4.2.2 双界面剑麻单纤维拔出过程内部应力分布及界面失效机制

图 4.8 给出了不同纤维嵌入长度的剑麻纤维增强复合材料当达到最大脱黏应力时剑麻纤维和环氧基体的轴向应力分布以及两类界面的剪切应力分布随轴向位

置 z/L 的变化。在阶段一中,单纤维的轴向应力从自由端到嵌入底端迅速下降,而基体轴向应力从自由端到嵌入底端逐渐提高。黏结区的应力梯度大于脱黏区的应力梯度。此外,发现嵌入长度 L 对这两个应力的变化率有直接的影响。随着纤维嵌入长度的增加,黏结区的应力梯度提高,而脱黏区的应力梯度不变。在阶段二中,OutEFs 和 InEFs 的轴向应力在 $l_{f_1}<z<l_{f2}$ 区域不同,但在其他区域相同。在阶段一结束时,由于部分细胞纤维的断裂,OutEFs 和基体的轴向应力在 $z=l_{f1}$ 处突然下

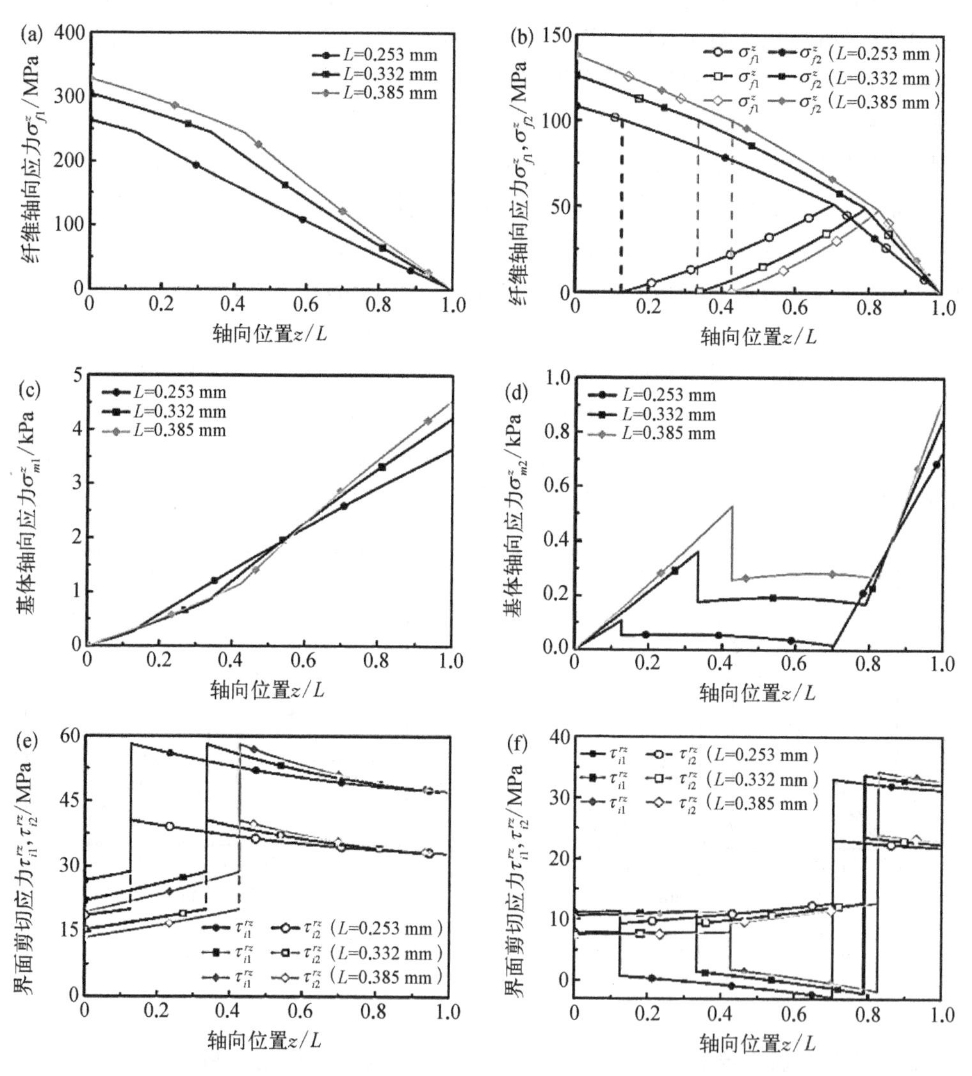

图 4.8　剑麻纤维增强复合材料单纤维拔出过程中(a)和(b)纤维轴向应力,(c)和(d)基体轴向应力以及(e)和(f)界面剪切应力分布[(a)、(c)和(e)为阶段一;(b)、(d)和(f)为阶段二]

降。在阶段二脱黏区,断裂的 OutEFs 和树脂基体一起作为新的"基体"。阶段二的其他区域($0<z<l_{f1}$, $l_{f2}<z<L$)的基体轴向应力的变化趋势与阶段一的相似。界面剪切应力在两类界面处的分布在脱黏区和黏结区的临界点处是不连续的,在脱黏裂纹尖端突然上升。不同纤维嵌入长度下界面黏结状态不同。对于剑麻纤维增强复合材料,在较短的纤维嵌入长度下,如图 4.8(e)所示,没有稳定的脱黏阶段发生,并且两个界面上的界面剪切应力最高,这将导致基体的损伤和如前所述的整根剑麻纤维的拔出。所以,此时不会有阶段二出现。但是,随着纤维嵌入长度的增加,界面剪切强度下降,并且由不连续界面剪切应力引起的黏结区和脱黏区之间的应力差逐渐增加。而且在阶段一中,单纤维和基体之间(IF - FM)的界面剪切应力(如实线所示)高于细胞纤维之间(IF - ELE)的界面剪切应力(如虚线所示),达到了剑麻纤维增强复合材料的 IFSS,表明脱黏首先发生在 IF - FM 界面。而在阶段二中,两个界面上的界面剪切应力都降低,但是在区域 $l_{f1}<z<l_{f2}$,细胞纤维之间(IF - ELE)界面的剪切应力超过了纤维和基体之间(IF - FM)的剪切应力,从而导致 IF - ELE 的脱黏[如图 4.8(f)所示]。两个不连续区域分别由阶段一中的纤维和基体脱黏以及阶段二中的细胞纤维脱黏造成。结果表明,IF - FM 和 IF - ELE 的界面性能差异使得两类界面出现多阶段断裂。IF - FM 失效后的剩余拔出强度和内部应力重新分配对 IF - ELE 的失效行为有影响。因此,植物纤维增强复合材料多界面的存在会导致其多阶段断裂行为,从而带来其多重失效模式。

4.3 植物纤维增强复合材料多层级界面的数值模拟

上一节主要通过考虑植物纤维自身独特的多层级结构特点,基于单纤维拔出实验,建立了适用于植物纤维增强复合材料的双界面理论模型,获得了植物纤维增强复合材料的界面性能,并揭示了其界面失效机制,但仅考虑了植物纤维与树脂基体之间的界面和植物纤维细胞纤维之间的界面。然而,在单纤维拔出实验中,还观察到了细胞纤维壁层微纤丝之间的界面失效。为了更全面深入地呈现和揭示植物纤维增强复合材料多层级界面失效行为,有必要进一步考虑植物纤维细胞纤维壁层之间的界面,研究其在植物纤维增强复合材料整体失效中所起的作用。

本节将基于内聚力模型,在内聚力模型中考虑植物纤维自身多层级的结构特点所带来的多层次界面开裂,同时在单纤维拔出实验测试和理论计算获得的材料性能的基础上,借助有限元平台,利用 ABAQUS 软件建立三界面单纤维拔出有限元模型[10],即建立多层级复合材料损伤断裂模型,应用三种典型的纤维嵌入长度,模拟植物纤维增强复合材料纤维基体之间、细胞纤维之间以及细胞纤维壁层微纤丝之间三个界面依次失效的连续过程,获得单剑麻纤维拔出过程中剑麻纤维增强复合材料的应力变化,确定内聚力模型中界面强度、界面临界断裂能以及牵引力-张开位移等参数。

4.3.1　多界面剑麻单纤维拔出有限元模型

为了更全面地表征植物纤维增强复合材料的多层级失效模式并验证理论模型,本节进一步建立了基于单纤维拔出实验的植物纤维增强复合材料的三界面有限元模型来模拟失效过程并研究界面失效机制。基于单纤维拔出实验结果,可以发现植物纤维增强复合材料的单纤维拔出行为包含三种界面失效模式:单阶段脱黏行为(图4.9)、双阶段脱黏行为(图4.10)、三阶段脱黏行为(图4.11)。

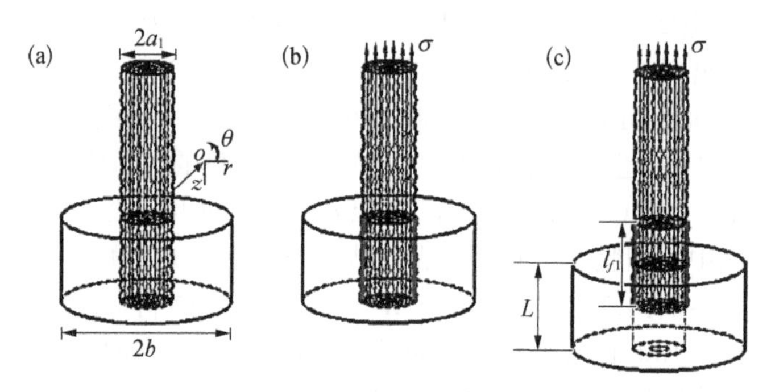

图4.9　植物纤维增强复合材料单阶段脱黏和拔出的三界面模型示意图:(a) 初始阶段;(b) IF-FM界面脱黏;(c) 拔出阶段

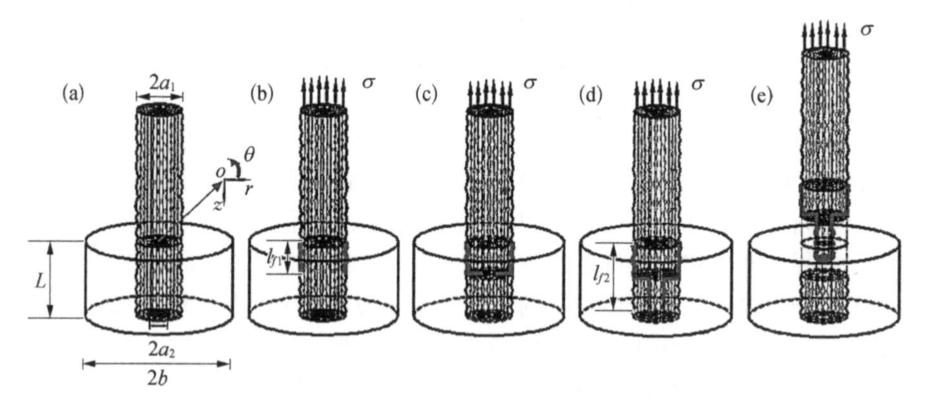

图4.10　植物纤维增强复合材料双阶段脱黏和拔出的三界面模型示意图:(a) 初始阶段;(b) IF-FM界面脱黏;(c) 部分细胞纤维断裂;(d) IF-ELE界面脱黏;(e) 拔出阶段

本节采用有限元方法(FEM)模拟多阶段拔出过程,通过商业有限元结构分析软件ABAQUS(ABAQUS 6.14)来分析纤维拔出问题,获得整个拔出过程中的应力分布,开发使用ABAQUS代码的三维三界面有限元模型来模拟单剑麻纤维拔出过

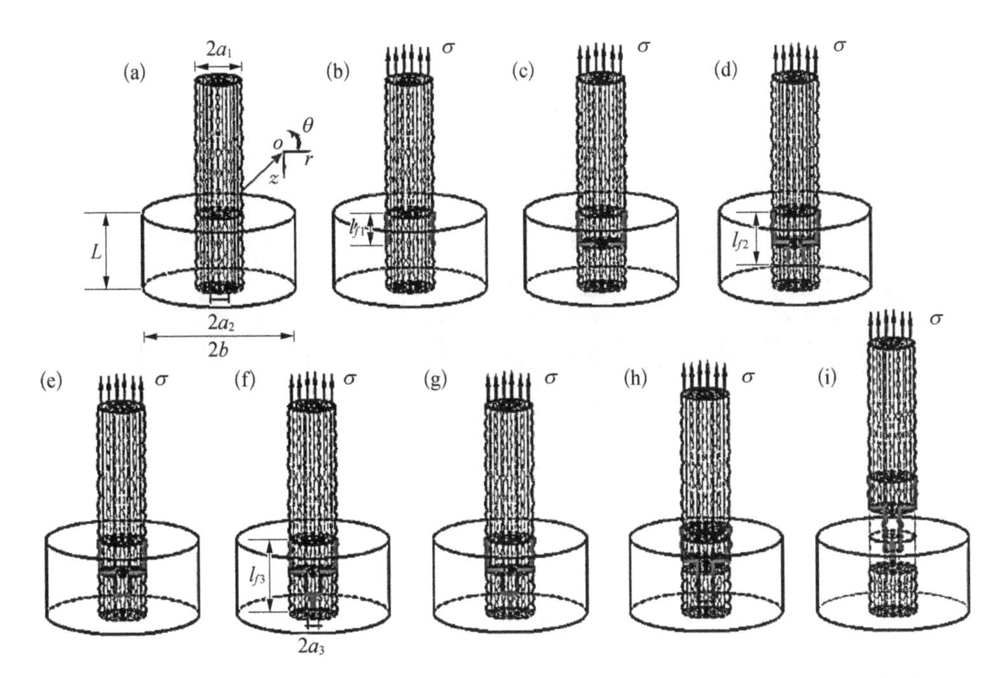

图 4.11 植物纤维增强复合材料三阶段脱黏和拔出的三界面模型示意图：(a) 初始阶段；(b) IF－FM 界面脱黏；(c) 部分细胞纤维断裂；(d) IF－ELE 界面脱黏；(e) 细胞纤维壁层部分微纤丝断裂；(f)、(g) IF－CW 界面脱黏；(h)、(i) 拔出阶段

程，并基于单剑麻纤维拔出试验的实验现象呈现单、双和三阶段脱黏和拔出过程，几何体和材料非线性都包含在有限元分析中。通常，典型的纤维拔出试验的物理问题可以看作是圆柱形纤维嵌入半无限基体中。有限元模型如图 4.12 所示，由若干根包含壁层的细胞纤维组成的半径为 a_1 的单根纤维嵌入在半径为 b 的同轴基体的中心。单纤维圆环外半径为 a_1 的部分被定义为外部细胞纤维，剩余部分被定义为内部细胞纤维，而这部分细胞纤维束被等效为两部分细胞纤维壁层，分别为位于单根纤维中心的细胞纤维壁层 S2/S3（即包含微纤丝的部分），半径为 a_3，位于微纤丝外侧的被等效为圆环外半径为 a_2 的细胞纤维壁层 P/S1。L 表示纤维嵌入总长度。

考虑到剑麻纤维的几何形状以及单剑麻纤维拔出试验的加载方式的对称性，为了减小计算量，本节在有限元分析中考虑采用四分之一三维对称网格模型，并且不同的组分采用不同的单元类型进行模拟。其中，各组分纤维的单元类型均选为八节点缩减连续壳体单元 SC8R，这里将各组分纤维假设为含单一铺层的复合材料结构；基体的单元类型选为八节点缩减实体单元 C3D8R，每个节点有三个平移自由度（DOF），该单元可用于非线性分析，包括接触、大变形、塑性和失效。同时考虑计算精度和计算成本，经过网格划分尝试，最终该模型总共包含

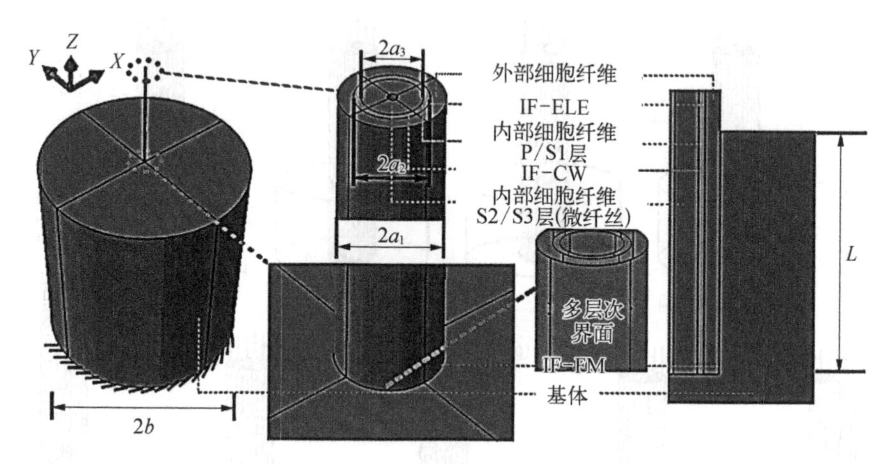

图 4.12　多界面单剑麻纤维拔出的有限元整体模型

31428 个八节点六面体单元。而界面的厚度可以根据要求设置，然而复合材料的界面通常很薄，在数值模拟中考虑如此细小的尺寸是非常麻烦的，故为方便计算，将界面设为零厚度，零厚度内聚单元还能够较真实地反映纤维和基体之间的脱黏行为。因此本节采用零厚度八节点三维 Cohesive 内聚单元 COH3D8 模拟剑麻纤维增强复合材料的多层界面以及可能的裂纹扩展。在该界面单元中，界面张开位移定义为单元上下面对应节点间的相对位移。当界面单元未承载时，上下面对应节点重合（即整个界面单元无厚度），每个节点有 X、Y 和 Z 三个方向的平移自由度。三类界面均采用上述八节点内聚单元进行离散。如图 4.13 所示，为了减少分析时间，在每类界面（IF－FM、IF－ELE 和 IF－CW）周围的区域使用非常精细的网格，其中最小单元长度为 7 μm，以确保数值结果的准确性，而离拔出区域较远的部分应用粗网格（最大 0.95 mm）。

通过本节建立的有限元模型计算对比不同损伤初始准则的结果，最终采用二次名义应力准则作为内聚力模型损伤初始准则判断内聚单元的损伤萌生，以获得更贴合实验的结果。为减小计算成本，选用双线型牵引-分离内聚定律与基于能量的损伤演化扩展准则来描述损伤演化，如图 4.14 所示，并假设每类界面的法方向与两个剪切方向的临界断裂能相等且界面应力满足相等关系。

为了模拟单剑麻纤维从基体中拔出的多阶段脱黏直到断裂的过程（如图 4.15 所示），采用 ABAQUS Standard 和 ABAQUS Dynamic Explicit 求解方法来进行模拟。假设脱黏和拔出为静态过程，这与较慢拔出速率的情况相对应，采用 ABAQUS Standard 求解方法进行模拟。ABAQUS Dynamic Explicit 广泛用于裂纹萌生、材料损伤和失效分析，能够非常有效地解决非连续介质、接触相互作用和大变形等问题，因此本节用该求解方法来模拟纤维断裂过程。

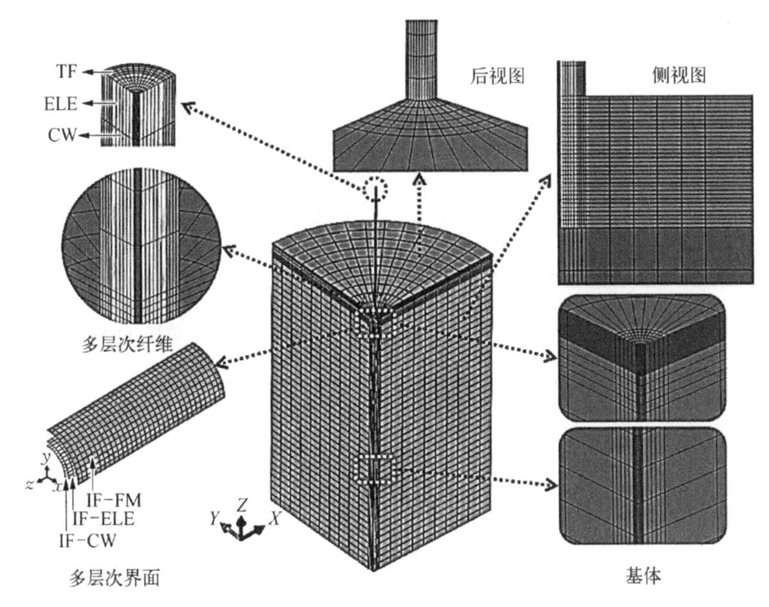

图 4.13 多界面单剑麻纤维拔出的带网格四分之一三维离散有限元模型(界面周围细网格)

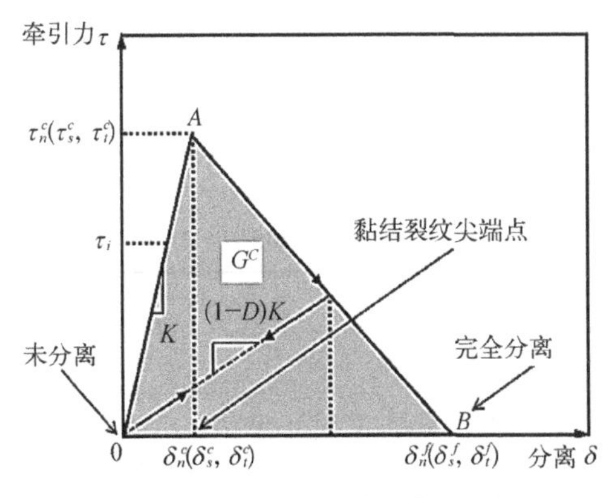

图 4.14 内聚单元的双线型牵引-分离法则本构关系及损伤演化示意图

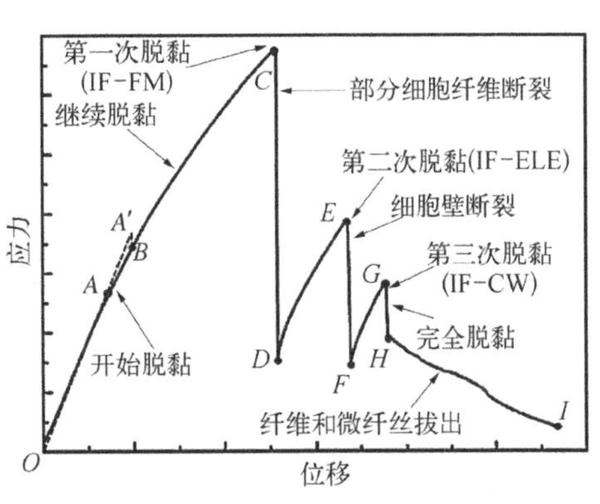

图 4.15 剑麻纤维多阶段脱黏和纤维断裂拔出过程典型应力-位移关系曲线示意图

通过对比三种不同纤维嵌入长度($L=0.187$ mm/0.347 mm/0.440 mm)的单剑麻纤维拔出过程的实验和数值模拟应力-位移关系曲线(图 4.16)可以发现,数值模拟计算得到的应力-位移曲线结果与实验结果一致性较好,表明三界面有限元模拟方法适合用于研究剑麻纤维增强复合材料多层级的界面损伤行为。此外,剑麻纤维增强复合材料多界面失效模式与剑麻纤维的纤维嵌入长度相关,纤维嵌入长度不仅决定了界面黏结力的大小,还决定了不同脱黏和断裂阶段的发生。表 4.1 为有限元模型中剑麻纤维及其复合材料的几何参数和材料性能。

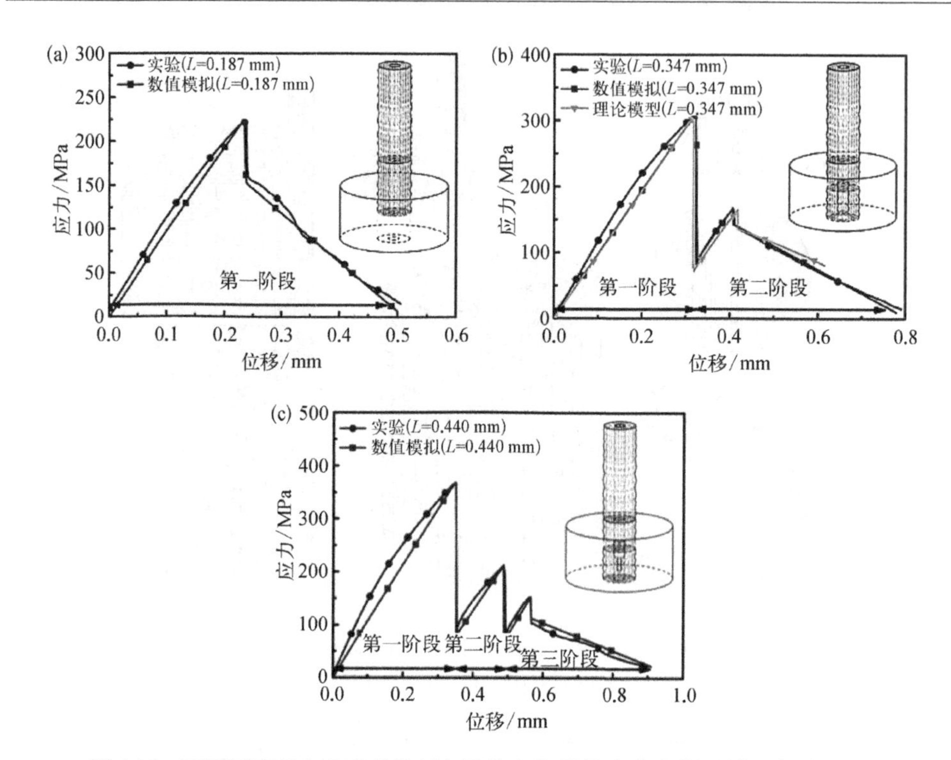

图 4.16　不同纤维嵌入长度下单剑麻纤维多阶段拔出的有限元模型与实验测试的典型应力-位移关系曲线的对比：(a) 单阶段($L=0.187$ mm)；(b) 双阶段($L=0.347$ mm)；(c) 三阶段($L=0.440$ mm)

表 4.1　有限元模型中剑麻纤维及其复合材料的几何参数和材料性能

剑麻纤维性能			
纤维类型	单纤维	细胞纤维	微纤丝
纤维嵌入长度 L/mm	0.187/0.347/0.440		
半径($a_1/a_2/a_3$)/mm	0.093	0.065	0.053
密度/(g/cm^3)	1.45		
弹性模量($E_{11}/E_{22}/E_{33}$)/GPa	10.06/6.2/6.2	8.62/5.31/5.31	11.07/6.42/6.42
剪切模量($G_{12}/G_{13}/G_{23}$)/GPa	4.49/4.49/2.7	3.85/3.85/2.33	4.94/4.94/2.99
泊松比($\nu_{12}/\nu_{13}/\nu_{23}$)	0.12/0.12/0.14		
热膨胀系数 α_{f1}/(10^{-6}/℃)	10.8		
基体性能			
基体类型	环氧		
半径 b/mm	10		
密度/(g/cm^3)	1.2		

续表

基 体 性 能			
基 体 类 型	环 氧		
弹性模量 E_m/GPa	4.75		
泊松比 ν_m	0.16		
热膨胀系数 α_m/(10^{-6}/℃)	70.8		
多层界面性能			
界 面 类 型	IF－FM	IF－ELE	IF－CW
密度/(g/cm^3)	1.5e－3		
界面刚度(K_{nn}/K_{ss}/K_{tt})/GPa	6.1/6.1/6.1	7.2/7.2/7.2	9.4/9.4/9.4
摩擦系数(μ_1/μ_2/μ_3)	4.42	1.12	1.02
温度变化 ΔT/℃	－100		
界面强度(τ_n^c/τ_s^c/τ_t^c)/MPa	35/35/35	43/43/43	48/48/48
断裂韧性(G_1^C/G_2^C/G_3^C)/(J/m^2)	133	181	412

4.3.2 多界面剑麻单纤维拔出过程内部应力分布及界面失效机制

通过单剑麻纤维增强复合材料三阶段脱黏过程有限元模拟的 IF－FM 界面从未脱黏(SDEG=0)、开始脱黏(SDEG>0)到部分脱黏(部分内聚单元 SDEG=1)的剪切应力(S23)和损伤因子(SDEG)的分布云图(图 4.17),可以发现 IF－FM 界面的脱黏行为最先发生,这主要是因为相较于其他两类界面,IF－FM 的界面强度最低(τ_{n1}^c/τ_{s1}^c/τ_{t1}^c=35 MPa)。在单纤维拔出实验的初始阶段(如 t_{11}^i=11.9 s),可以观察到 IF－FM 界面应力低于界面强度,界面结合是完好的,没有损伤出现,纤维在拉伸载荷作用下发生拉伸变形,因此这个阶段载荷随着位移增加而线性增大。相应的应力-位移曲线经历一段短暂的无滑移阶段。随着位移载荷的持续施加,当界面剪切应力达到界面强度时(t_{12}^i=14.0 s),界面内聚单元开始发生损伤(SDEG>0)。而当界面断裂能超过临界能量释放率(G_1^C=0.133 kJ/m^2)时,开始有内聚单元的损伤因子 SDEG 达到1,内聚单元的损伤由顶部慢慢向下扩展开来,即 IF－FM 界面的脱黏行为由顶部慢慢向嵌入深度方向扩展。随着裂纹的扩展,界面的剪切应力并不是沿着自上而下的方向均匀分布,而是在接触的位置出现最大值。在界面没有产生裂纹的情况下,界面的剪切应力的最大值发生于界面靠近纤维与基体交界的位置。随着裂纹继续扩展,最大剪切应力值保持在裂纹的前端,即界面单元损伤的位置,靠近界面损伤位置的剪切应力明显地高于远离界面损伤的位置,这是由于单元达到损伤之后,内聚单元承载的能力逐渐降低,进而能量全部耗散,单元被完全删除形成裂纹。在 t_{13}^i(20.9 s)时刻,IF－FM 界面一定数量的内聚单元的损伤因子

SDEG 等于 1,说明这些内聚单元完全损伤,不再有承载能力,即 IF - FM 界面部分脱黏。

而此时($t_{11}^{f}=20.9$ s),加载端的载荷达到最大,即纤维的平均载荷达到最大值。由于外层细胞纤维 TF 的轴向应力达到其轴向拉伸强度(368 MPa)而发生断裂,如图 4.17(b)所示,该图呈现了有限元模拟的单剑麻纤维增强复合材料外层细胞纤维 TF 从未断裂到全部断裂的纤维轴向应力分布云图。从图中可以看出,纤维拔出部分的应力基本稳定,未拔出部分的应力从中间向末端递减,这正是纤维断裂发生在未拔出中间部分的原因。

随后,内层细胞纤维之间界面在外层出现断裂后无法承受所施加的拉力而脱黏。即当位移载荷进一步施加($t_{21}^{i}=21.4$ s),IF - ELE 界面应力继续增大,在 t_{22}^{i}(26.6 s)时刻,IF - ELE 界面的脱黏会从外层细胞纤维断裂处开始出现。图 4.17(c)显示了有限元模拟的单剑麻纤维增强复合材料中 IF - ELE 界面从未脱黏

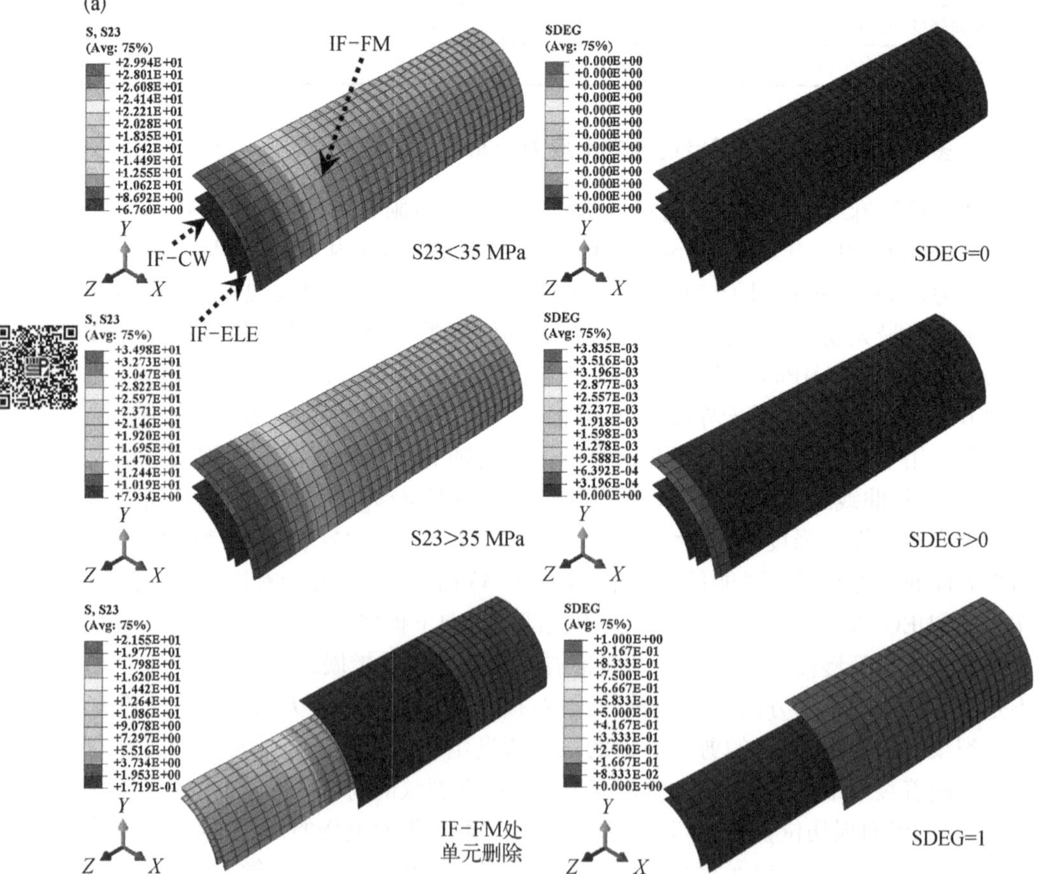

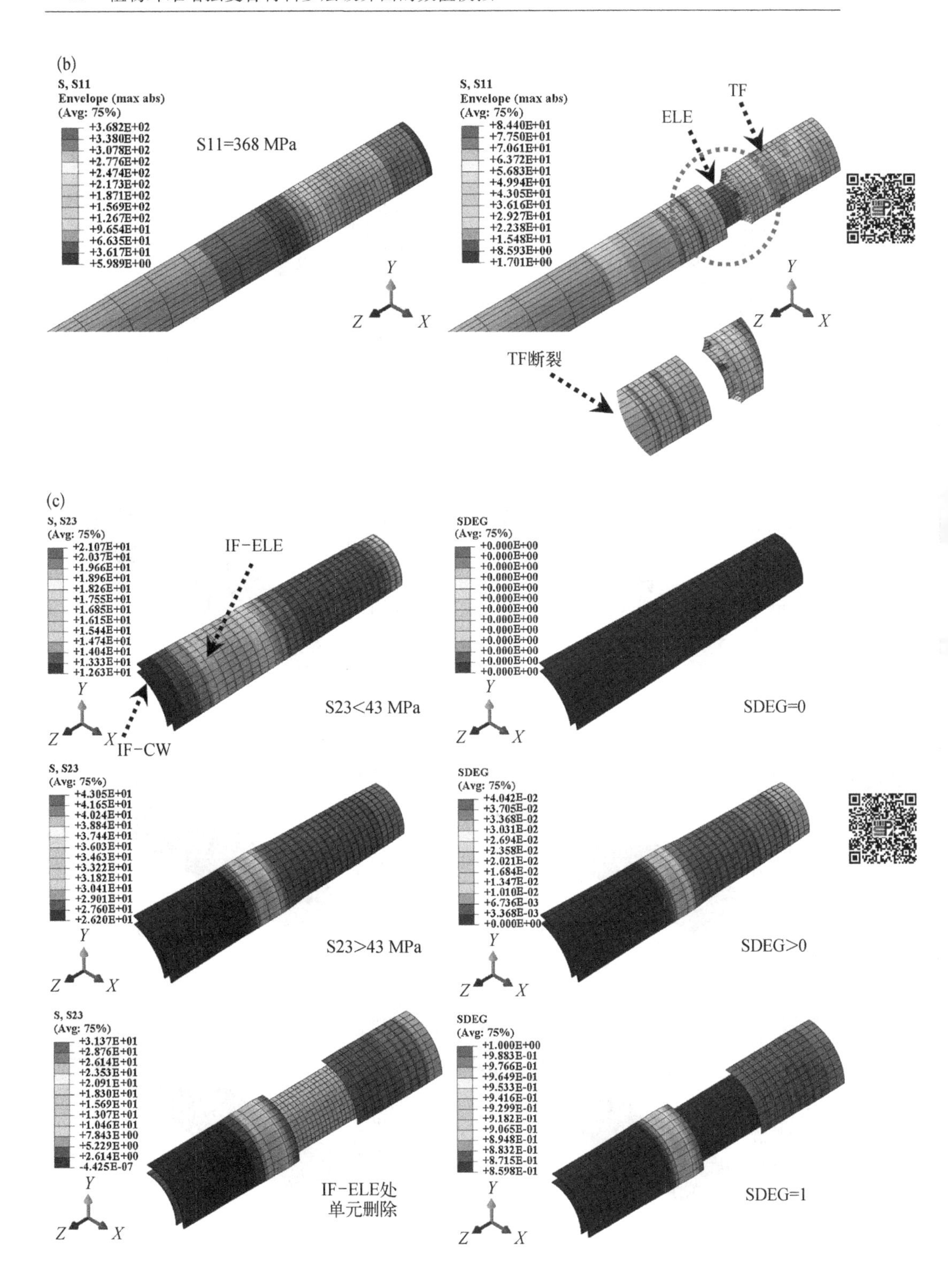
(b)
S, S11
Envelope (max abs)
(Avg: 75%)
+3.682E+02
+3.380E+02
+3.078E+02
+2.776E+02
+2.474E+02
+2.173E+02
+1.871E+02
+1.569E+02
+1.267E+02
+9.654E+01
+6.635E+01
+3.617E+01
+5.989E+00
S11=368 MPa
S, S11
Envelope (max abs)
(Avg: 75%)
+8.440E+01
+7.750E+01
+7.061E+01
+6.372E+01
+5.683E+01
+4.994E+01
+4.305E+01
+3.616E+01
+2.927E+01
+2.238E+01
+1.548E+01
+8.593E+00
+1.701E+00
TF
ELE
TF断裂
(c)
S, S23
(Avg: 75%)
+2.107E+01
+2.037E+01
+1.966E+01
+1.896E+01
+1.826E+01
+1.755E+01
+1.685E+01
+1.615E+01
+1.544E+01
+1.474E+01
+1.404E+01
+1.333E+01
+1.263E+01
IF-ELE
IF-CW
S23<43 MPa
SDEG
(Avg: 75%)
+0.000E+00
SDEG=0
S, S23
(Avg: 75%)
+4.305E+01
+4.165E+01
+4.024E+01
+3.884E+01
+3.744E+01
+3.603E+01
+3.463E+01
+3.322E+01
+3.182E+01
+3.041E+01
+2.901E+01
+2.760E+01
+2.620E+01
S23>43 MPa
SDEG
(Avg: 75%)
+4.042E-02
+3.705E-02
+3.368E-02
+3.031E-02
+2.694E-02
+2.358E-02
+2.021E-02
+1.684E-02
+1.347E-02
+1.010E-02
+6.736E-03
+3.368E-03
+0.000E+00
SDEG>0
S, S23
(Avg: 75%)
+3.137E+01
+2.876E+01
+2.614E+01
+2.353E+01
+2.091E+01
+1.830E+01
+1.569E+01
+1.307E+01
+1.046E+01
+7.843E+00
+5.229E+00
+2.614E+00
-4.425E-07
IF-ELE处
单元删除
SDEG
(Avg: 75%)
+1.000E+00
+9.883E-01
+9.766E-01
+9.649E-01
+9.533E-01
+9.416E-01
+9.299E-01
+9.182E-01
+9.065E-01
+8.948E-01
+8.832E-01
+8.715E-01
+8.598E-01
SDEG=1
Y
Z
X

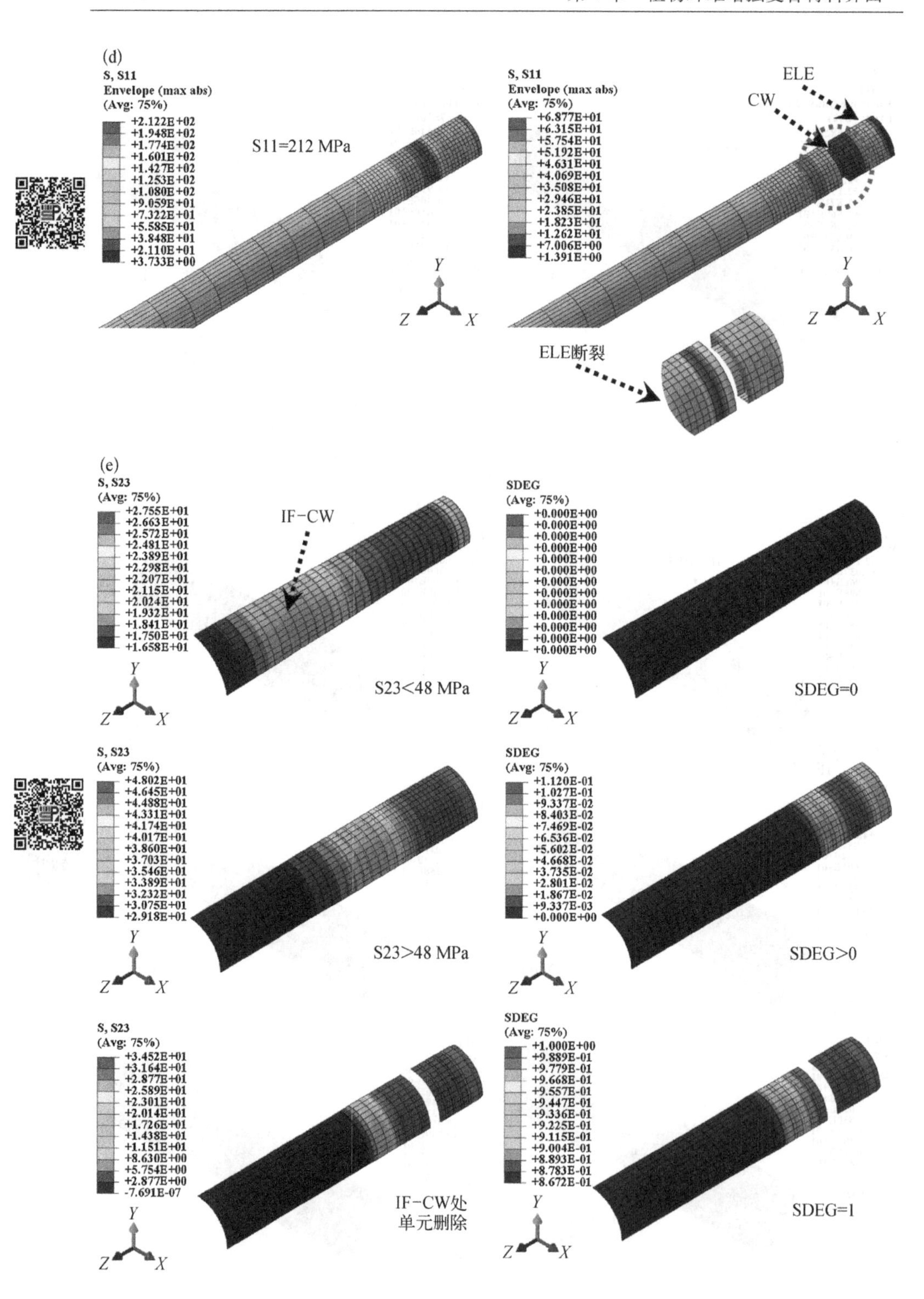
(d)
S, S11
Envelope (max abs)
(Avg: 75%)
S11=212 MPa
ELE
CW
ELE断裂
(e)
S, S23
(Avg: 75%)
IF-CW
S23<48 MPa
SDEG
SDEG=0
S23>48 MPa
SDEG>0
IF-CW处
单元删除
SDEG=1

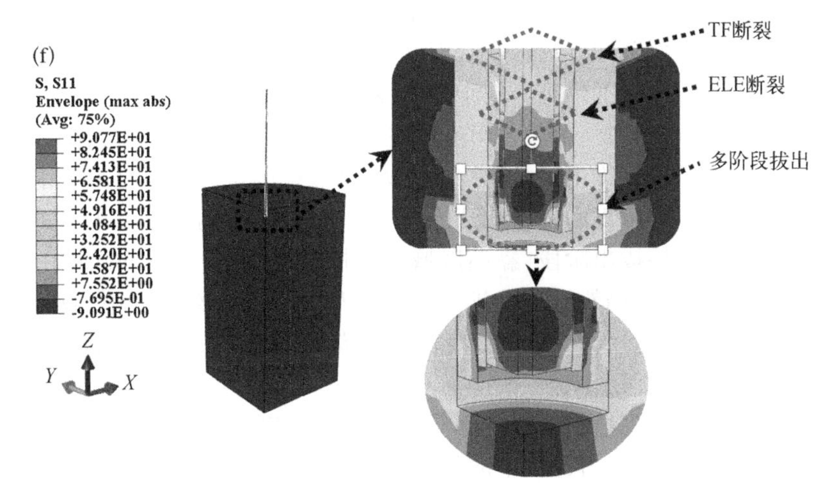

图 4.17 有限元模拟的单剑麻纤维增强复合材料三阶段脱黏、断裂、拔出过程中多层界面和纤维应力分布云图：(a) IF－FM 脱黏；(b) 外层细胞纤维 TF 断裂；(c) IF－ELE 脱黏；(d) 内层细胞纤维 P/S1 壁层 ELE 断裂；(e) IF－CW 脱黏；(f) 拔出

(SDEG＝0)、开始脱黏(SDEG>0)到部分脱黏(部分内聚单元 SDEG＝1)的剪切应力(S23)和损伤因子(SDEG)分布云图。同理，当界面断裂能超过临界能量释放率(G_2^C＝0.181 kJ/m^2)时，开始有内聚单元的损伤因子 SDEG 达到 1，IF－ELE 界面的脱黏由顶部慢慢向下端扩展开来。在 t_{23}^i(29.2 s)时刻，IF－ELE 界面一定数量的内聚单元的损伤因子 SDEG 为 1，说明 IF－ELE 界面部分脱黏。

同样地，由于 t_{21}^f(29.2 s)时刻，内层细胞纤维 P/S1 壁层的 ELE(微纤丝)的轴向应力达到其轴向拉伸强度(212 MPa)而发生断裂，如图 4.17(d)所示，该图呈现了有限元模拟的单剑麻纤维增强复合材料中内层细胞纤维 P/S1 壁层 ELE(微纤丝)从未断裂到全部断裂的纤维轴向应力分布云图。

最后，继续施加位移载荷(t_{31}^i＝29.4 s)，IF－CW 界面应力继续增大，在 t_{32}^i(32.4 s)时刻，IF－CW 界面的脱黏会从内层细胞纤维断裂处开始出现。图 4.17(e)显示了有限元模拟的单剑麻纤维增强复合材料中 IF－CW 界面从未脱黏(SDEG＝0)、开始脱黏(SDEG>0)到部分脱黏(部分内聚单元 SDEG＝1)的剪切应力(S23)和损伤因子(SDEG)分布云图。同理，当界面断裂能超过临界能量释放率(G_3^C＝0.412 kJ/m^2)时，开始有内聚单元的损伤因子 SDEG 达到 1，IF－CW 界面的脱黏由顶部慢慢向下端扩展开来。在 t_{33}^i(33.9 s)时刻，所有 IF－CW 界面内聚单元的损伤因子 SDEG 均为 1，说明所有内聚单元完全损伤，不再有承载能力，即 IF－CW 界面之间完全脱黏。

此时，当位移载荷进一步施加的时候(t_{31}^f＝33.9 s)，内聚单元不再起到黏结的作用,三类界面接触面上将有摩擦行为发生,所以纤维表面就只有摩擦产生的应力了。这主要是因为底部的基体被固结,而上端的基体没有加约束,它还可以有一定的变形,所以受载荷作用的纤维不至于很快拔出。图 4.17(f)显示了有限元模拟的单剑麻纤维增强复合材料三阶段拔出过程整体模型拔出后应力分布云图。在整个纤维拔出过程中,植物纤维主要承受拉伸应力,加载端的位移主要是由纤维伸长引起,纤维中的拉伸应力由界面传递给基体。当所有界面完全脱黏后,拔出力完全由摩擦力传递,进入摩擦拔出阶段,黏结区域向内推移,黏结力丧失的区域由于机械咬合力和摩擦力的存在仍然能够承载一定的剪切力,继续加载过程中,载荷下降较缓慢,这是由界面摩擦引起的,直至纤维被完全拔出。该现象与实验中观察得到的结果基本上是一致的。

综上所述,可以发现植物纤维增强复合材料呈现出多层级破坏过程。有限元模型得到的单剑麻纤维拔出过程中的纤维、基体和多层界面的应力大小和分布以及纤维拔出过程中界面的破坏形态,进一步揭示了剑麻纤维增强复合材料在纤维拔出过程中的多界面失效行为和机制,为多层级复合材料界面设计提供了理论依据。

4.4　植物纤维增强复合材料层间断裂模拟

对于具有多层级界面的植物纤维增强复合材料,如何将其多层级界面结构特点在宏观力学建模中加以考虑,对于探究植物纤维增强复合材料细微观结构参数与宏观界面力学性能的关系,从而通过构建多层级力学损伤破坏模式来实现力学高性能化具有重要意义。本节以剑麻纤维增强复合材料双悬臂梁实验为基础,介绍植物纤维多层级结构对其增强复合材料层合板层间断裂行为的影响。首先,在 ABAQUS 中将内聚力模型插入复合材料有限元模型中的裂纹前沿,建立多层级的界面开裂区域的几何模型[11],结合相关实验测试结果以及之前确定的内聚力模型中的相关参数,通过计算模拟植物纤维增强复合材料层合板的 I 型层间裂纹开裂过程,给出了植物纤维增强复合材料细微观结构参数—层间断裂韧性—力学模型参数之间的关系。

4.4.1　多界面剑麻纤维增强复合材料层间断裂有限元模型

本节通过商业有限元结构分析软件 ABAQUS(ABAQUS 6.14)建立了适用于植物纤维增强复合材料层合板的三维三界面层间断裂有限元模型,模型的铺层方式($[0°]_{8s}$)和几何尺寸(固定尺寸 5 mm 厚、25 mm 宽和 50 mm 初始裂纹长度)与双悬臂梁实验相一致。将复合材料层合板整体分为上下厚度为 2.5 mm 的体建模，但靠近上下板接触部分的两层按图 4.18 所示细分为尺寸更小的层，包含细胞纤维层和细胞纤维各壁层。虽然实际上层合板一层中是由单根纤维排列而成的，但为了简化建模以及计算方便，将单根纤维包含的各细胞纤维以及细胞纤维中各壁层等效为具有不同厚度的层，相应的几何尺寸代号标注在图中，具体数值在下文给出。

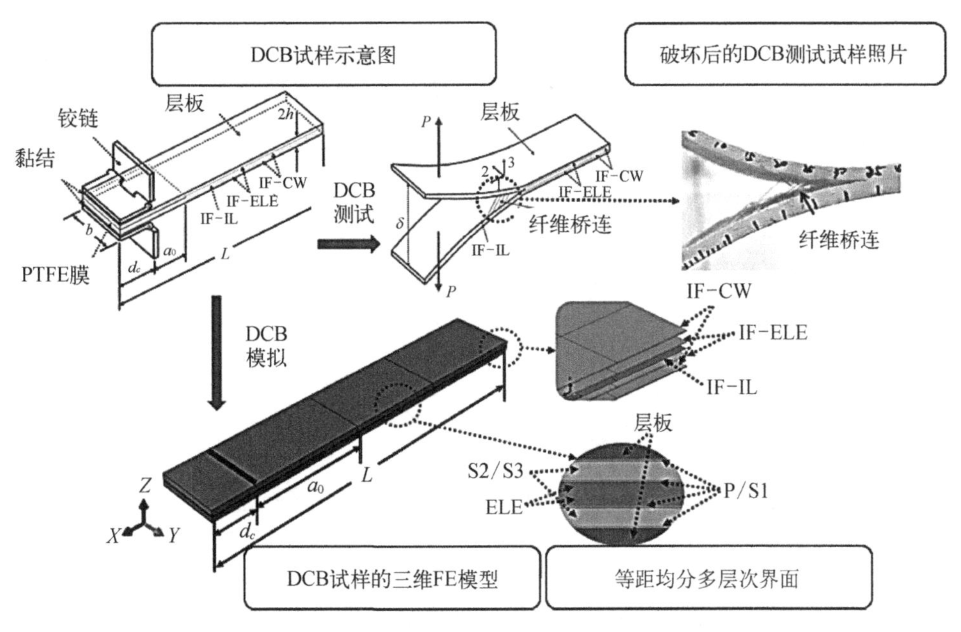

图 4.18 多界面单向剑麻纤维增强复合材料层合板 I 型层间断裂的有限元整体模型

单向剑麻增强复合材料层合板的层间断裂过程可以总结为如图 4.19 所示。首先，在双悬臂梁实验中，可以看到层与层之间（定义为 IF－IL 界面）沿着预裂纹所在界面发生层间开裂［图 4.19(b)］；随着载荷的增加，靠近预裂纹界面的一层单纤维中的部分细胞纤维发生断裂［图 4.19(c)］；此时继续加载将沿着细胞纤维之间的界面（IF－ELE）出现开裂［图 4.19(d)］；而当细胞纤维壁层发生断裂时［图 4.19(e)］，裂纹会沿着细胞纤维壁层之间的界面（IF－CW）继续开裂［图 4.19(f)］；最终，由于细胞纤维壁层的断裂，壁层内的微纤丝会被拔出［图 4.19(g)］。本节仅模拟到图 4.19(f) 所示的细胞纤维壁层之间的界面开裂。

考虑到双悬臂梁测试试样的几何形状以及加载方式的对称性，有限元分析中预裂纹上下层板网格划分对称，建立的带网格三维离散有限元模型如图 4.20 所示。该模型总共包含 60 800 个八节点六面体单元。将界面的厚度设为零厚度，采用零厚度八节点三维 Cohesive 内聚单元 COH3D8 模拟剑麻纤维增强复合材料的多

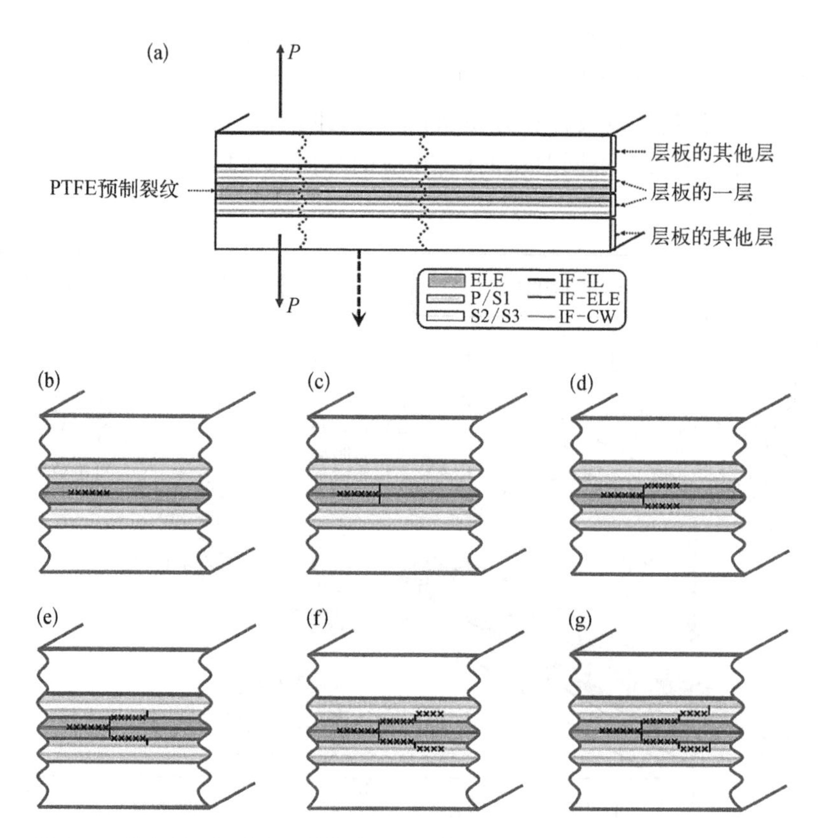

图 4.19　植物纤维增强复合材料多界面 I 型层间断裂过程示意图：(a) 初始状态；(b) IF－IL 界面开裂；(c) 细胞纤维断裂；(d) IF－ELE 界面开裂；(e) 细胞纤维壁层断裂；(f) IF－CW 界面开裂；(g) 微纤丝拔出

层界面的裂纹扩展以及层间分层，并在中间界面层前端预设长度为 50 mm 的裂纹。三类界面均采用上述八节点内聚单元进行划分。同时根据 Harper 等[12] 提出的内聚区长度规则确定内聚区网格尺寸，在每类界面（IF－IL、IF－ELE 和 IF－CW）相应区域使用合适尺寸的网格，特别注意相邻连续壳单元与内聚单元的网格尺寸匹配性。其中最小单元长度为 0.5 mm，以确保网格足够小而能够捕捉到裂纹尖端尾部的应力梯度变化，从而确保数值结果的准确性。

本节依然采用适用范围更广的内聚力模型模拟层合板中各界面裂纹扩展的情况。由于植物纤维增强复合材料在层间断裂过程中不止出现一个界面的开裂行为，所以本节选用如图 4.21 所示的三线型内聚力模型（双线性软化），该模型是由两个具有自身独特特征的双线型内聚力模型的叠加而得到的。同时，采用二次名义应力准则作为内聚力模型损伤初始准则，判断层间内聚单元的损伤（分层）萌生，并基于能量的损伤演化扩展准则来描述损伤演化（分层扩展），三线型内聚力模型利用 UMAT 和

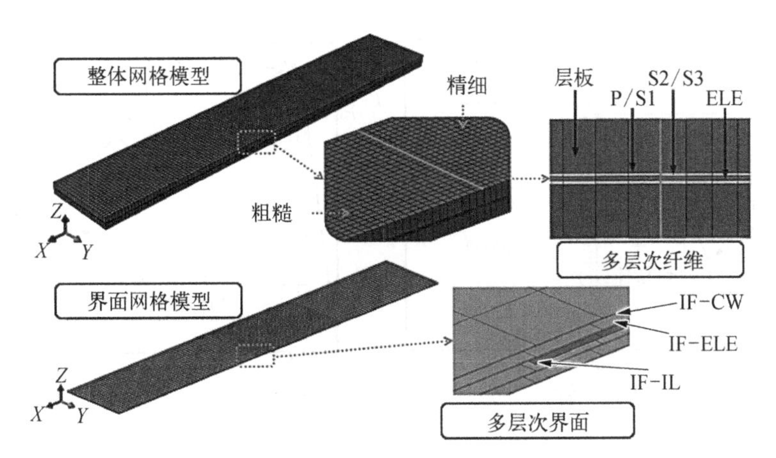

图 4.20 多界面单向剑麻纤维增强复合材料层合板 I 型层间断裂的带网格三维离散有限元模型(开裂区域精细网格)

VUMAT 子程序实现。在子程序中采用脆性断裂响应和最大轴向应力失效准则来确定拉伸作用下的纤维失效。最后,采用 ABAQUS Standard 和 ABAQUS Dynamic Explicit 求解方法来分析单向剑麻纤维增强复合材料分层的 DCB 测试试样的三维有限元模型,获得最终的 R 曲线和力-位移曲线,其多层级破坏过程在这两条曲线上的体现如图4.22 和 4.23 所示。

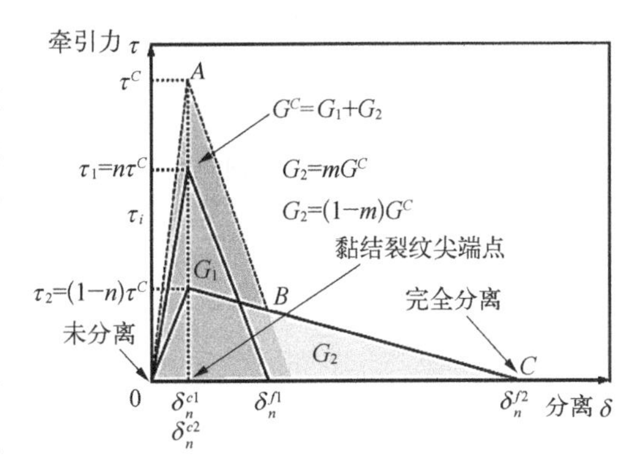

图 4.21 内聚单元的三线型牵引-分离法则(由两个双线型内聚定律组合而成)本构关系及损伤演化示意图

用于有限元模拟 DCB 试验的组分材料和各层界面的几何参数和性能列于表 4.2 中。将使用三线型内聚力模型模拟计算得到的单界面和三界面剑麻纤维增强复合材料双悬臂梁试样的力-位移响应与实验结果进行对比(图 4.24),可以看出,基于三线型内聚力模型建立的三界面有限元模型可以给出与实验结果更接近的结果,更能真实反映植物纤维增强复合材料独特的多层级界面开裂过程。从图中还可看出,剑麻纤维增强复合材料的层间断裂韧性高于玻璃纤维增强复合材料,这主要是因为与人工纤维相比,植物纤维具有独特的多层级结构,其增强复合材料层间破坏和失效模式除了取决于纤维与基体的界面性能外,纤维自身的各层级界面的单元也有贡献。在对单向剑麻纤维增强复合材料的 I 型层间断裂韧性的研究中发现,由剑麻纤维独特的微观结构引起的纤维桥联现象更为明显,这表明其裂纹扩展过程比玻璃纤维增强复合材料的裂纹扩展过程更复杂。一般来说,在

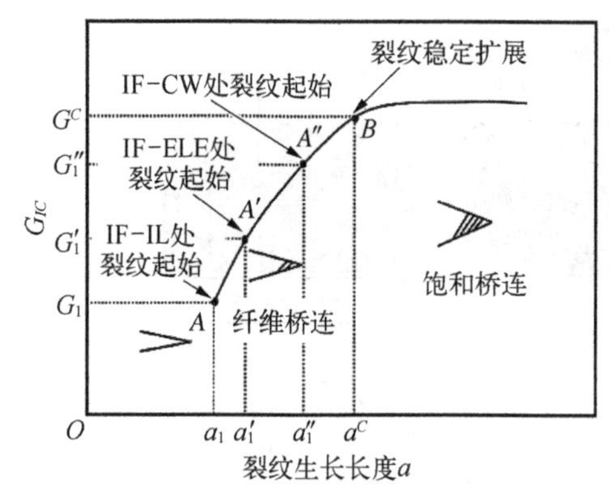

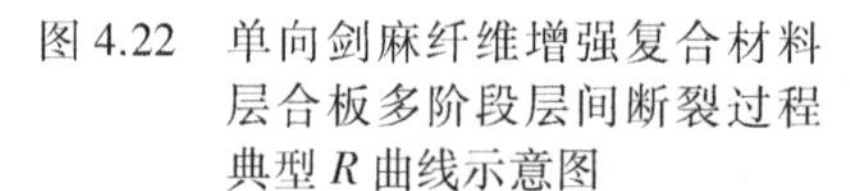
图 4.22　单向剑麻纤维增强复合材料层合板多阶段层间断裂过程典型 R 曲线示意图

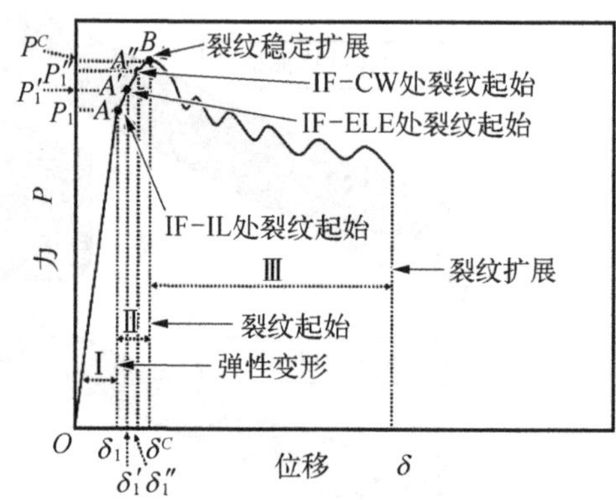

图 4.23　单向剑麻纤维增强复合材料层合板多阶段层间断裂过程典型力-位移曲线示意图

纤维桥联的情况下，损伤区域通过在裂纹尖端尾部引起桥联牵引而延长，这会显著增加纤维增强复合材料的抵抗裂纹扩展的能力。

表 4.2　层间断裂有限元模拟过程中所用单向剑麻纤维增强复合材料的材料和界面几何参数和性能

<table>
<tr><td colspan="13">纤维复合材料性能</td></tr>
<tr><td>纤 维 类 型</td><td colspan="3">层合板</td><td colspan="3">ELE 层</td><td colspan="3">P/S1 层</td><td colspan="3">S2/S3 层</td></tr>
<tr><td>厚度 L/mm</td><td colspan="3">2.1875</td><td colspan="3">0.0940</td><td colspan="3">0.0202</td><td colspan="3">0.1781</td></tr>
<tr><td>密度/(g/cm^3)</td><td colspan="12">1.45</td></tr>
<tr><td>弹性模量($E_{11}/E_{22}/E_{33}$)/GPa</td><td colspan="4">10.06/6.2/6.2</td><td colspan="4">8.62/5.31/5.31</td><td colspan="4">11.07/6.42/6.42</td></tr>
<tr><td>剪切模量($G_{12}/G_{13}/G_{23}$)/GPa</td><td colspan="4">4.49/4.49/2.7</td><td colspan="4">3.85/3.85/2.33</td><td colspan="4">4.94/4.94/2.99</td></tr>
<tr><td>泊松比($\nu_{12}/\nu_{13}/\nu_{23}$)</td><td colspan="12">0.12/0.12/0.14</td></tr>
<tr><td colspan="13">多层界面性能</td></tr>
<tr><td>界 面 类 型</td><td colspan="4">IF - IL</td><td colspan="4">IF - ELE</td><td colspan="4">IF - CW</td></tr>
<tr><td>密度/(g/cm^3)</td><td colspan="12">1.5×10^{-3}</td></tr>
<tr><td>界面刚度($K_{nn}/K_{ss}/K_{tt}$)/GPa</td><td colspan="4">6.1/6.1/6.1</td><td colspan="4">7.2/7.2/7.2</td><td colspan="4">9.4/9.4/9.4</td></tr>
<tr><td>界面强度($\tau_n^c/\tau_s^c/\tau_t^c$)/MPa</td><td colspan="4">15/15/15</td><td colspan="4">20/20/20</td><td colspan="4">24/24/24</td></tr>
<tr><td>初始断裂韧性($G_1^C/G_2^C/G_3^C$)/(J/m^2)</td><td colspan="4">672</td><td colspan="4">1 070</td><td colspan="4">1 299</td></tr>
<tr><td>扩展断裂韧性 G_f^C/(J/m^2)</td><td colspan="12">1 514</td></tr>
</table>

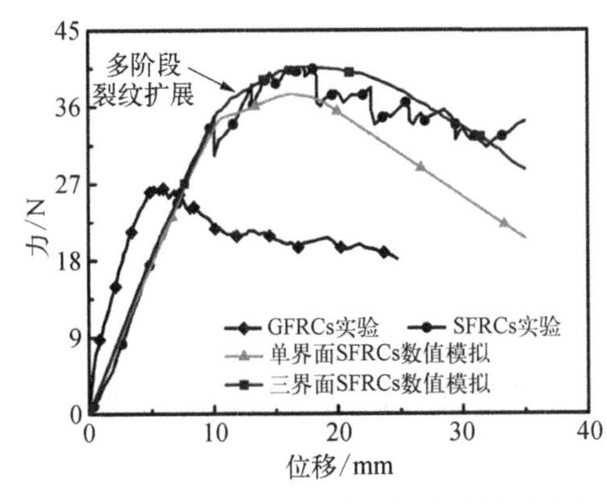

图 4.24 单向剑麻纤维增强复合材料层合板双悬臂梁实验试样的实验与数值模拟力-位移响应曲线对比

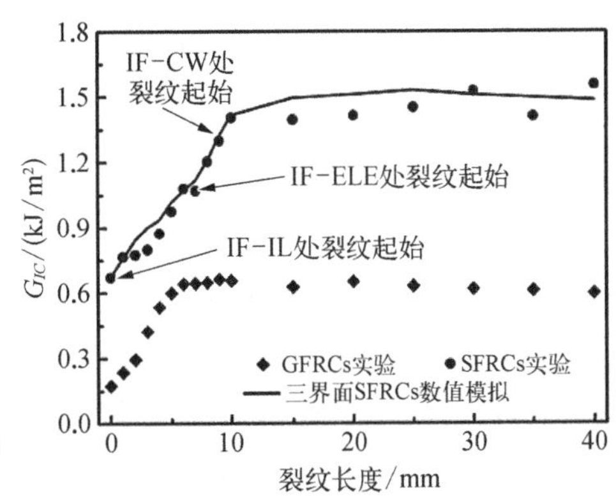

图 4.25 单向剑麻纤维增强复合材料层合板双悬臂梁实验试样的实验与数值模拟 R 曲线对比

通过比较实验和数值模拟的多界面单向剑麻纤维增强复合材料 I 型层间断裂韧性测试中应变能释放率随着分层裂纹扩展长度变化的 R 曲线的变化趋势(图4.25)可以看出,剑麻纤维增强复合材料层合板在裂纹扩展到 10 mm 后应变能释放率达到稳定值,而玻璃纤维增强复合材料层合板层间在开裂约 6 mm 后即达到饱和扩展。同时不同于玻璃纤维增强复合材料,剑麻纤维增强复合材料层合板的 R 曲线在裂纹初始扩展阶段(0~10 mm)表现出明显的波动,并且剑麻纤维增强复合材料的裂纹扩展方向发生偏转,这解释了裂纹扩展在未达到饱和时应变能释放率出现的波动以及更晚达到饱和扩展的原因。在整个裂纹扩展的过程中,剑麻纤维增强复合材料的应变能释放率即 I 型层间断裂韧性高于玻璃纤维增强的复合材料。在裂纹开始扩展后,首先沿着预裂纹所在的层间(IF－IL 界面)发生扩展,通过有限元模拟可以确定 IF－IL 界面的初始断裂韧性为 0.672 kJ/m^2;随着张开位移的增加,靠近层间 IF－IL 界面的一层单纤维中的部分细胞纤维发生断裂,此时裂纹将继续沿着细胞纤维之间的界面IF－ELE 扩展,通过有限元模拟可以确定 IF－ELE 界面的初始断裂韧性为 1.070 kJ/m^2;当扩展到一定程度,细胞纤维中的外层细胞纤维壁层中的微纤丝发生断裂,随即裂纹将沿着细胞壁层微纤丝之间的界面 IF－CW 扩展,通过有限元模拟可以确定 IF－CW 界面的初始断裂韧性为 1.299 kJ/m^2;最终,韧性值保持稳定,确定扩展断裂韧性为 1.514 kJ/m^2。以上结果表明,剑麻纤维增强复合材料内部多层级并逐级增加的界面性能使得其初始断裂韧性逐步提高,多层界面带来的多阶段失效使得在分层面上发生大量纤维桥联,从而表现出更宽范围的未饱和阶段。

4.4.2 多界面剑麻纤维增强复合材料 I 型层间断裂破坏过程内部应力分布及界面失效机制

在界面应力达到复合材料的界面强度之后,复合材料界面进入损伤阶段,且界面承载能力随着位移的增加而下降,导致界面微裂纹的出现。当界面的单元不能承载时,层间开始分层,应力分布状态也随之改变并重新分布。图 4.26 给出了单向剑麻纤维增强复合材料层合板三阶段多层次层间开裂断裂过程有限元模拟的多层界面和纤维层应力分布云图。

首先,图 4.26(a)显示了单向剑麻纤维增强复合材料层合板三阶段多层次开裂过程有限元模拟的 IF - IL 界面从未开裂(SDEG = 0)、开始开裂(SDEG>0)到部分开裂(部分内聚单元 SDEG = 1)的剪切应力(S33)和损伤因子(SDEG)分布云图。IF - IL 界面的开裂行为最先发生,这主要是因为 IF - IL 界面较低的界面强度($\tau_{n1}^{c}/\tau_{s1}^{c}/\tau_{t1}^{c}$ = 15 MPa)。可以看出,复合材料在界面损伤区域呈现椭圆状的应力分布,应力从中心到外围逐渐减小,即裂纹在层间区域以弧形向前扩展,边缘处的裂纹扩展较慢。椭圆状中心的裂纹尖端出现了应力集中现象,促使裂纹向前扩展。当界面应力未达到复合材料的界面强度(t_{11}^{i} = 60 s),裂纹尖端应力集中较弱。随着位移载荷的持续施加,裂纹尖端应力集中加剧,当界面剪切应力达到界面强度时(t_{12}^{i} = 100 s),界面内聚单元开始发生损伤(SDEG>0)。而当界面断裂能超过临界能量释放率(G_1^C = 0.672 kJ/m^2)时,开始有内聚单元的损伤因子 SDEG 达到 1,IF - IL 界面内聚单元的损伤慢慢向前扩展,即裂纹开始扩展。在 t_{13}^{i}(386 s)时刻,IF - IL 界面一定数量的内聚单元的损伤因子 SDEG 等于 1,说明这些内聚单元完全损伤,不再有承载能力,即 IF - IL 界面部分开裂,可以观察到明显的裂纹扩展过程。

而此时(t_{11}^{f} = 386 s),由于靠近所设预裂纹层间的细胞纤维层的轴向应力达到其轴向拉伸强度(195 MPa),细胞纤维层发生断裂。从有限元模拟的细胞纤维层从未断裂到全部断裂的纤维轴向应力分布云图[图 4.26(b)]可以看出,裂纹前沿的细胞纤维层应力最大,而远离裂纹尖端的应力逐渐递减,因此,在裂纹扩展前沿的细胞纤维层发生断裂。

其次,当进一步施加位移载荷(t_{21}^{i} = 392 s),IF - ELE 界面应力增加,在 t_{22}^{i}(395 s)时,IF - ELE 界面的开裂会从细胞纤维层断裂处开始出现。图 4.26(c)显示了有限元模拟的 IF - ELE 界面从未开裂(SDEG = 0)、开始开裂(SDEG>0)到部分开裂(部分内聚单元 SDEG = 1)的剪切应力(S33)和损伤因子(SDEG)分布云图。同理,当界面断裂能超过临界能量释放率(G_2^C = 1.070 kJ/m^2)时,开始有内聚单元的损伤因子 SDEG 达到 1,IF - ELE 界面裂纹扩展。在 t_{23}^{i}(426 s)时刻,IF - ELE 界面一定数量的内聚单元的损伤因子 SDEG 之值为 1,说明 IF - ELE 界面部分开裂。

同样,在 t_{21}^{f}(426 s)时刻,在拉伸载荷作用下,内层细胞纤维 P/S1 壁层的轴向应力达到其轴向拉伸强度(220 MPa)而发生断裂。图 4.26(d)呈现了有限元模拟的内层细胞纤维 P/S1 壁层从未断裂到全部断裂的纤维轴向应力分布云图。

通常,组成植物纤维细胞纤维壁层基体的主要物质是半纤维素和果胶。最后,继续施加位移载荷($t_{31}^{i}=431$ s),IF-CW 界面应力继续增加,而在 t_{32}^{i}(437 s)时,由于连接微纤丝之间的基体是最薄弱的点,成为裂纹的引发点,IF-CW 界面的开裂行为会从内层细胞纤维 P/S1 壁层断裂处开始发生。随着裂纹的扩展,细胞纤维壁层分离。图 4.26(e)显示了有限元模拟的 IF-CW 界面从未开裂(SDEG=0)、开始开裂(SDEG>0)到部分开裂(部分内聚单元 SDEG=1)的剪切应力(S33)和损伤因子(SDEG)分布云图。同理,当界面断裂能超过临界能量释放率($G_3^C=1.299$ kJ/m^2)

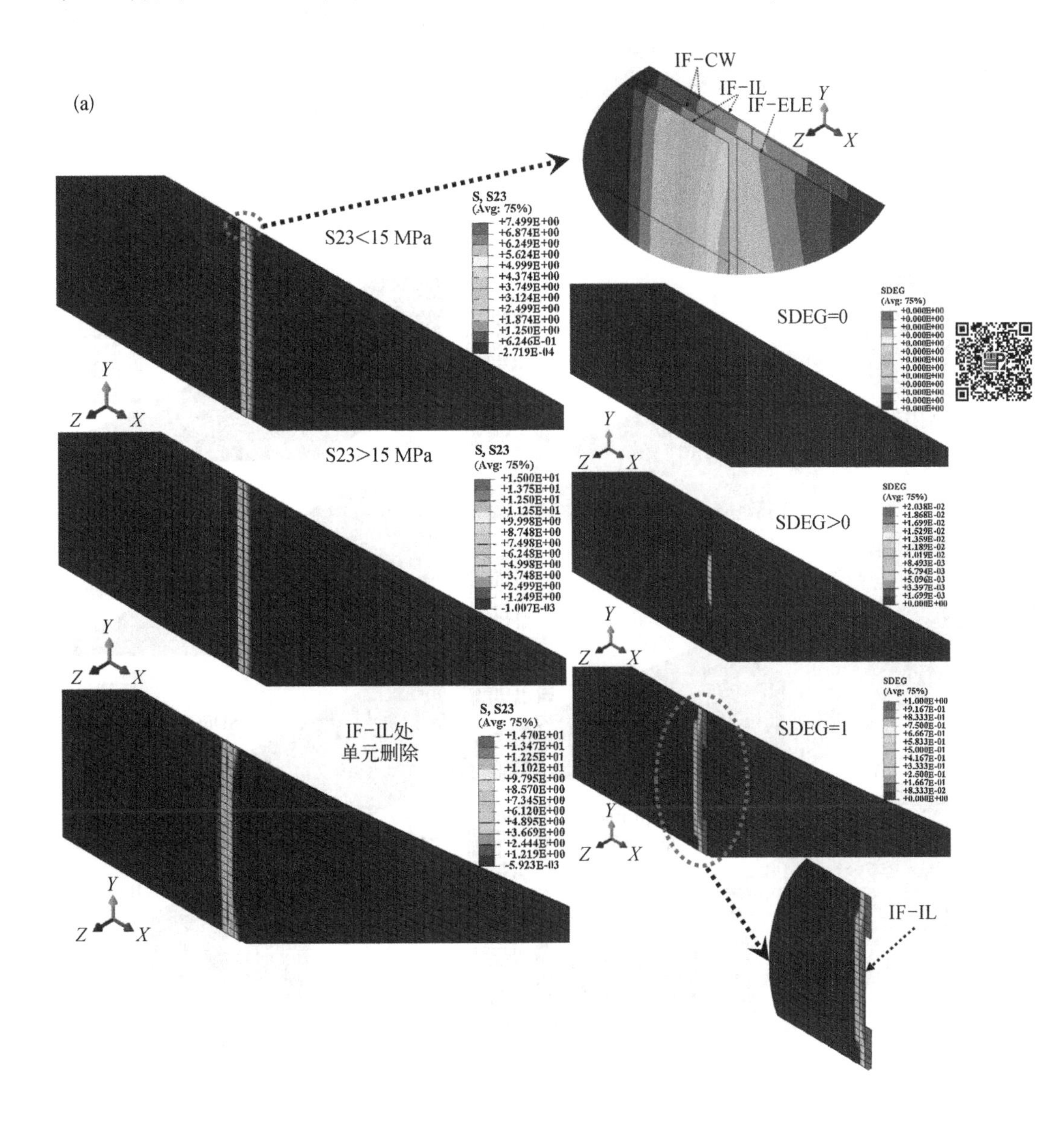

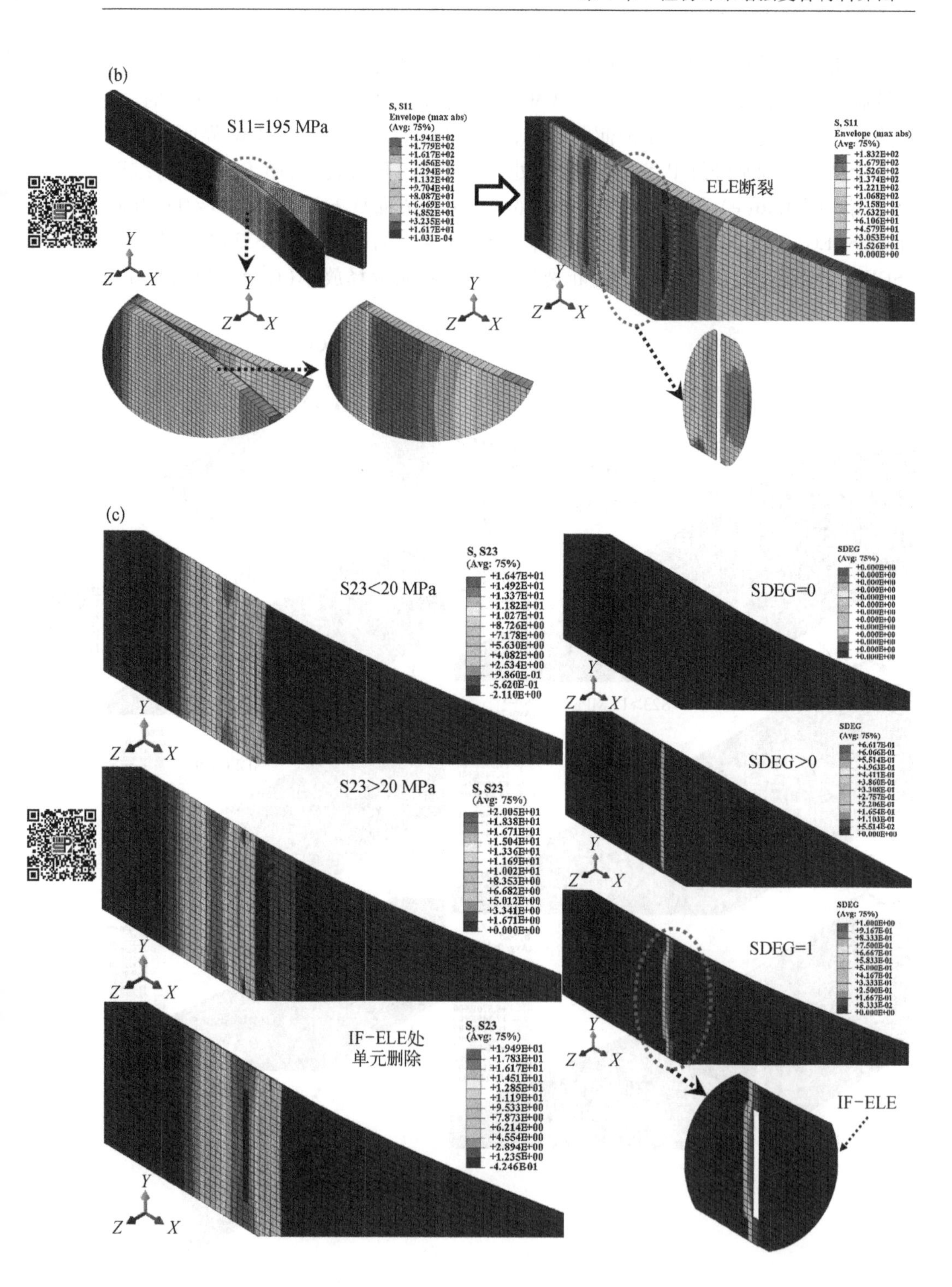

(b)
S11=195 MPa
ELE断裂
(c)
S23<20 MPa
S23>20 MPa
IF-ELE处
单元删除
SDEG=0
SDEG>0
SDEG=1
IF-ELE

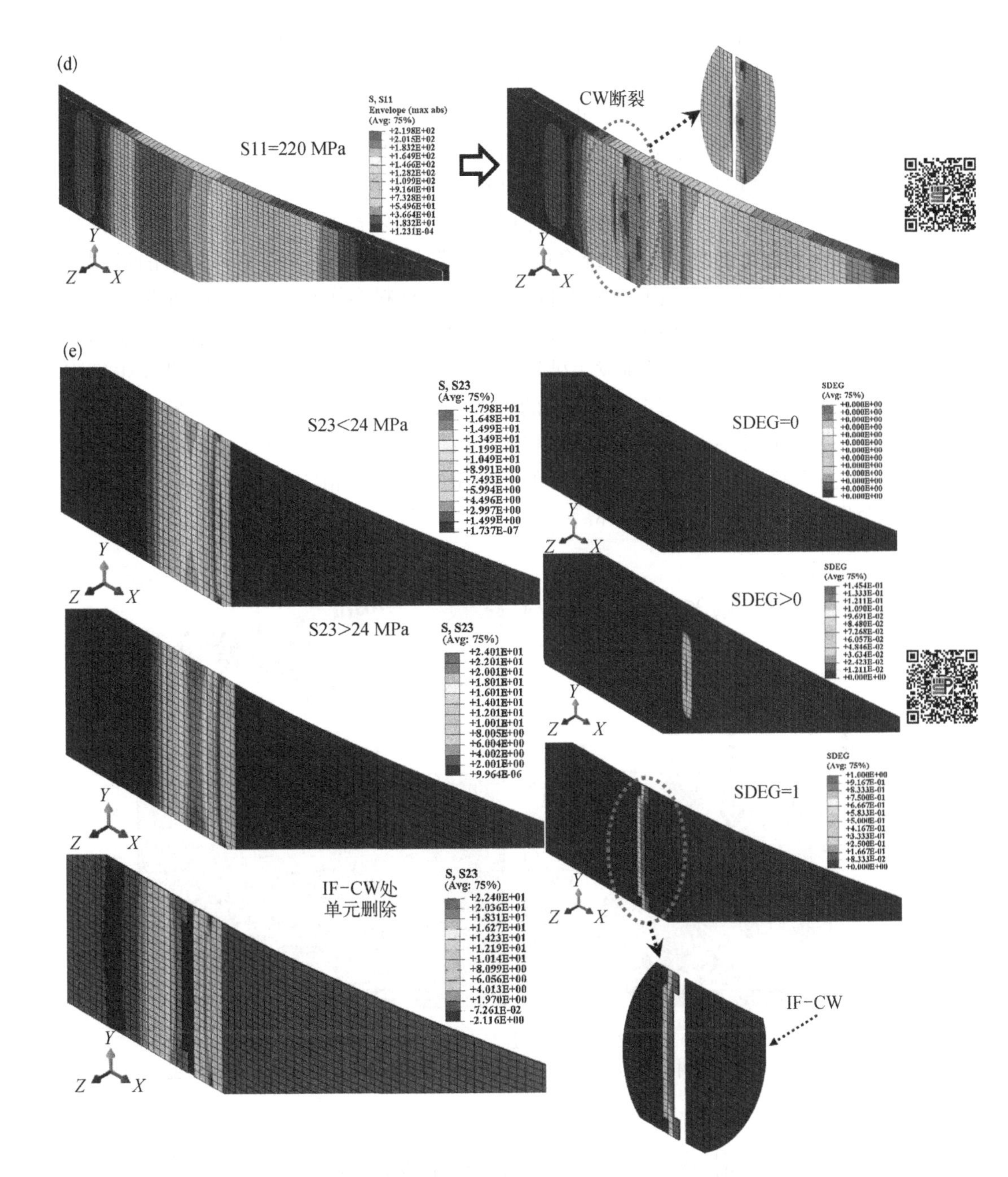

图 4.26 单向剑麻纤维增强复合材料层合板三阶段多层次开裂断裂过程有限元模拟的多层界面和纤维层应力分布云图：(a) IF-IL 界面开裂；(b) 细胞纤维层断裂；(c) IF-ELE 界面开裂；(d) 内层细胞纤维 P/S1 壁层断裂；(e) IF-CW 界面开裂

时,开始有内聚单元的损伤因子 SDEG 达到 1,IF－CW 界面裂纹扩展。在t_{33}^{i}(470 s)时,界面断裂能达到稳定扩展韧性($G_f^C = 1.514\ kJ/m^2$)时,裂纹在预设开裂区域 IF－CW界面内稳定扩展,内聚单元损伤区域继续扩展。

从复合材料在双悬臂梁实验测试后的宏观破坏形貌[图 4.27(a)]可以清楚地看到,剑麻纤维增强复合材料的开裂面极为粗糙和参差不齐,植物纤维之间的桥联现象较为明显。由于受到纤维桥联作用,大量剑麻纤维单纤维、细胞纤维和微纤丝会被拔出和发生断裂,剑麻纤维多层级结构带来了其增强复合材料复杂的微观失效形式[图 4.27(b)]。由于植物纤维增强复合材料多级界面的存在,在裂纹沿复合材料层间扩展的过程中,裂纹并没有一直沿着层间界面扩展,而是在发生层间界面脱黏破坏的同时细胞纤维发生破坏,沿着纤维的长度方向出现撕裂,即发生细胞纤维之间和细胞纤维壁层之间界面的破坏,从而导致复合材料的破坏模式发生了从层间开裂到纤维内部各层级结构和界面破坏的转变。而对于人工纤维增强复合材料[图 4.27(c)和(d)],层间发生的是典型的界面脱黏破坏,纤维表面光滑完整,不会出现纤维本身结构的破坏。

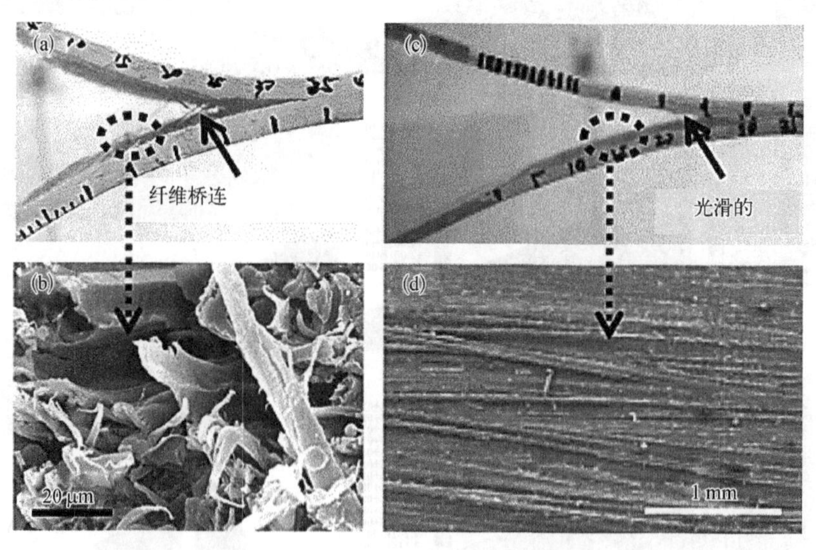

图 4.27　(a)和(b) 单向剑麻纤维增强复合材料,以及(c)和(d) 单向玻璃纤维增强复合材料层合板 I 型层间断裂破坏试样宏观和微观 SEM 断裂形貌

附录 A　双界面单纤维拔出模型系数

A.1　阶段一和阶段二的黏结区的应力传递

为了满足圆柱壳结构的基体和单纤维的轴向和剪切应力之间的平衡条件,相

关方程可以推导为[13]

$$\partial[\sigma_m^z(z)]/\partial z + \partial[\tau_m^{rz}(r, z)]/\partial r + \tau_m^{rz}(r, z)/r = 0 \tag{A.1}$$

$$\partial[\sigma_{f1}^z(z)]/\partial z + \partial[\tau_{f1}^{rz}(r, z)]/\partial r + \tau_{f1}^{rz}(r, z)/r = 0 \tag{A.2}$$

因此,基体$[\tau_m^{rz}(r, z)]$和单纤维$[\tau_{f1}^{rz}(r, z)]$中的剪切应力在给定的边界条件$[\tau_m^{rz}(a_1, z)=\tau_{i1}^{rz}(z);\tau_{f1}^{rz}(a_2, z)=\tau_{i2}^{rz}(z);\tau_{f1}^{rz}(a_1, z)=\tau_{i1}^{rz}(z)$和$\tau_m^{rz}(b, z)=0]$下可以分别表示为关于界面剪切应力$\tau_{i1}^{rz}(z)$和$\tau_{i2}^{rz}(z)$的函数:

$$\tau_m^{rz}(r, z) = \gamma(b^2 - r^2)/(a_1 r)\tau_{i1}^{rz}(z) \tag{A.3}$$

$$\begin{aligned}\tau_{f1}^{rz}(r, z) = &-(1+\eta)(a_2^2 - r^2)/(a_1 r)\tau_{i1}^{rz}(z)\\ &+\eta(a_1^2 - r^2)/(a_2 r)\tau_{i2}^{rz}(z)\end{aligned} \tag{A.4}$$

通过结合式(5.3)和(A.3)与在黏结界面处轴向位移连续的边界条件$[u_m^z(a_1, z)=u_{f1}^z(a_1, z)]$并相对于$z$作微分得到式(A.5):

$$\begin{aligned}d\tau_{i1}^{rz}(z)/dz = &E_m/\{(1+\nu_m)[2\gamma b^2/a_1\ln(b/a_1) - a_1]\}\\ &\cdot[\varepsilon_m^z(b, z) - \varepsilon_{f1}^z(a_1, z)]\end{aligned} \tag{A.5}$$

假设单纤维和基体或细胞纤维之间在变形期间保持接触,这应当满足界面处径向位移的连续性[根据式(5.1)与式(5.2),$\varepsilon_{f1}^\theta(a_1, z)=\varepsilon_m^\theta(a_1, z)$且$\varepsilon_{f2}^\theta(a_2, z)=\varepsilon_{f1}^\theta(a_2, z)$]。而阶段一和阶段二中径向应力$q_1^*$、$q_2^*$和$q_1^{**}$、$q_2^{**}$可以由应力边界条件

$$\sigma_{f1}^r(a_2, z) = q^{**}$$

$$\sigma_{f1}^\theta(a_2, z) = -(1+2\eta)q^{**} + 2(1+\eta)q^*$$

$$\sigma_{f2}^r(a_2, z) = \sigma_{f2}^\theta(a_2, z) = q^{**}$$

$$\sigma_{f1}^\theta(a_1, z) = -2\eta q^{**} + (1+2\eta)q^*$$

$$\sigma_m^r(b, z) = 0$$

$$\sigma_{f1}^r(a_1, z) = \sigma_m^r(a_1, z) = q^*$$

$$\sigma_m^\theta(a_1, z) = -(1+2\gamma)q^*$$

$$\sigma_m^\theta(b, z) = -2\gamma q^*$$

确定,结果列于式(A.6)和式(A.7)。

$$\begin{pmatrix} q_1^* \\ q_2^* \end{pmatrix} = (A_8 + A_9)/(1+\eta)[\sigma_{f1}^z(z) + \eta\sigma_{f2}^z(z)] - A_4\left\{\begin{bmatrix} 1 \\ \eta/(1+\eta) \end{bmatrix}\gamma\nu_m\sigma - E_m(\alpha_m - \alpha_{f1})\Delta T\right\} \tag{A.6}$$

$$\begin{pmatrix} q_1^{**} \\ q_2^{**} \end{pmatrix} = A_8\sigma_{f1}^z(z) + A_9\sigma_{f2}^z(z) - A_4\left\{\begin{bmatrix} 1 \\ \eta/(1+\eta) \end{bmatrix}\gamma\nu_m\sigma - E_m(\alpha_m - \alpha_{f1})\Delta T\right\} \tag{A.7}$$

其中系数 A_4、A_8 和 A_9 列于附录 A 中 A.2 和 A.3 节。最后，通过结合式(4.4)~式(4.7)、式(4.17)，阶段一和阶段二中的单纤维轴向应力 $\sigma_f^z(z)$ 的微分方程分别表达为式(A.8)和式(A.9)。

$$d^2\sigma_f^z(z)/dz^2 = A_3[\sigma_f^z(z) + (1+\eta)A_1/\eta\sigma + A_2] \tag{A.8}$$

$$d^2\sigma_f^z(z)/dz^2 = A_3[\sigma_f^z(z) + A_1\sigma + A_2] \tag{A.9}$$

应用边界条件：对于阶段一，$\sigma_f^z(l_{f1}) = \sigma_{lf1}$，$\sigma_f^z(L) = 0$；对于阶段二，$\sigma_f^z(l_{f2}) = \sigma_{lf2}$，$\sigma_f^z(L) = 0$。求解式(A.8)和式(A.9)，应力分布表示为式(4.8)和式(4.17)。

A.2 阶段一和阶段二的脱黏区的应力传递

对于阶段一中的脱黏区，通过考虑周向应变的连续性得到 q_{01}，即式(A.10)：

$$q_{01} = A_4E_m(\alpha_m - \alpha_{f1})\Delta T \tag{A.10}$$

其中，α_{f1} 和 α_m 分别是单纤维和基体的热膨胀系数；ΔT 是温度的变化；$A_4 = 1/(\alpha - \alpha\nu_{f1} + 1 + 2\gamma + \nu_m)$；$\alpha = E_m/E_{f1}$。

阶段一中脱黏区的 $q_{a1}(z)$、$q_{R1}(z)$ 和阶段二的部分 2 中脱黏区($0<z<l_{f2}$)的 $q_{a2}(z)$、$q_{R2}(z)$ 可以分别描述为：

$$q_{a1}(z) = A_4[(\alpha\nu_{f1} + \gamma\nu_m)\sigma_f^z(z) - \gamma\nu_m\sigma] \tag{A.11}$$

$$q_{R1}(z) = -A_4E_m/a_1\delta_1(z) = k_1\delta_1(z) \tag{A.12}$$

$$q_{a2}(z) = A_8\sigma_{f1}^z(z) + A_9\sigma_{f2}^z(z) - \eta\gamma\nu_mA_4/(1+\eta)\sigma \tag{A.13}$$

$$q_{R2}(z) = -A_4E_m/a_2\delta_2(z) = k_2\delta_2(z) \tag{A.14}$$

傅里叶级数 $d_{n_i}(i=1, 2)$ 和 $B_{n_i}[=2/L\int_0^L\delta_i(z)\cos(n_i\pi z/L)dz]$ 用于表示两个阶段中的界面幅度函数 $d_i(z)$ 和粗糙度不匹配函数 $\delta_i(z)$。通过积分 $d\nu_1(z)/dz =$

$-(\varepsilon_{f1}^{z}-\varepsilon_{m}^{z})$ 和 $\mathrm{d}\nu_2(z)/\mathrm{d}z=-(\varepsilon_{f2}^{z}-\varepsilon_{f1}^{z})$ 分别计算相对位移 $\nu_i(z)$：

$$d_i(z) = d_{0i}/2 + \sum_{n_i=1}^{\infty} d_{n_i}\cos(n_i \pi z/L) \tag{A.15}$$

$$\delta_i(z) = d_i[z - \nu_i(z)] - d_i(z) = B_{0i}/2 + \sum_{n_i=1}^{\infty} B_{n_i}\cos(n_i \pi z/L) \tag{A.16}$$

采用迭代方法分别确定阶段一和阶段二的傅里叶级数系数 B_{n1} 和 B_{n2}。迭代过程在满足条件 $|[\sigma_f^z(z)_{i,\,i+1}-\sigma_f^z(z)_{i,\,i}]/\sigma_f^z(z)_{i,\,i}| \leqslant 10^{-6}$ 后停止。

A.3 阶段一和阶段二的相关系数

$$A_1 = -\gamma\eta[1 - 2\nu_m(A_8 + A_9)]/[(1+\eta)A_0] \tag{A.17}$$

$$A_2 = -[1 + 2(\alpha\nu_{f1} + \gamma\nu_m)A_4]/A_0 E_m(\alpha_m - \alpha_{f1})\Delta T \tag{A.18}$$

$$A_3 = 2A_0/\{(1+\nu_m)[2\gamma b^2 \ln(b/a_1) - a_1^2]\} \tag{A.19}$$

$$A_5 = 2\mu_1(\alpha\nu_{f1} + \gamma\nu_m)A_4/a_1 \tag{A.20}$$

$$A_6 = 1 - 2\mu_1\alpha\nu_{f1}A_4/(a_1 A_5)(1 - e^{A_5 l_{f1}}) \tag{A.21}$$

$$\begin{aligned} A_7 = {} & (2q_{01} + k_1/a_1 B_{01})(A_6 - 1)/(2\alpha\nu_{f1}A_4) \\ & - \sum_{n_1=1}^{\infty}\left\{\begin{aligned} & B_{n_1} 2\mu_1 k_1 A_5 L^2/[a_1(A_5^2 L^2 + n_1^2\pi^2)] \\ & \cdot [\cos(n_1\pi l_{f1}/L) - n_1\pi/(A_5 L)\sin(n_1\pi l_{f1}/L) - \mathrm{e}^{A_5 l_{f1}}] \end{aligned}\right\} \end{aligned} \tag{A.22}$$

$$A_8 = (\alpha\nu_{f1} + \gamma\nu_m)A_4 - A_9 \tag{A.23}$$

$$A_9 = [\nu_{f1} + 2\eta(\alpha\nu_{f1} + \gamma\nu_m)A_4]/[2(1+\eta)] \tag{A.24}$$

$$A_0 = \alpha + \gamma - 2(\alpha\nu_{f1} + \gamma\nu_m)^2 A_4 \tag{A.25}$$

$$U_f = 1/(2E_{f1})\int_0^L\int_0^{a_1}\begin{bmatrix} (\sigma_f^z)^2 + (\sigma_f^r)^2 + (\sigma_f^\theta)^2 \\ -2\nu_{f1}\begin{pmatrix} \sigma_f^z\sigma_f^r + \sigma_f^z\sigma_f^\theta \\ + \sigma_f^\theta\sigma_f^r \end{pmatrix} \end{bmatrix} \cdot 2\pi r \mathrm{d}r\mathrm{d}z \tag{A.26}$$

$$U_{f2} = 1/(2E_{f1})\int_0^L\int_0^{a_2}\begin{bmatrix} (\sigma_{f2}^z)^2 + (\sigma_{f2}^r)^2 + (\sigma_{f2}^\theta)^2 \\ -2\nu_{f1}\begin{pmatrix} \sigma_{f2}^z\sigma_{f2}^r + \sigma_{f2}^z\sigma_{f2}^\theta \\ + \sigma_{f2}^\theta\sigma_{f2}^r \end{pmatrix} \end{bmatrix} \cdot 2\pi r \mathrm{d}r\mathrm{d}z \tag{A.27}$$

$$U_m = 1/(2E_m)\int_0^L\int_{a_1}^{b}\begin{bmatrix} (\sigma_m^z)^2 + (\sigma_m^r)^2 + (\sigma_m^\theta)^2 \\ + 2(1+\nu_m)(\tau_m^{rz})^2 \\ -2\nu_m\begin{pmatrix} \sigma_m^z\sigma_m^r + \sigma_m^z\sigma_m^\theta \\ + \sigma_m^\theta\sigma_m^r \end{pmatrix} \end{bmatrix} \cdot 2\pi r \mathrm{d}r\mathrm{d}z \tag{A.28}$$

$$U_{f1}=1/(2E_{f1})\int_0^L\int_{a_2}^{a_1}\begin{bmatrix}(\sigma_{f1}^z)^2+(\sigma_{f1}^r)^2+(\sigma_{f1}^\theta)^2\\ +2(1+\nu_{f1})(\tau_{f1}^{rz})^2\\ -2\nu_{f1}\begin{pmatrix}\sigma_{f1}^z\sigma_{f1}^r+\sigma_{f1}^z\sigma_{f1}^\theta\\ +\sigma_{f1}^\theta\sigma_{f1}^r\end{pmatrix}\end{bmatrix}\cdot 2\pi r\mathrm{d}r\mathrm{d}z \tag{A.29}$$

$$\begin{aligned}p_1&=\partial[H_3H_6H_8+H_4(H_6^2+H_8^2)]/\partial l_{f1}\\&\quad+H_6H_8\phi_1\sinh(\phi_1)[\pi a_1^2A_0/(2E_m)-A_3H_5-1]\\&\quad+\pi a_1^2A_0/(2E_m)H_6^2\sinh^2(\phi_1)+H_5(\partial A_6/\partial l_{f1})^2\end{aligned} \tag{A.30}$$

$$\begin{aligned}p_2&=2H_4[\partial(H_6H_7+H_8H_9)/\partial l_{f1}]\\&\quad+[\pi a_1^2A_0/E_m\sinh^2(\phi_1)-2A_3H_5\cosh^2(\phi_1)](H_6H_7+H_8H_9)\\&\quad+\pi a_1^2A_2A_0[1-\cosh(\phi_1)]/(E_m\sqrt{A_3})\partial(H_6+H_8)/\partial l_{f1}\\&\quad+\partial[H_3(H_7H_8+H_6H_9)]/\partial l_{f1}+2H_5\partial A_6/\partial l_{f1}\partial A_7/\partial l_{f1}\end{aligned} \tag{A.31}$$

$$\begin{aligned}p_3&=\partial[H_3H_7H_9+H_4(H_7^2+H_9^2)]/\partial l_{f1}\\&\quad+\pi a_1k_1\delta_1(l_{f1})[2a_1q_{01}/(A_4E_m)-\delta_1(l_{f1})]+H_5(\partial A_7/\partial l_{f1})^2\\&\quad+\pi a_1^2A_0/E_m\begin{Bmatrix}A_2A_0/\sqrt{A_3}[1-\cosh(\phi_1)]\partial(H_7+H_9)/\partial l_{f1}\\+(A_2)^2+(A_2+A_7)^2/2\end{Bmatrix}\end{aligned} \tag{A.32}$$

$$\phi_1=\sqrt{A_3}(L-l_{f1}) \tag{A.33}$$

$$\begin{aligned}C_1&=(-D_3C_4\mathrm{e}^{r_2l_{f2}}-D_4C_5\mathrm{e}^{r_3l_{f2}}+D_1-A_1-C_8)\\&\quad/(C_3\mathrm{e}^{r_1l_{f2}}-C_4D_5\mathrm{e}^{r_2l_{f2}}+C_5D_6\mathrm{e}^{r_3l_{f2}})\end{aligned} \tag{A.34}$$

$$\begin{aligned}C_2&=\begin{Bmatrix}-D_7C_4\mathrm{e}^{r_2l_{f2}}-D_8C_5\mathrm{e}^{r_3l_{f2}}+D_2-A_2-C_9\\-\sum_{n_2=1}^{\infty}B_{n_2}[C_6\cos(n_2\pi l_{f2}/L)-C_7\sin(n_2\pi l_{f2}/L)]\end{Bmatrix}\\&\quad/(C_3\mathrm{e}^{r_1l_{f2}}-C_4D_5\mathrm{e}^{r_2l_{f2}}+C_5D_6\mathrm{e}^{r_3l_{f2}})\end{aligned} \tag{A.35}$$

$$C_{3,4,5}=a_2/(2\mu_2A_8)r_{1,2,3}-A_9/A_8 \tag{A.36}$$

$$C_6=[n_2\pi a_2/(2\mu_2L)F_1-D_9A_9-k_2]/A_8 \tag{A.37}$$

$$C_7=[n_2\pi a_2/(2\mu_2L)D_9+A_9F_1]/A_8 \tag{A.38}$$

$$C_8=[\eta\gamma\nu_mA_4/(1+\eta)-A_8F_2]/A_8 \tag{A.39}$$

$$C_9=(A_9F_3-q_{01}-k_2B_{02}/2)/A_8 \tag{A.40}$$

$$D_3 = [C_5(A_6 - F_2) + C_8]/[e^{r_2 l_{f1}}(C_5 - C_4)] \tag{A.41}$$

$$D_4 = [C_4(A_6 - F_2) + C_8]/[e^{r_3 l_{f1}}(C_4 - C_5)] \tag{A.42}$$

$$D_{5,6} = (r_{3,2} - r_1)/(r_3 - r_2)e^{(r_1 - r_{2,3})l_{f1}} \tag{A.43}$$

$$\begin{pmatrix} D_7 \\ D_8 \end{pmatrix} = \begin{pmatrix} 1/e^{r_2 l_{f1}} & 0 \\ 0 & -1/e^{r_3 l_{f1}} \end{pmatrix} / (C_5 - C_4) \cdot \left[\begin{matrix} \begin{pmatrix} C_5 \\ C_4 \end{pmatrix} (F_3 + A_7) + C_9 \\ - \sum_{n_2=1}^{\infty} B_{n_2} \left\{ \begin{matrix} \left[\begin{pmatrix} C_5 \\ C_4 \end{pmatrix} D_9 - C_6 \right] \cos(n_2 \pi l_{f1}/L) \\ + \left[\begin{pmatrix} B_9 \\ B_8 \end{pmatrix} F_1 + C_7 \right] \sin(n_2 \pi l_{f1}/L) \end{matrix} \right\} \end{matrix} \right] \tag{A.44}$$

$$\begin{aligned} \begin{pmatrix} D_9 \\ F_1 \end{pmatrix} = & \begin{bmatrix} F_8 n_2^2 \pi^2 - F_0 L^2 \\ n_2 \pi (F_9 L^2 - n_2^2 \pi^2)/L \end{bmatrix} \cdot 2\mu_2 k_2 \\ & \cdot [F_9 L^4 - n_2^2 \pi^2 L^2 - 2(\alpha \nu_{f1} + \gamma \nu_m) A_8 F_9 L^4 / (E_m H_1)] \\ & / \{ a_2 [(F_9 L^2 - n_2^2 \pi^2)^2 n_2^2 \pi^2 + (F_8 n_2^2 \pi^2 - F_0 L^2)^2 L^2] \} \end{aligned} \tag{A.45}$$

$$\begin{aligned} F_2 = & \eta\gamma \{ \nu_m [E_m A_4 H_1 - 2A_8(A_8 + A_9)] + A_8 \} \\ & /[(1 + \eta) E_m (A_9 H_1 - A_8 H_2)] \end{aligned} \tag{A.46}$$

$$\begin{aligned} F_3 = & \{ [E_m A_4 H_7 - 2A_8(A_8 + A_9)](2q_{01} - k_2 B_{02}) - 2A_8 q_{01} \} \\ & /[2E_m A_4 (A_9 H_1 - A_3 H_2)] \end{aligned} \tag{A.47}$$

$$r_1 = F_8/3 - 2^{1/3}(3F_9 - F_8^2)/(3r_0) + 2^{-1/3} r_0/3 \tag{A.48}$$

$$r_2 = (F_8 - r_1)/2 + \begin{bmatrix} 2^{-1/3}\sqrt{3} r_0^2 \\ + 2^{1/3}\sqrt{3(6F_8^2 F_9 - 9F_9^2 - F_8^4)} \end{bmatrix} / (6r_0) \tag{A.49}$$

$$r_3 = F_8 - r_1 - r_2 \tag{A.50}$$

$$r_0 = \begin{pmatrix} 2F_8^3 - 9F_8 F_9 + 27F_0 \\ + 3\sqrt{3}\sqrt{-F_8^2 F_9^2 + 4F_9^3 + 4F_8^3 F_0 - 18F_8 F_9 F_0 + 27F_0^2} \end{pmatrix}^{1/3} \tag{A.51}$$

参 考 文 献

[1] Cheng Y T, Cheng C M. Relationships between hardness, elastic modulus, and the work of

indentation[J]. Applied Physics Letters, 1998, 73(5): 614-616.

[2] Zhou L M, Mai Y W, Baillie C. Interfacial debonding and fiber pull-out stresses .5. A methodology for evaluation of interfacial properties[J]. Journal of Materials Science, 1994, 29(21): 5541-5550.

[3] Cox H L. The elasticity and strength of paper and other fibrous materials[J]. Brit. J. Appl. Phys., 1952, 3: 72-79.

[4] Kim J K, Baillie C, Mai Y W. Interfacial debonding and fiber pull-out stresses .1. Critical comparison of existing theories with experiments[J]. Journal of Materials Science, 1992, 27(12): 3143-3154.

[5] Zhou L M, Kim J K, Mai Y W. Interfacial debonding and fiber pull-out stresses .2. A new model based on the fracture-mechanics approach[J]. Journal of Materials Science, 1992, 27(12): 3155-3166.

[6] Chai Y S, Mai Y W. New analysis on the fiber push-out problem with interface roughness and thermal residual stresses[J]. Journal of Materials Science, 2001, 36(8): 2095-2104.

[7] Liu H Y, Zhou L M, Mai Y W. On fiber pull-out with a rough interface[J]. Philos. Mag. A, 1994, 70(2): 359-372.

[8] Li Q, Li Y, Zhou L M. A micromechanical model of interfacial debonding and elementary fiber pull-out for sisal fiber-reinforced composites[J]. Compos. Sci. Technol., 2017, 153: 84-94.

[9] Bos H L, Mussig J, van den Oever M J A. Mechanical properties of short-flax-fibre reinforced compounds[J]. Composites Part A: Applied Science and Manufacturing, 2006, 37(10): 1591-1604.

[10] Li Q, Li Y, Zhang Z, et al. Quantitative investigations on multi-layer interface debonding behaviors for sisal fiber reinforced composites using acoustic emission and finite element method[J]. Composites Part B: Engineering, 2020,196: 108128.

[11] Li Q, Li Y, Zhang Z S, et al. Multi-layer interfacial fatigue and interlaminar fracture behaviors for sisal fiber reinforced composites with nano-and macro-scale analysis[J]. Composites Part A: Applied Science and Manufacturing,2020,135: 105911.

[12] Harper P W, Hallett S R. Cohesive zone length in numerical simulations of composite delamination[J]. Eng. Fract. Mech., 2008, 75(16): 4774-4792.

[13] Newman R H, Le Guen M J, Battley M A, et al. Failure mechanisms in composites reinforced with unidirectional Phormium leaf fibre[J]. Composites Part A: Applied Science and Manufacturing, 2010, 41(3): 353-359.

第5章 植物纤维增强复合材料的力学性能

植物纤维作为来自大自然的环境友好的增强纤维，具有密度低、比力学性能高、阻尼降噪、吸声隔热等优势，有望替代当前大量应用的玻璃纤维等人工纤维，用以制备先进复合材料，并应用于航空、轨道交通、汽车、风电等领域，是当前各国学者研究的热点。复合材料的力学性能不仅取决于其组分材料的性质，还取决于其细观结构特征，植物纤维不同于人工纤维的独特的微观结构和化学组成必然会为其增强的复合材料力学性能带来不一样的影响。这些独特性主要体现在：空腔结构、打捻、带有大量羟基等。本章主要围绕植物纤维这些独特的结构和化学组成，介绍植物纤维增强复合材料的力学性能。

5.1 空腔对植物纤维增强复合材料力学性能的影响

植物纤维中空腔占据纤维结构的比例很高，尤其是对于提取自植株叶子的纤维，如剑麻纤维，空腔占纤维截面积的比例（空腔率）可超过20%。在植物纤维增强复合材料的制备过程中，低黏度的树脂有可能渗入并填充植物纤维的空腔[1,2]。当植物纤维的空腔中被填充了树脂后，会改变纤维的承载能力，从而影响其增强复合材料的力学性能。本节以空腔较大的剑麻纤维为例介绍空腔中填充树脂对复合材料力学性能的影响。

剑麻纤维空腔直径为10 μm左右，空腔率为30.16%±5.73%。利用树脂传递模塑工艺（RTM），通过改变树脂注射方向和注射压力可获得三种具有不同空腔填充率的单向剑麻纤维增强环氧复合材料（SFRC）：VIFC0.3（0%）、AIFC0.3（15.84%）和AIFC0.1（64.50%），如图5.1所示。其中，VIFC0.3为注射压力0.3 MPa并垂直于纤维方向注射树脂所成型的复合材料，其纤维空腔中基本没有树脂，即空腔树脂填充率为0%。而AIFC0.3和AIFC0.1为分别以注射压力0.3 MPa和0.1 MPa沿纤维方向注射树脂所成型的复合材料，其空腔中树脂填充率分别为15.84%和64.50%，低注射压力成型的复合材料树脂空腔填充率更高，这是由于注射压力较小时树脂流速较慢，更容易渗透进入微米尺度的空腔内部。成型后AIFC0.1复合材料的重量和树脂重量含量相比VIFC0.3分别增加了10%和5%左右。

图5.2、图5.3和图5.4分别给出了三种复合材料的拉伸、弯曲和冲击性能。

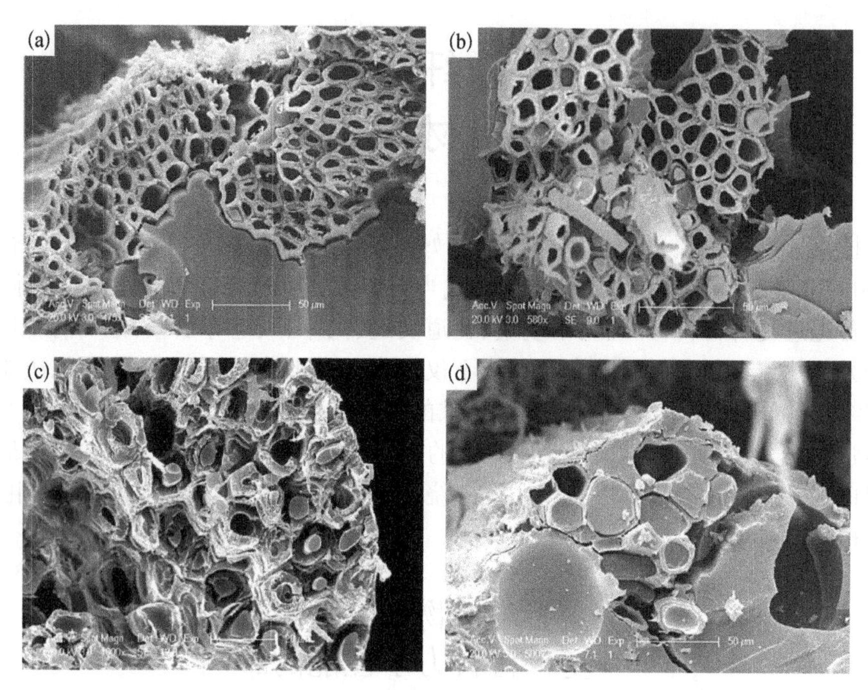

图 5.1　三种空腔填充率复合材料的截面微观形貌：(a) VIFC0.3;(b) AIFC0.3;(c) 和(d) AIFC0.1[VIF、AIF 分别为垂直、沿纤维方向注射成型,0.3、0.1 为注射压力(MPa)]

可以看出,剑麻纤维增强复合材料的拉伸强度和弯曲强度随着空腔填充率的增加而有较大幅度的提高。然而,复合材料的拉伸和弯曲模量变化不大,这主要是因为空腔中填充的环氧树脂模量比纤维的较低,因此并未起到明显的增刚作用。另外,虽然空腔中填充树脂对复合材料的最大冲击载荷没有明显影响[图 5.4(a)],但由于复合材料的断裂应变增加,使其吸收了更多的冲击能量,冲击强度有所提升[图 5.4(b)]。

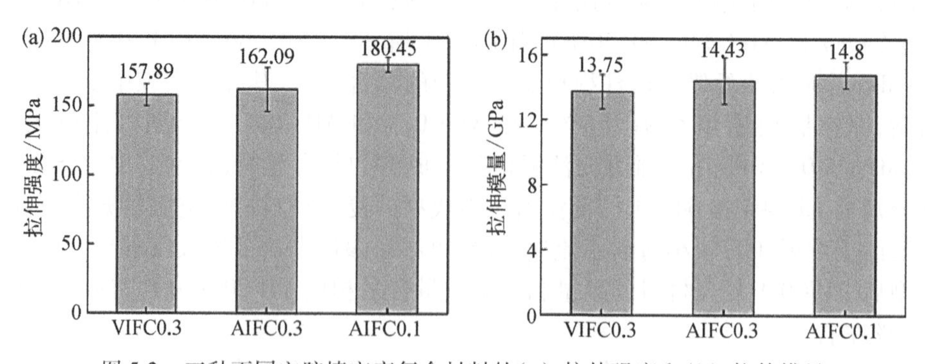

图 5.2　三种不同空腔填充率复合材料的(a) 拉伸强度和(b) 拉伸模量

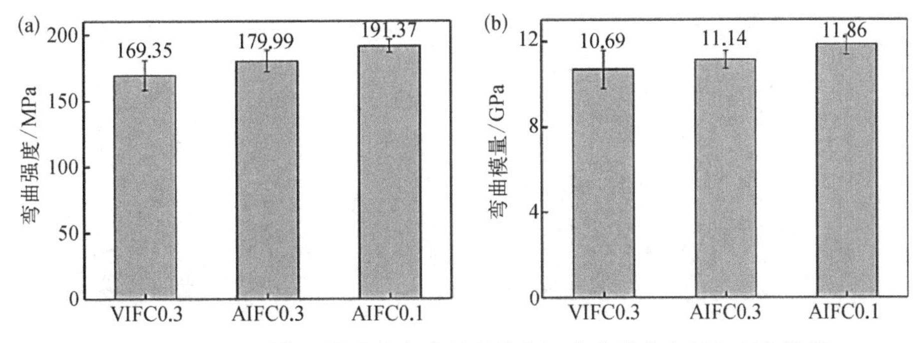

图 5.3 三种不同空腔填充率复合材料的(a) 弯曲强度和(b) 弯曲模量

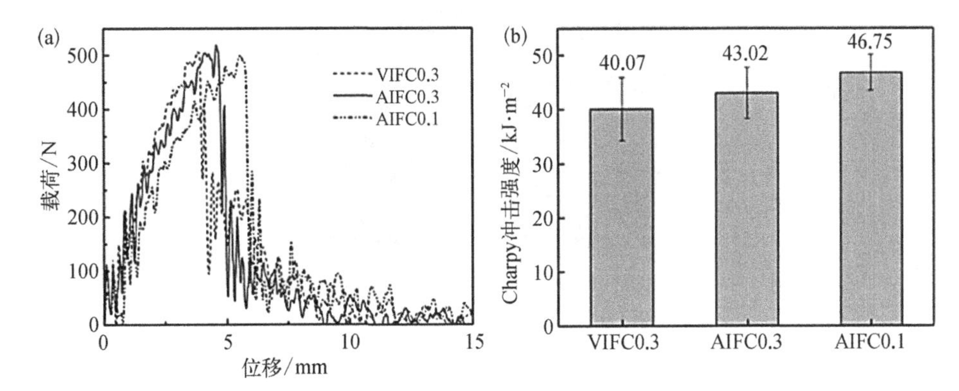

图 5.4 三种不同空腔填充率复合材料的(a) 典型的冲击载荷-位移曲线和(b) Charpy 冲击强度

对比这三种具有不同空腔填充率复合材料的拉伸破坏形貌,可以发现空腔中树脂的存在改变了植物纤维增强复合材料的破坏模式(图 5.5)。空腔中没有树脂填充的 VIFC0.3 复合材料仅发生了纤维断裂,而空腔中有部分树脂填充的 AIFC0.3 和 AIFC0.1 复合材料则有明显的空腔中树脂断裂并从空腔中拔出的现象。从图 5.6 AIFC0.1 和 VIFC0.3 复合材料破坏后的纤维形貌对比可以看出,AIFC0.1 中的纤维结构依然保持较为完整,没有被破坏,而 VIFC0.3 中的纤维则有明显的损伤,因此,空腔中填充树脂对纤维起到了一定程度的保护作用。空腔中填充的树脂可以有效地使应力传递到细胞纤维各壁层中的微纤丝上,促使微纤丝充分发挥其承载能力,有效提升复合材料的强度、断裂延伸率和冲击吸能。

通过声发射技术可以识别并提取复合材料失效过程中三种典型的声信号,即树脂基体开裂信号、纤维/基体界面脱黏信号和纤维断裂信号。这三种声信号波形可分别通过对环氧树脂进行拉伸、对单向剑麻纤维增强复合材料进行 90°拉伸(排

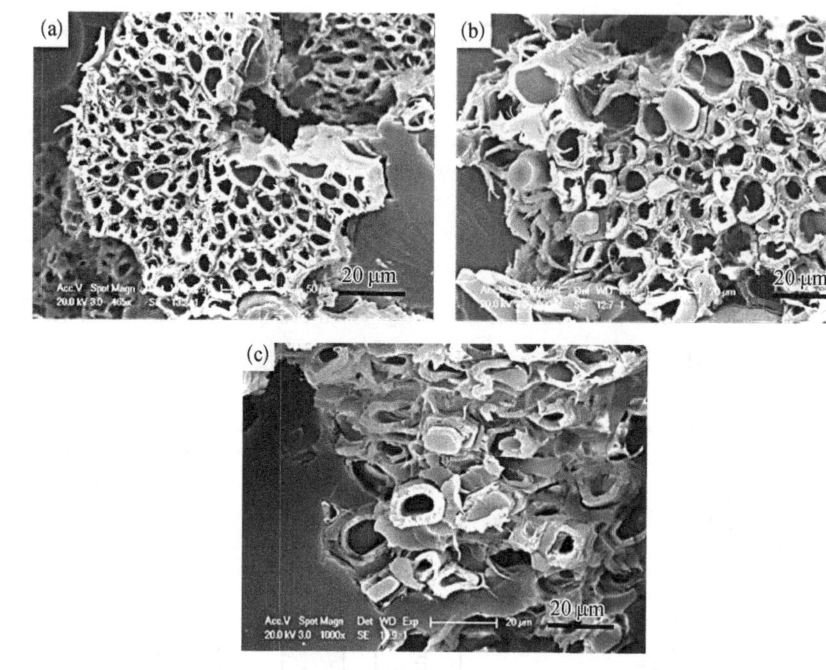

图 5.5　三种不同空腔填充率复合材料拉伸断面 SEM 形貌：
(a) VIFC0.3；(b) AIFC0.3；(c) AIFC0.1

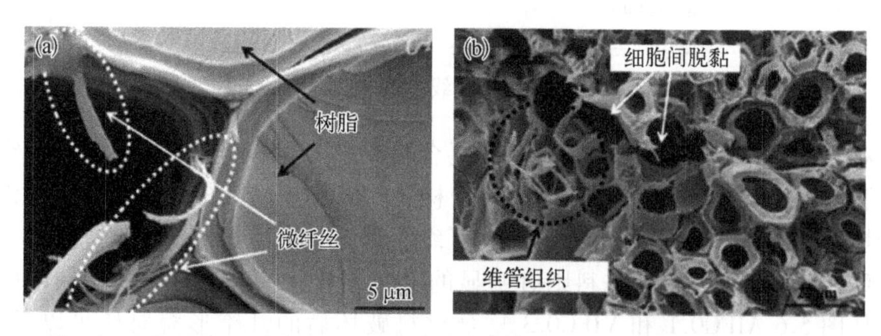

图 5.6　(a) AIFC0.1 和(b) VIFC0.3 复合材料拉伸破坏后剑麻纤维的微观形貌

除树脂基体开裂的信号）和对单向剑麻纤维增强复合材料沿纤维方向拉伸（排除基体开裂、纤维/基体脱黏的信号）获取（图 5.7）。再通过快速傅里叶变换（Fast Fourier Transform，FFT）将时域信号转换为频域信号（信号的频谱），同时提取出不同破坏模式产生声发射信号波形的特征频率（图 5.8）。其中，树脂基体开裂声发射信号特征频率主要集中在低频阶段（20～100 kHz），纤维/基体脱黏破坏特征频率主要集中在中频阶段（150～220 kHz），而纤维断裂特征频率主要集中在高频阶段（220～280 kHz）。

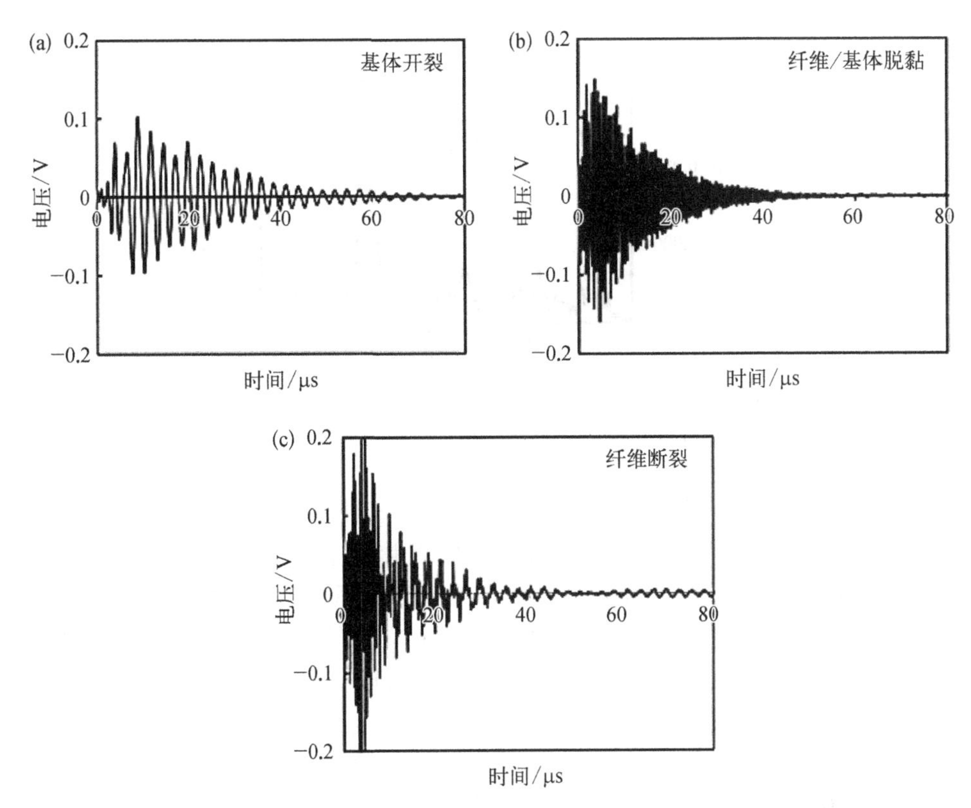

图 5.7 复合材料不同损伤机制对应声发射信号波形图：(a) 树脂基体开裂；(b) 纤维/基体脱黏；(c) 纤维断裂

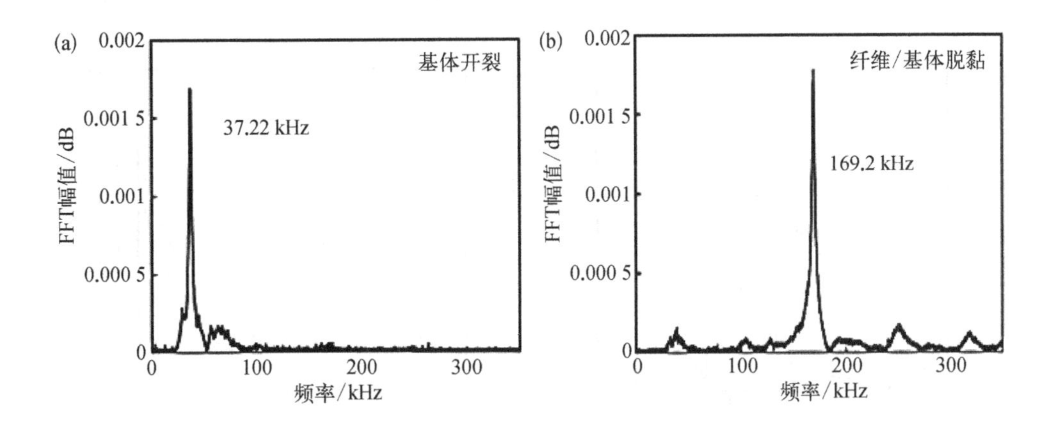

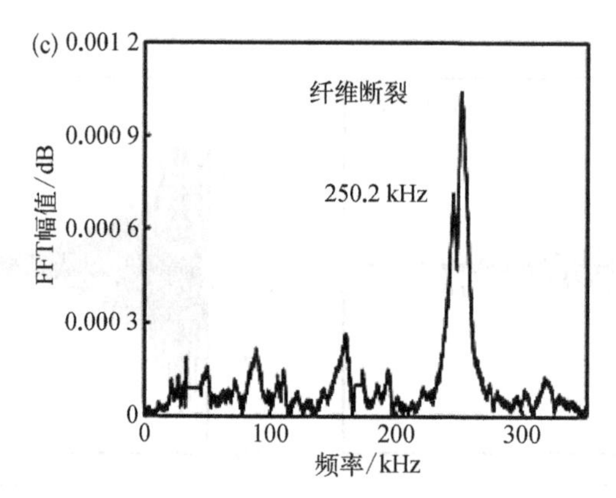

图 5.8　复合材料不同损伤机制所对应声发射信号 FFT 变换后的频谱图：
(a) 树脂基体开裂；(b) 纤维/基体脱黏；(c) 纤维断裂

以 FFT 变换分析声发射波形理论为基础，对三种复合材料在整个拉伸加载过程中释放出的声发射信号进行频谱分析与结果统计，即可获得三种复合材料损伤过程中基体开裂、纤维/基体脱黏和纤维断裂所释放声发射信号数目对应于拉伸应力-应变曲线的累积曲线，如图 5.9 所示。从图中可以看出，剑麻纤维增强复合材料的损伤破坏过程主要分为以下几个阶段：① 在复合材料拉伸初期，树脂基体首先发生开裂；② 随着拉伸载荷的增加，复合材料中纤维/基体开始发生脱黏，并随应力的增加而增大；③ 随着拉伸应力的持续增大，纤维发生断裂。在复合材料临近断裂前，三种声信号数量急剧上升。空腔填充率最高的 AIFC0.1 复合材料在拉伸过程中会比其他两种复合材料释放出更多树脂基体开裂的信号，这是由于空腔中的树脂也发生了断裂。另外，由于三种复合材料纤维体积含量相同，在整个拉伸过程中所释放出的纤维/基体脱黏和纤维断裂声信号累积量

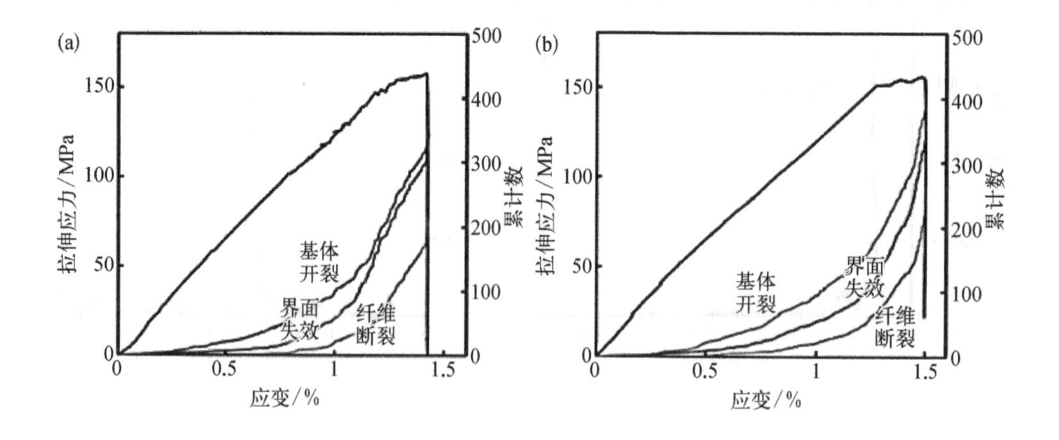

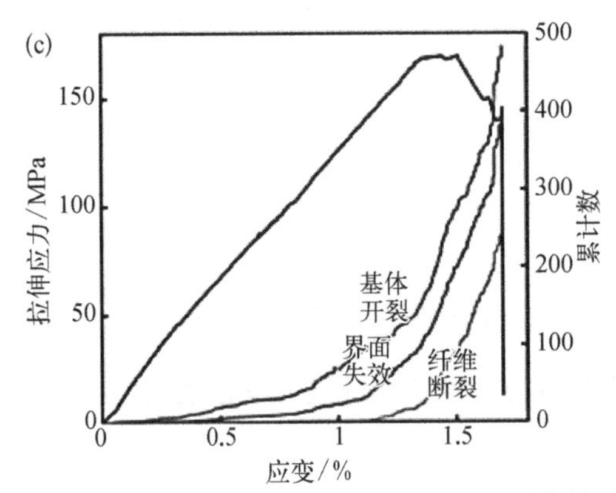

图 5.9 三种复合材料所产生基体开裂、纤维基体脱黏和纤维断裂声发射信号对应于拉伸应力-应变曲线的累积曲线：(a) VIFC0.3；(b) AIFC0.3；(c) AIFC0.1

也较为接近。然而，空腔中没有树脂填充的VIFC0.3复合材料在拉伸应变仅为0.8%时就已出现了纤维断裂的声信号，而AIFC0.1复合材料在拉伸应变为1.2%时才出现纤维断裂的声发射信号，这也进一步说明了树脂填充空腔可以起到裂纹桥联的作用，延缓裂纹在纤维中的扩展和纤维的破坏，从而使复合材料的强度、应变率以及能量吸收能力得到了有效的提升。其影响机制示意图如图5.10所示。

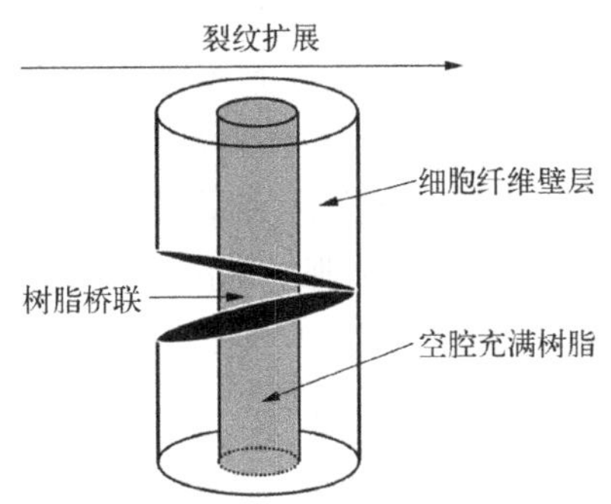

图 5.10 空腔内树脂桥联作用示意图

5.2 纱线打捻对植物纤维增强复合材料力学性能的影响

植物纤维提取于自然界中生长的植株，受植株生长长度限制(小于2 m)而具有有限的长度。而高性能复合材料通常是指连续纤维增强复合材料，其用途主要是承载。因此，若想获得连续植物纤维，通常需通过纺纱工艺将其制成连续纱线，其中纱线的捻度和纱线密度是纱线结构中最重要的两个基本结构参数。纱线捻度是利用纱线横截面间产生相对角位移，使原来伸直平行的纤维与纱轴发生倾斜以改变纱线结构。纱线密度是指单纱等单位长度的质量，是用来描述纱线粗细程度的指标，用纱线质量除以其长度即可得到纱线密度。目前，我国植物纤维纱线的纱线捻度和纱线密度等结构参数均是为满足纺织工业等的要求而确定的，并不一定适用作为复合材料的增强纤维,不合适的捻度和纱线密度甚至有可能会制约植物纤维增强复合材料力学性能的充分发挥。因此,探究纺纱打捻工艺、纱线捻度和纱线密度对植物纤维增强复合材料力学性能的影响对于优化植物纤维纱线结构并实现植物纤维增强复合材料的力学高性能化至关重要。由于植物纤维天然生长的特点,不同种类纤维存在较大差异。本节以纤维直径较大、纤维长度较长、便于实现加捻和解捻操作的剑麻纤维为例介绍捻度对复合材料力学性能的影响。以直径较小、易于实现不同线密度的苎麻纤维为例介绍纱线密度与复合材料力学性能的关系。

5.2.1　打捻工艺参数对植物纤维及其纱线力学性能的影响

1. 捻度对植物纤维及其纱线力学性能的影响

打捻工艺会对植物纤维的自身结构和性能带来一定的影响。通过比较打捻前后剑麻纤维拉伸强度、拉伸模量及直径的韦伯分布统计结果(表 5.1),可以发现打捻后纤维的拉伸性能及纤维直径均有明显的变化,拉伸强度和直径分别下降了 5%和 20%左右,而拉伸模量却提升了 15%左右。结合打捻前后纤维微观形貌的观察可以发现:打捻后,细胞纤维结构发生了一定程度的变化。在打捻工艺过程中外力的作用下,细胞纤维由原本多边形(图 5.11)变形至椭圆形(图 5.12),且部分细胞纤维结构发生了破坏。因此,由打捻引起的细胞纤维结构的变形与破坏导致了纤维拉伸强度的降低。

表 5.1　剑麻纤维打捻前后拉伸强度、模量及纤维直径韦伯统计结果

韦伯参数	纤维直径			拉伸强度			拉伸模量		
	m	$d/\mu m$	R^2	m	σ /MPa	R^2	m	E/GPa	R^2
未打捻纤维	6.69	239.73	0.96	5.17	447.53	0.90	2.54	33.65	0.96
打捻纤维	7.70	188.09	0.92	4.35	422.33	0.98	2.99	38.46	0.97

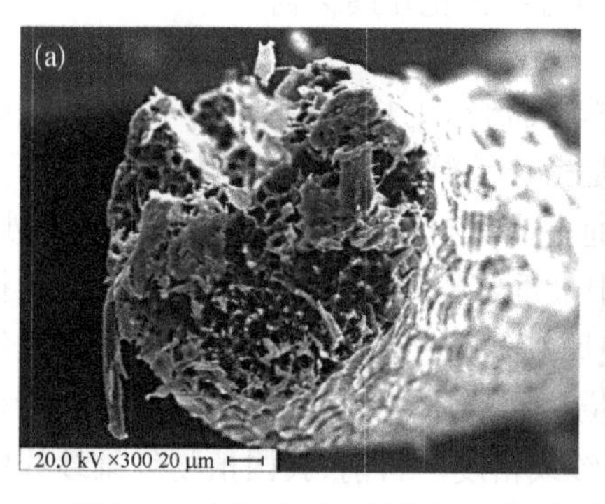

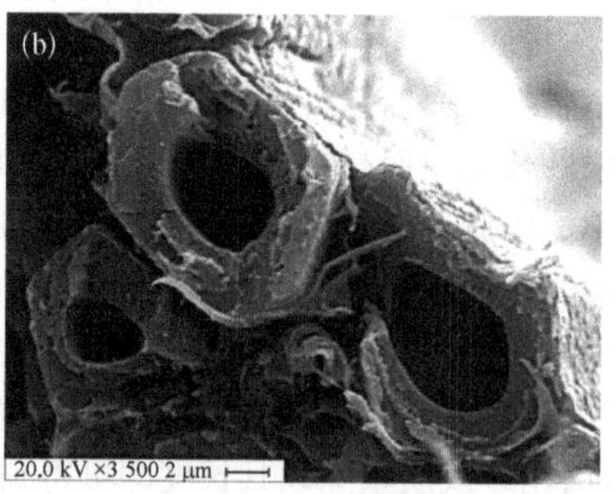

图 5.11　未打捻剑麻纤维截面微观形貌:(a) 纤维结构;(b) 细胞纤维结构

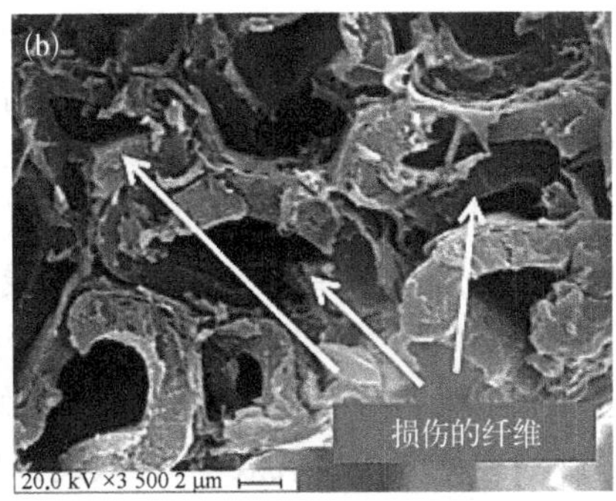

图 5.12 打捻后剑麻纤维截面微观形貌：(a) 纤维结构；(b) 细胞纤维结构

而在纤维打捻的过程中，由牵引和梳理等工序引入沿纤维方向的机械作用力会导致细胞纤维壁层中纤维素微纤丝的角度（MFA）减小（图 5.13），从而提升了打捻后纤维的拉伸模量。另外，部分剑麻细胞纤维内部以无定形形式存在的纤维素会在外部应力的作用下排列逐渐有序并取向，使得剑麻纤维结晶度提高，这可由 XRD 分析证实。打捻前后剑麻纤维（002）晶面衍射峰的位置都在 22°附近（图 5.14），这表明打捻工艺并未改变纤维结晶区的晶层距离。然而，打捻后剑麻纤维的结晶度由 67.56%上升到 72.09%。

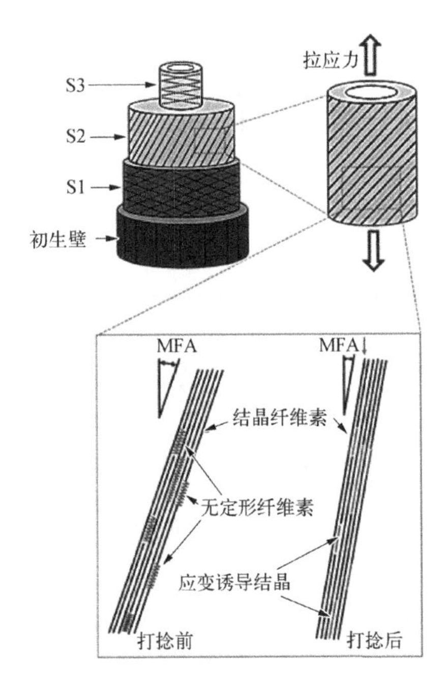

图 5.13 剑麻纤维中细胞纤维壁层纤维素微纤丝角度的变化示意图

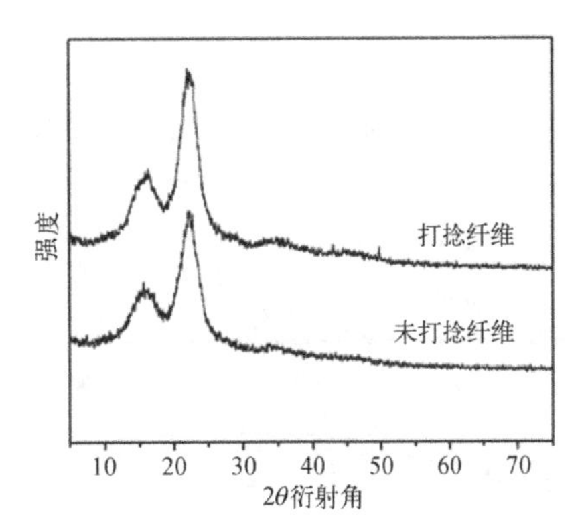

图 5.14 打捻前后剑麻纤维 XRD 测试结果

单纤维打捻后即可获得连续纱线。对于捻度较低的纱线来说,纤维间的摩擦力较小,纱线无法通过摩擦力将外部载荷传递到纤维上,降低了纤维的承载效率,导致低捻度纱线发生纤维滑移破坏[图 5.15(a)]。纱线中纤维间的摩擦力会随着纱线捻度的增高而增加,载荷可通过摩擦力有效地传递到每一根剑麻纤维上,提高纱线的承载能力,这时纤维断裂成为纱线的主要破坏模式[图 5.15(b)]。随着纱线捻度的持续增加,纤维的捻转角(即纤维与纱线轴向之间的夹角,如图 5.16 所示)逐渐增大,使得纱线中纤维的取向与承载方向的夹角不断增加(表 5.2),从而降低了纱线中纤维的承载效率,纱线的强度开始逐渐下降。然而,浸胶后剑麻纤维纱线力学性能变化的趋势与未浸胶纱线有着非常明显的区别,剑麻浸胶纱的拉伸强度随着纱线捻度的增加呈现出持续下降的趋势(图 5.17),其主要原因是浸胶纱的应力传递不仅仅依赖于纤维之间的摩擦力,树脂更是起到了良好的应力传递作用。因此,不同捻度浸胶纱的断裂模式皆为纤维断裂[如图 5.15(c)]。

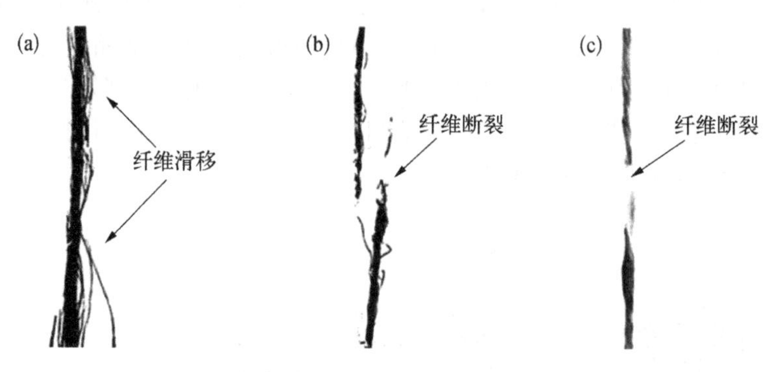

图 5.15　剑麻纱线(a) 20 tpm 纱线、(b) 150 tpm 纱线和(c) 90 tpm 浸胶纱拉伸破坏形貌

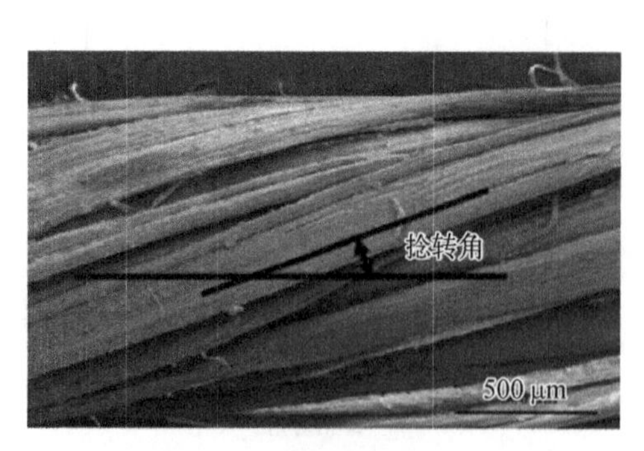

图 5.16　剑麻纱线(90 tpm) SEM 微观形貌

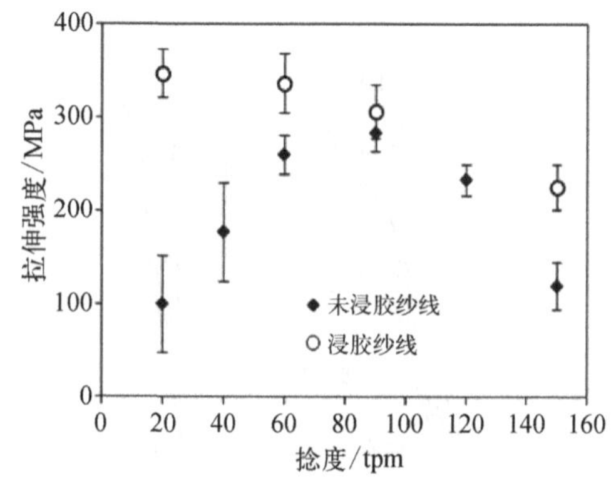

图 5.17　不同捻度下剑麻干纱及浸胶纱的拉伸强度

表 5.2　不同捻度剑麻纱线中纤维的表面和平均捻转角

纱线捻度/tpm	表面捻转角/(°)	平均捻转角/(°)
20	3.702	2.135
60	10.987	7.636
90	16.237	11.285
150	25.891	17.994

2. 线密度对植物纤维单纤维力学性能的影响

纱线的线密度也是植物纤维纱线结构参数中的一项重要指标。以苎麻纱线为例,由图 5.18 可以看出,纱线的直径随线密度的增加而逐渐增大,而杂乱无章的纤维更多。这是由于在低密度纱线的制备过程中,通常需要通过更多的环锭纺纱工艺(即牵引和梳理过程),其中梳理工序可以有效去除苎麻纱线上原本杂乱无章的纤维,同时性能较差的纤维也会在牵引和梳理工序机械力的作用下被拉断从而有效地被去除。因此,从表 5.3 中不同线密度苎麻纱线中提取的苎麻单纤维的强度可以看出,经历纺纱工序较多的低线密度纱线中的单纤维强度会稍高于高线密度纱线中的单纤维强度。然而,并非线密度越低,纱线中的单纤维强度越高。过多的纺纱工艺过程中的机械力作用也会破坏纱线中植物纤维的结构,并对纤维造成损伤(图 5.19),从而降低单纤维的力学性能。

表 5.3　不同线密度苎麻纱线的参数及从纱线中提取的苎麻单纤维强度

纱线类别	线密度/tex	表面捻转角/(°)	单纤维拉伸强度/MPa
SRY16	16	20.6± 1.6	541.63±174.61
SRY27	27	19.8± 2.2	568.70±238.01
SRY67	67	20.3± 1.8	574.95±242.25
SRY202	202	22.5± 3.4	529.94±259.52
PRY64	64×2	10.8± 3.6	564.46±164.83
PRY182	182×2	11.9± 4.8	526.62±348.13

注:SRY(single ramie yarn)代表单股苎麻纱线;PRY(plied ramie yarn)代表双股苎麻纱线;数字代表苎麻纱线的平均线密度。

通过对不同线密度纱线中单纤维的拉伸强度进行统计发现(图 5.20),低线密度纱线(SRY16)中单纤维强度分散性较小,介于 250~950 MPa;而双股高密度纱线(PRY182)中单纤维强度最低可低于 200 MPa,最高可达 1 400 MPa 以上,分散性较大。这一结果进一步说明了纺纱工艺中的梳理和牵引工序一方面可以有效去除纱线中拉伸强度较低的纤维,从而降低植物纤维纱线中单纤维拉伸强度的分散性;另一方面,过度的纺纱工艺对纤维造成的损伤也会降低单纤维的拉伸强度。

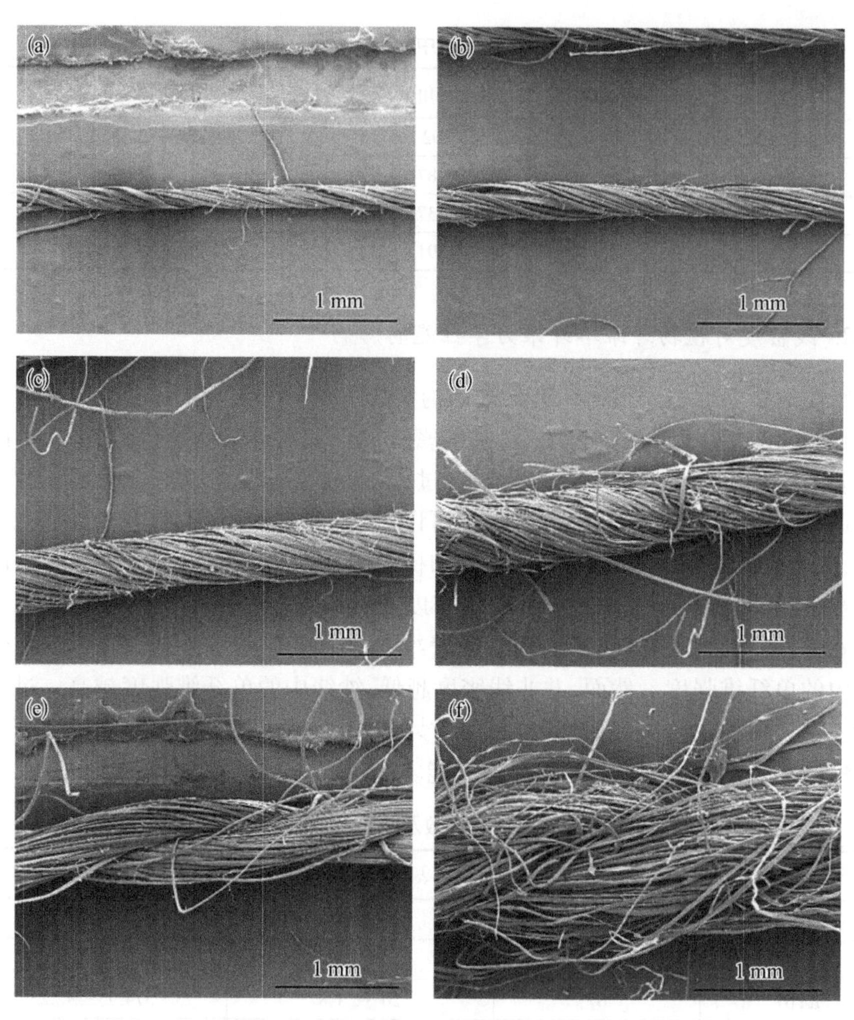

图 5.18　不同线密度苎麻纱线的微观形貌：(a) SRY16；(b) SRY27；(c) SRY67；(d) SRY202；(e) PRY64；(f) PRY182

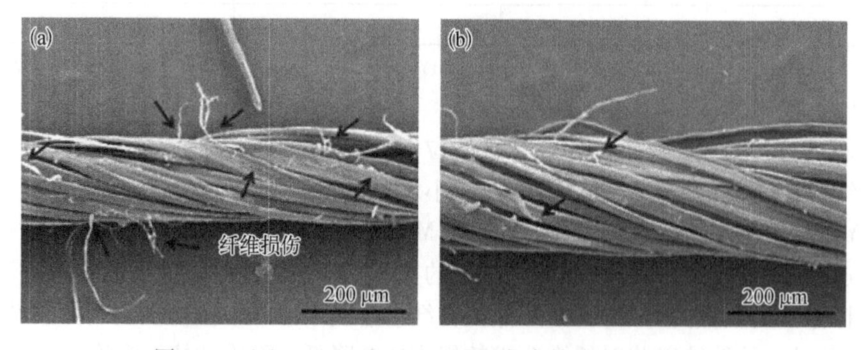

图 5.19　(a) SRY16 和(b) SRY27 苎麻纱线的微观形貌

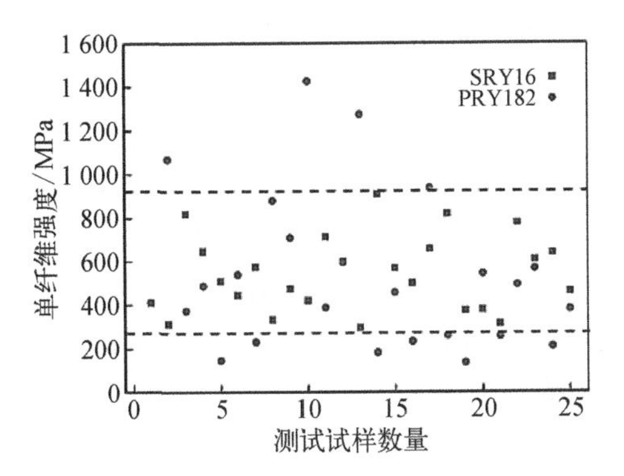

图 5.20 SRY16 和 PRY182 苎麻纱线中单纤维强度的分布情况

5.2.2 打捻工艺参数对植物纤维增强复合材料力学性能的影响

1. 捻度对植物纤维增强复合材料拉伸性能的影响

纱线的捻度不仅对植物单纤维及其纱线的力学性能有显著影响,对采用其制成的复合材料力学性能的影响也很大。图 5.21 比较了不同捻度的剑麻纤维纱线增强复合材料以及玻璃纤维增强复合材料的比拉伸强度和比拉伸模量。可以看出,剑麻纤维增强复合材料的比拉伸强度随着纱线捻度的增加呈快速下降的趋势[图 5.21(a)]。相比无捻纱线增强复合材料,当纱线捻度达到 150 tpm 时,其复合材料的比拉伸强度下降幅度超过了 70%。另外,复合材料的比拉伸模量也随着纱线捻度的增加而下降。当纱线捻度为 150 tpm 时,复合材料的比拉伸模量下降了近 60%[图 5.21(b)]。此外,由于植物纤维的密度较低,无捻和低捻度的剑麻纱线增强复合材料的比拉伸模量已可与玻璃纤维增强复合材料相媲美,甚至高于玻璃纤维增强复合材料。

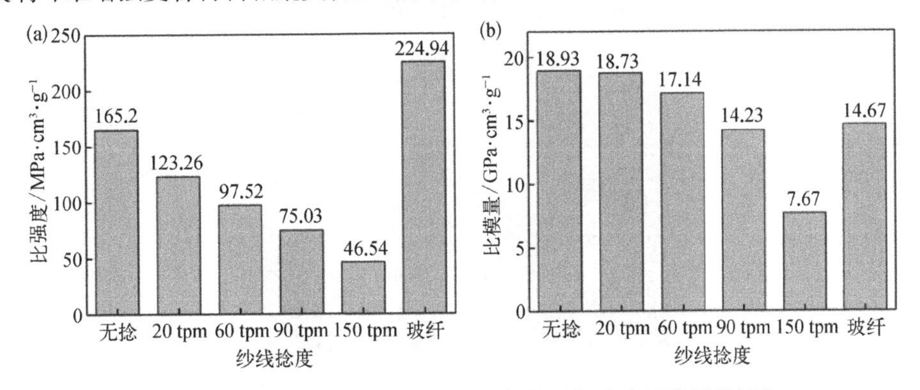

图 5.21 不同捻度剑麻纱线增强复合材料与玻璃纤维增强复合材料拉伸性能对比:(a) 比强度;(b) 比模量

通过分析比较不同捻度纱线增强复合材料横截面的微观结构,可以发现无捻剑麻纤维增强复合材料中基本没有孔隙的存在[图 5.22(a)],然而,随着纱线捻度的增加,复合材料中的孔隙逐渐增多。这是由于纱线捻度越高,树脂渗透到纱线内部的难度越大,使得纱线内部产生孔隙等缺陷。从表 5.4 中可以看出,复合材料的孔隙率随着纱线捻度的增大呈明显上升趋势,当纱线捻度增加到 150 tpm 时,复合材料的孔隙率已超过 3%。而孔隙的存在会引起复合材料力学性能的下降。此外,随着纱线捻度的增大,纱线中纤维的取向角增大,纤维的承载效率下降,也会导致复合材料的力学性能下降。

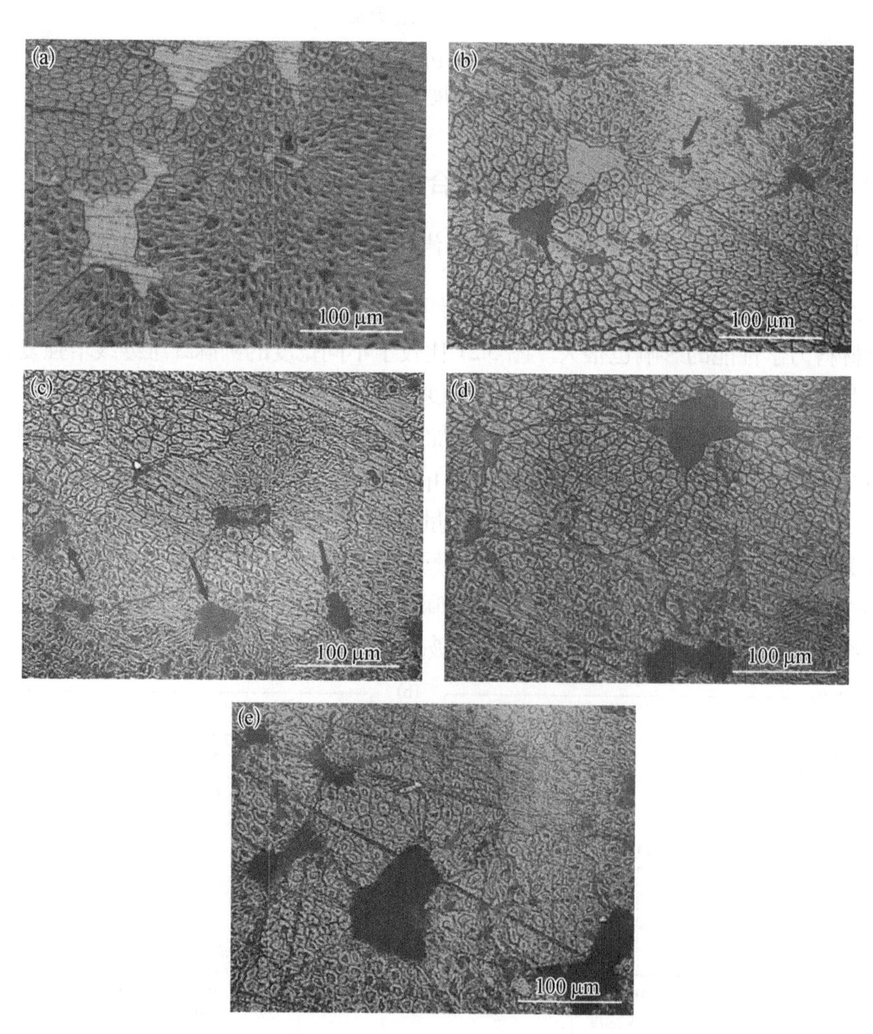

图 5.22　不同捻度剑麻纱线增强复合材料中的孔隙分布:(a) 无捻;(b) 20 tpm;(c) 60 tpm;(d) 90 tpm;(e) 150 tpm

表 5.4 不同捻度剑麻纱线增强复合材料的孔隙率

纱线捻度/tpm	复合材料孔隙率/%	纱线捻度/tpm	复合材料孔隙率/%
20	1.33	90	1.87
60	1.57	150	3.21

2. 线密度对植物纤维增强复合材料拉伸性能的影响

图 5.23 给出了由具有不同线密度苎麻纱线制成的复合材料的拉伸性能。可以发现,具有中等线密度的复合材料具有最高的拉伸强度。这一结果与从不同线密度纱线中提取的单纤维强度变化规律相似,过度的纺纱工艺对单纤维的损伤会导致低线密度纱线增强复合材料的强度下降。而较高线密度纱线中的单纤维强度较低,因此其增强复合材料的力学性能也较低。另外,随着纱线直径的增加,在制备过程中树脂对纱线的浸润变得越发困难,使得复合材料内部的孔隙增多,且绝大部分孔隙分布在纱线的内部(图 5.24)。因此,高线密度纱线较低的单纤维力学性能及其复合材料中较高的孔隙含量使得其增强的复合材料拉伸强度明显低于低密度纱线制成的复合材料。另外,具有中等线密度的 PRY64 纱线增强复合材料由于纱线中纤维的捻转角最小(表 5.3)而具有最高的拉伸模量[图 5.23(b)]。

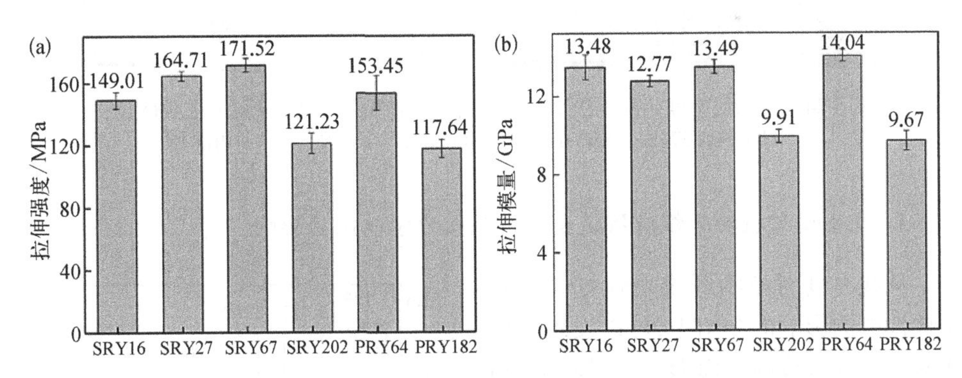

图 5.23 不同线密度苎麻纱线增强复合材料层合板的拉伸性能:(a) 拉伸强度;(b) 拉伸模量

通过观察不同线密度纱线增强复合材料层合板拉伸破坏后的试样横截面(图 5.24)可以发现,具有低线密度和中等线密度的纱线被树脂充分浸润,可在复合材料中有效地传递应力,因此其复合材料的破坏形式主要以纤维断裂为主。相反,由于树脂对高线密度纱线的浸润难度大,因此其复合材料的破坏模式以纱线中的纤维拔出为主。

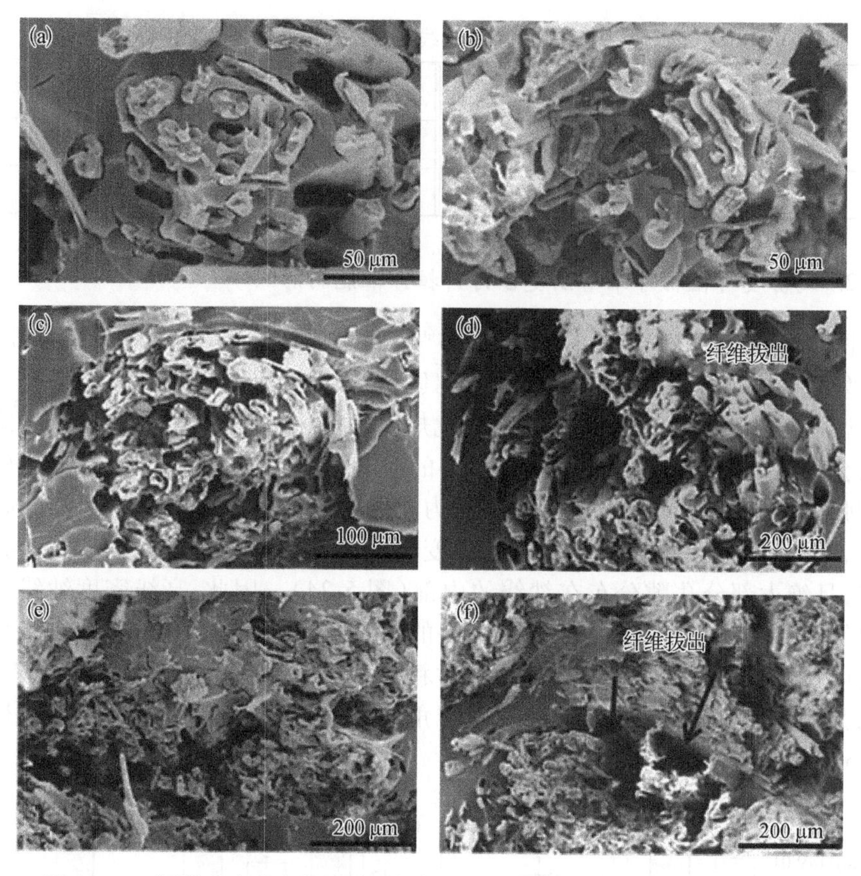

图 5.24　不同线密度苎麻纱线增强复合材料拉伸破坏微观形貌：(a) SRY16；(b) SRY27；(c) SRY67；(d) SRY202；(e) PRY64；(f) PRY182

3. 线密度对植物纤维增强复合材料层间力学性能的影响

从线密度对植物纤维增强复合材料拉伸性能的影响的介绍中，可以发现不同线密度苎麻纱线的表面形貌差异较大，树脂对其浸润程度也有很大不同，这将对由不同线密度纱线所制备的复合材料层间性能造成影响。事实上，低线密度纱线增强复合材料的 I 型层间断裂韧性明显高于高线密度纱线增强复合材料(图 5.25)，这说明低线密度纱线增强复合材料抵抗裂纹扩展的能力更强。

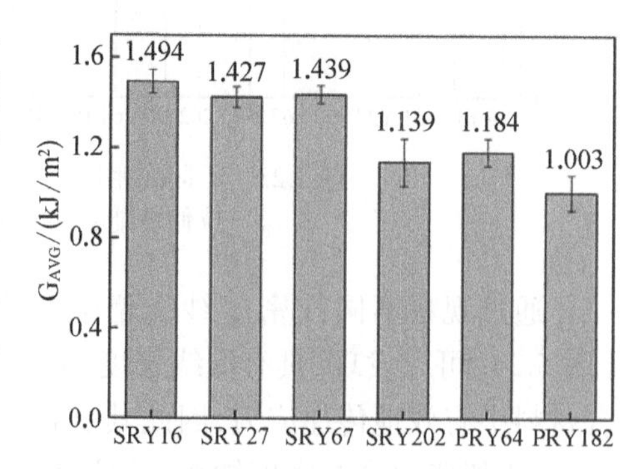

图 5.25　不同线密度苎麻纱线增强复合材料层合板的 I 型层间断裂韧性

通过观察不同线密度苎麻纱线增强复合材料双悬臂梁(double cantilever beam, DCB)试验破坏后的宏观形貌(图 5.26)可以发现,低线密度纱线由于直径较小,相邻两层纱线之间的接触比表面积增大,这为纱线中的单纤维提供了更多的纤维缠结和纤维桥联的机会,因此其增强复合材料在试验过程中呈现出较为明显的纤维桥联现象,有效地阻碍和延缓裂纹的扩展,同时消耗更多的能量。另外,由纤维桥联导致的移层现象可以有效延长裂纹扩展的路径,这也是低线密度纱线复合材料具有较高层间断裂韧性的原因之一。而高线密度纱线增强复合材料试样破坏的表面则较为光滑平整,较少出现纤维桥联现象。此外,高线密度纱线增强复合材料由树脂浸润困难所带来的高孔隙含量也是导致其抵抗层间裂纹扩展能力降低的原因。

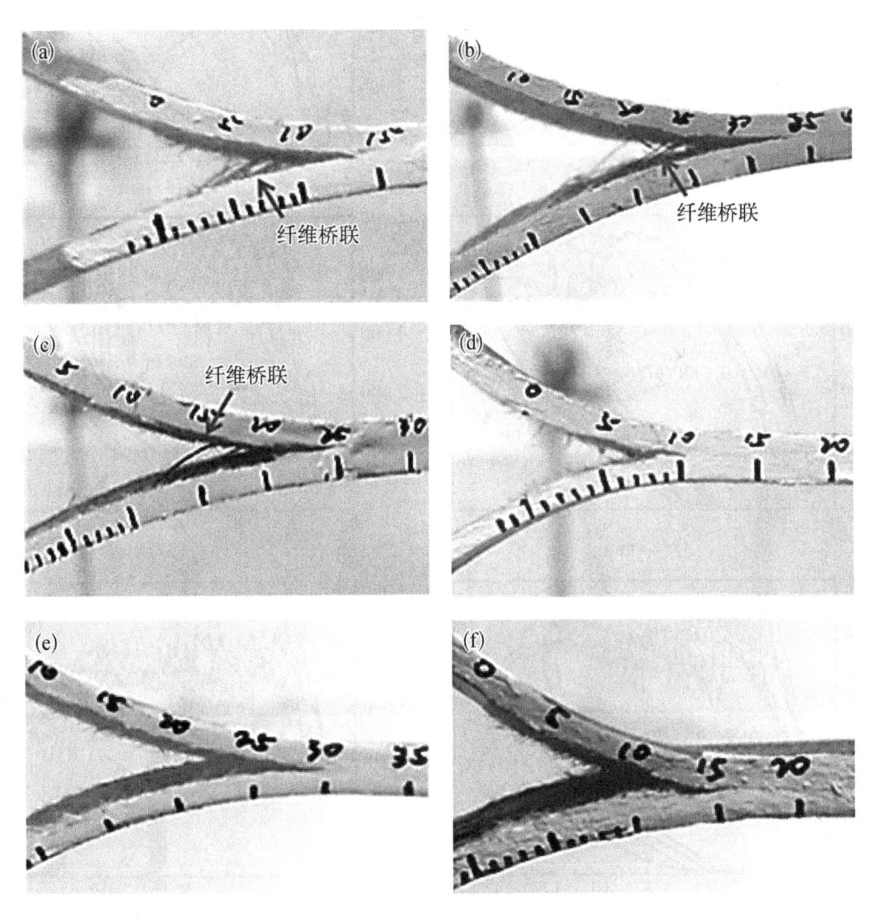

图 5.26　不同线密度苎麻纱线增强复合材料层合板 DCB 试验宏观破坏形貌:(a) SRY16;(b) SRY27;(c) SRY67;(d) SRY202;(e) PRY64;(f) PRY182

4. 线密度对植物纤维增强复合材料冲击性能的影响

从线密度对复合材料低速冲击响应的影响可以发现,不同线密度纱线增强复合材料的低速冲击响应有较大不同。其中,SRY27 和 SRY67 纱线增强复合材料层合板的冲击载荷破坏阈值明显高于其他几种苎麻纱线增强复合材料(图 5.27),这主要是因为这两种复合材料具有相对较高的拉伸强度,从而使其具有较强的抵抗

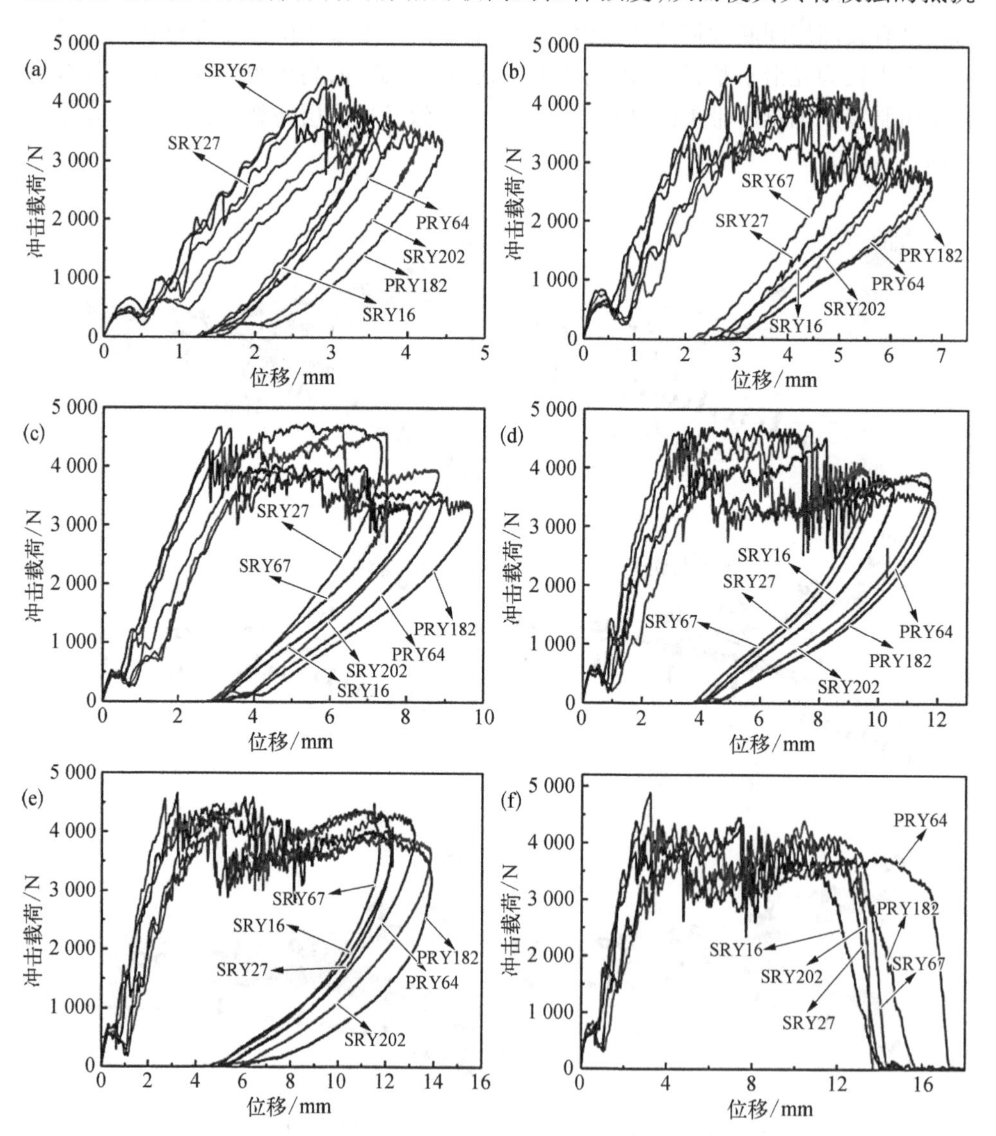

图 5.27　不同冲击能量下不同线密度苎麻纱线增强复合材料层合板冲击载荷-位移曲线: (a) 10 J;(b) 20 J;(c) 30 J;(d) 40 J;(e) 50 J;(f) 60 J

冲击初始破坏的能力。另外，较低线密度纱线(SRY16、SRY27 和 SRY67)增强复合材料受冲击载荷时层合板的整体刚度(冲击载荷-位移曲线斜率)要高于高线密度纱线(SRY202、PRY64 和 PRY182)增强复合材料，这一结果与复合材料层合板拉伸模量结果变化趋势较为相似。

通过计算力-位移曲线下的面积可以获得复合材料所吸收的能量(图 5.28)，几种不同线密度纱线增强复合材料在未发生穿透破坏之前主要通过基体开裂、分层破坏和纤维断裂三种破坏模式吸收能量，且能量吸收能力较为接近。低线密度纱线增强复合材料主要通过纤维断裂吸收冲击能量。而通过超声 C 扫描无损检测方法检查不同线密度纱线增强复合材料的损伤面积(图 5.29)可以看出，高线密度纱线(SRY202、PRY64 和 PRY182)增强复合材料的损伤面积均明显大于较低线密度纱线(SRY16、SRY27 和 SRY67)增强复合材料，这说明了前者发生的分层破坏更多。高线密度纱线增强复合材料主要通过纤维的拔出和断裂及分层破坏吸收冲击能量。

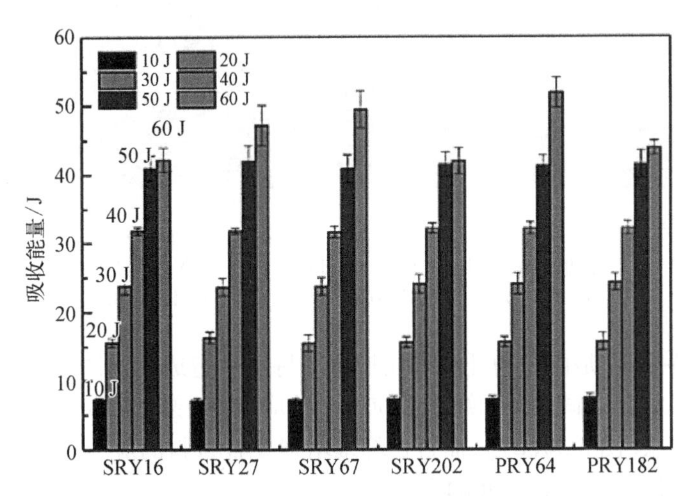

图 5.28 不同线密度苎麻纱线增强复合材料在冲击过程中所吸收的能量

值得注意的是，SRY27、SRY67 和 PRY64 这三种纱线增强复合材料在发生冲击穿透时吸收的能量相对其他线密度纱线增强复合材料要高。这主要是因为 SRY27 和 SRY67 纱线增强复合材料的拉伸强度相对较高，因此复合材料发生纤维断裂时所吸收的冲击能量更大。虽然 PRY64 纱线增强复合材料的拉伸强度略低于以上两种复合材料，但该种复合材料还通过分层破坏吸收部分冲击能量，使得其在发生冲击穿透过程中吸收的冲击能量最多。

5. 植物纤维增强复合材料的打捻非线性力学行为

在前期的研究中，发现植物纤维增强复合材料在拉伸的初始阶段即呈现出明

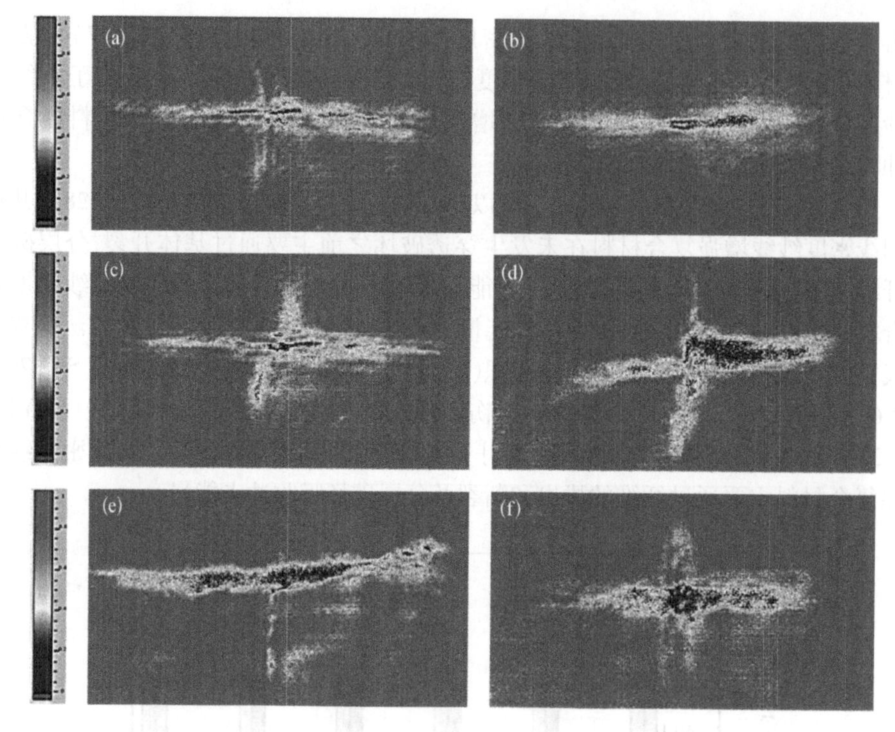

图 5.29　不同线密度苎麻纱线增强复合材料层合板在 40 J 冲击能量下冲击后的超声 C 扫描图像：(a) SRY16；(b) SRY27；(c) SRY67；(d) SRY202；(e) PRY64；(f) PRY182

显的非线性特征，这是由植物纤维纱线打捻的特点所造成的。图 5.30 给出了无捻剑麻纤维增强复合材料在沿纤维方向拉伸时的应力-应变关系，可以看出其呈现出典型的线性关系[图 5.30(a)]，而打捻纤维增强复合材料的应力-应变关系则呈现出明显的非线性特征[图 5.30(b)]。

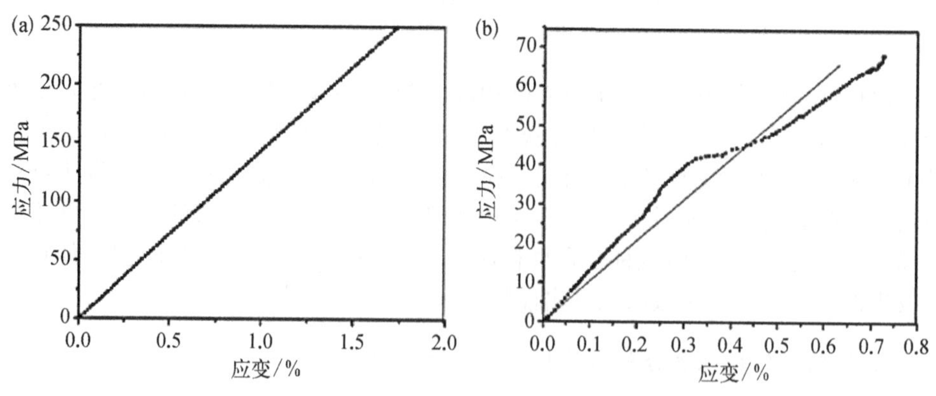

图 5.30　(a) 无捻和(b) 打捻剑麻纤维增强复合材料应力-应变关系

为了更好地分析植物纤维增强复合材料非线性力学行为的机制，首先对打捻剑麻纤维增强复合材料的拉伸应力-应变关系进行非线性拟合，得到如下函数关系式：

$$y = -1.073\,93 + 213.788\,7x - 243.403\,5x^2 + 148.682\,31x^3 \tag{5.1}$$

通过对上述关系式求导，可以得到斜率随应变变化的函数关系式[式(5.2)]和关系曲线(图5.31)。如果将曲线斜率作为评价材料变形能力的模量，可以发现，复合材料模量随外载荷及应变的增加，呈先下降后上升的趋势，直至材料发生破坏。

$$\frac{dy}{dx} = 213.788\,7 - 427.577\,4x + 446.046\,93x^2 \tag{5.2}$$

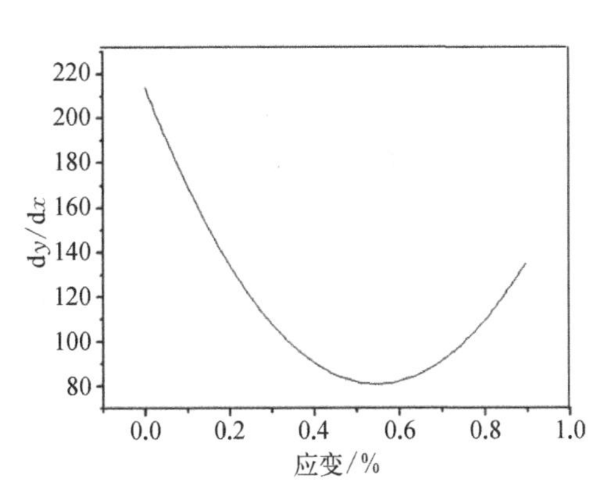

图5.31 拟合曲线的斜率变化曲线

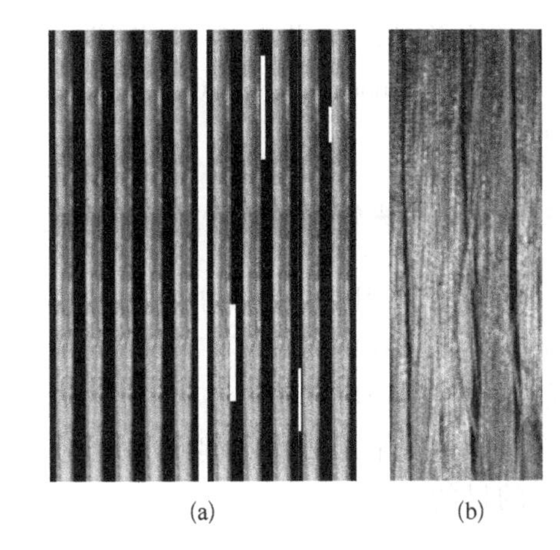

图5.32 (a)复合材料开裂示意图(黑色部分代表基体，灰色部分代表打捻剑麻纤维束)；(b)打捻剑麻纤维增强复合材料拉伸破坏试样界面开裂形貌

由于捻度的存在，使得打捻纤维束与树脂基体的浸润性比无捻纤维束较差。随着拉伸载荷的增加，打捻纤维束受轴向拉力作用产生一定程度的旋转，导致纤维与基体界面处产生裂纹[图5.32(a)]。裂纹随载荷的增加而逐步扩展，导致基体对纤维束变形的约束作用呈现下降趋势，即复合材料变形的能力增强，因此弹性模量呈现下降趋势。在相同加载情况下，打捻剑麻纤维增强复合材料比未打捻剑麻纤维增强复合材料更早失效，因此打捻剑麻纤维增强复合材料的强度更低。从单向打捻剑麻纱线增强复合材料试样的破坏形貌可观察到裂纹出现在相邻打捻纤维束之间[图5.32(b)]。而在加载后期，打捻纤维束与基体间的界面破坏达到一定程度后，裂纹不再明显扩展，此时纤维束对于复合材料变形起主要作用，复合材料

抵抗变形能力增强,因此应力-应变关系曲线斜率上升。

5.3　纳米改性植物纤维增强复合材料的力学性能

植物纤维具有独特的多层级结构,且最小结构尺度为纳米量级,这使得其增强复合材料具有复杂的力学行为和损伤失效模式。植物纤维的主要成分是纤维素,含有大量亲水性的羟基,使得植物纤维与憎水性高分子基体之间的界面黏结性较差,导致这种复合材料的力学性能未能得到充分发挥。尽管目前已有针对植物纤维增强复合材料界面改性的物理和化学方法,然而近年来,针对植物纤维的多层级及纳米尺度结构,采用纳米改性技术实现其增强复合材料界面性能的提升引起了较大的关注。本节以碳纳米管(carbon nanotube, CNT)和纳米微晶纤维素(cellulose nanocrystal, CNC)改性技术为例,介绍纳米改性植物纤维增强复合材料的力学性能。

5.3.1　碳纳米管改性植物纤维增强复合材料的力学性能

碳纳米管以其优异的力学、热学和电学性能以及相对成熟的制备技术等优势在复合材料中得到了广泛的应用。植物纤维表面有大量羟基基团,这些基团的存在使得植物纤维具有较活泼的化学性质,因此,可将碳纳米管官能团化,从而与植物纤维形成化学键或氢键连接,达到改善植物纤维增强复合材料力学性能的目的。

1. 碳纳米管改性植物纤维增强复合材料的纤维/基体界面性能

图 5.33 给出了碳纳米管含量对由纱线拔出实验测出的亚麻纱线/环氧界面剪切强度(interfacial shear strength, IFSS)的影响。可以看出,不同含量碳纳米管处理的亚麻纱线 IFSS 均比未添加碳纳米管的高,尤其是当碳纳米管含量为 1%时,IFSS 的提升幅度非常明显,达到了 55 MPa,提升了 26%。在碳纳米管含量为 1%和 2%的亚麻纱线拔出后的纤维表面可见微纤丝(植物纤维细胞纤维壁层的典型结构),这说明细胞纤维壁层已发生了剥离破坏[图 5.34(g)、(h)]。另外,在碳纳米管含量为 2%的纱线上可见碳纳米管呈密集分布[图 5.34(h)],这种碳纳米管的团聚现象导致其 IFSS 比 1%碳纳米管含量的复合材料较低。因此,可以看出,随着碳纳米管的添加及含量的增加,亚麻纤维增强复合材料的界面从干净的纤维和基体间的界面脱黏,发展到包括细胞纤维之间、细胞纤维各壁层之间的微观和纳观尺度的多层级的界面破坏,因此,复合材料的界面性能得以提升。

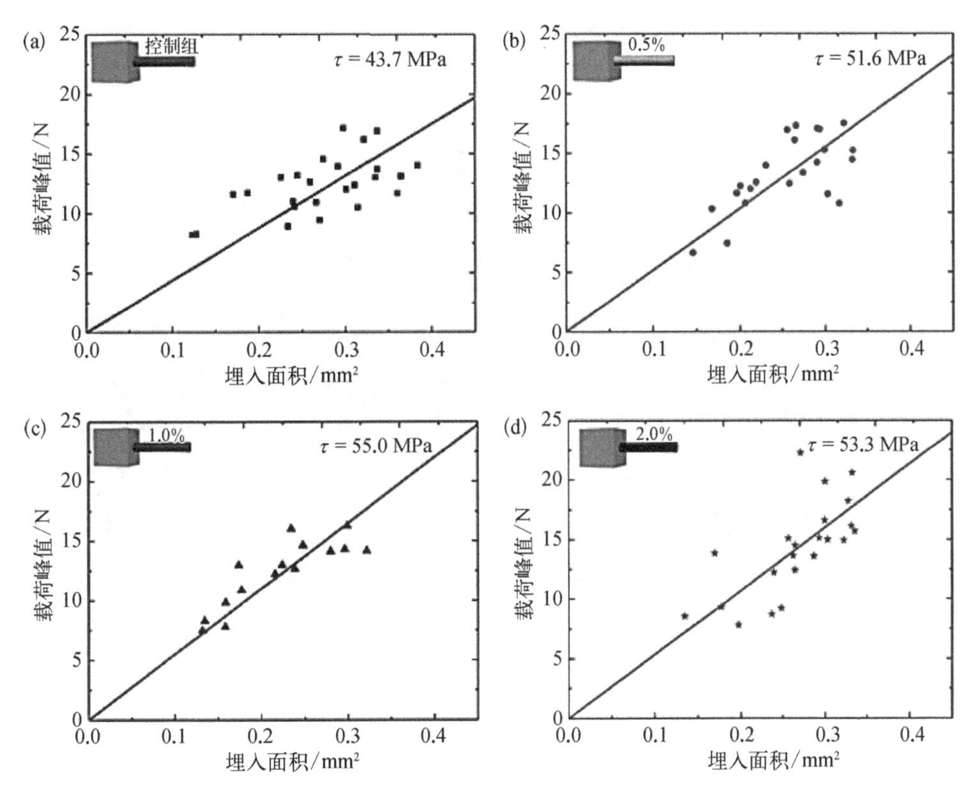

图 5.33 碳纳米管含量对亚麻纱线/环氧复合材料 IFSS 性能的影响：(a)控制组；(b) 0.5%；(c) 1.0%；(d) 2.0%

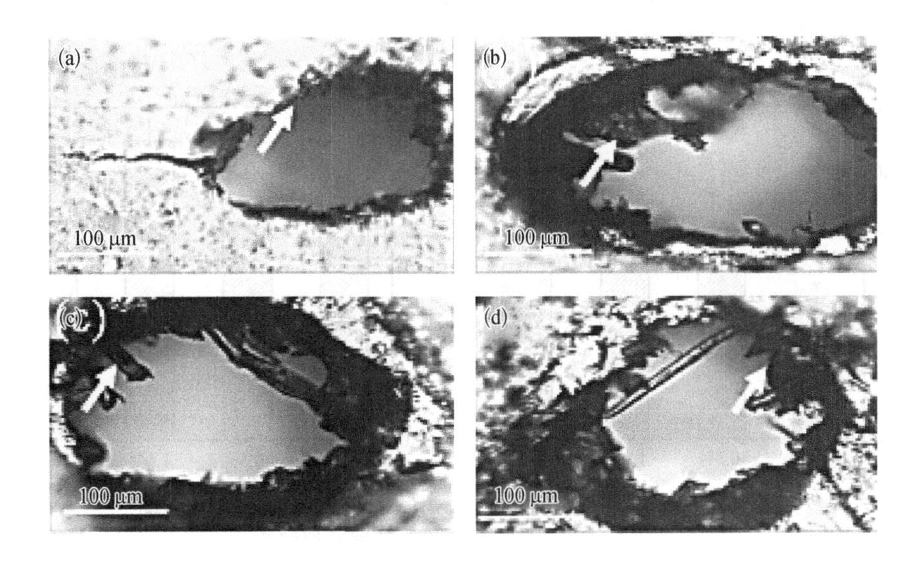

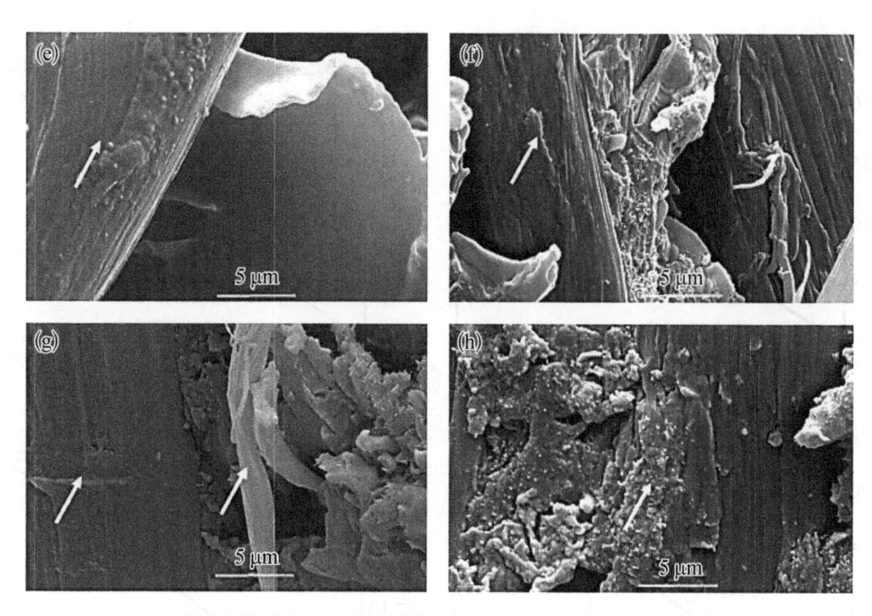

图 5.34　碳纳米管含量对亚麻纱线/环氧复合材料拔出断裂形貌的影响：(a)、(e) 控制组；(b)、(f) 0.5%；(c)、(g) 1.0%；(d)、(h) 2.0%

2. 纳米管改性植物纤维增强复合材料的层间断裂韧性

图 5.35 给出了通过 DCB 实验测得的碳纳米管改性亚麻纤维增强复合材料的层间断裂韧性。可以看到，碳纳米管改性后的亚麻纤维增强复合材料的 I 型层间断裂韧性得到明显提升，特别是碳纳米管含量为 1%时，复合材料的初始和扩展断裂韧性分别提高了 25%和 31%。

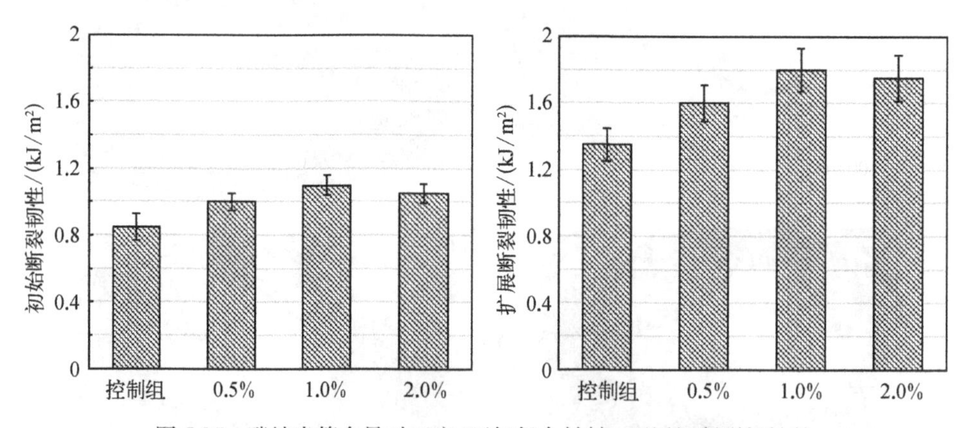

图 5.35　碳纳米管含量对亚麻/环氧复合材料 I 型层间断裂韧性的影响：(a) 初始断裂韧性；(b) 扩展断裂韧性

通过对 DCB 实验测试后复合材料试样分层面进行观察(图 5.36)可以发现,未经碳纳米管改性的复合材料分层面上的纤维表面光滑,无树脂黏附,并且纤维损伤较少,主要失效模式为纤维与基体的界面脱黏。相比之下,1%含量碳纳米管改性复合材料的分层面上有大量纤维的撕裂和剥离,纤维与基体界面处通过碳纳米管的机械咬合作用有效地连接了纤维和基体,复合材料的主要失效模式为亚麻纤维自身结构的破坏。由于碳纳米管的存在,使得纤维与基体间的界面性能得到显著改善,复合材料层间抵抗裂纹扩展的能力增大。此外,纤维素微纤丝从亚麻纤维上剥离所产生的摩擦力及断裂面积的增大使得复合材料层间裂纹的扩展所需要的能量更多。因此,复合材料的层间断裂韧性提高。

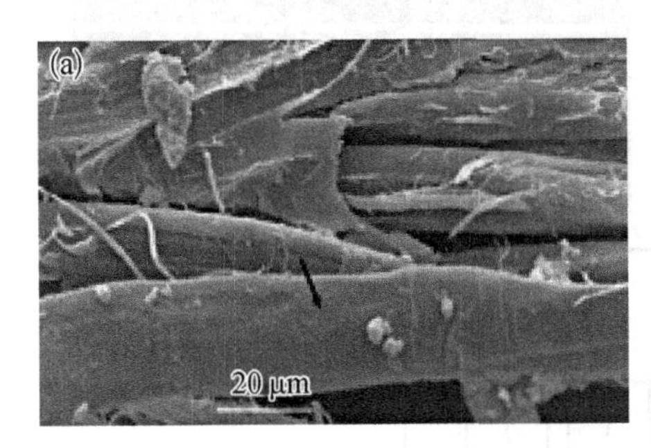

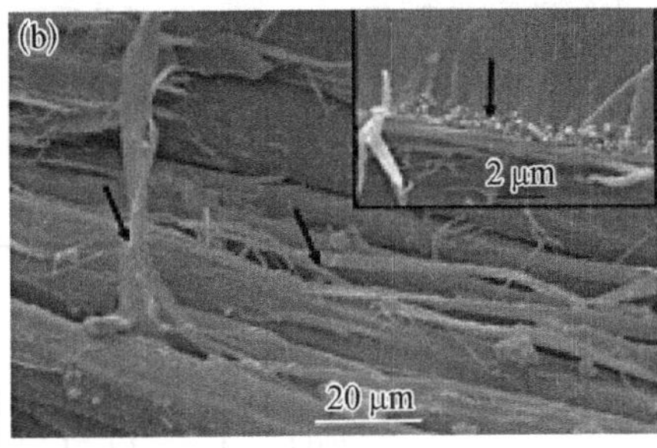

图 5.36 亚麻/环氧复合材料 I 型层间断裂形貌:(a) 控制组(界面脱黏);(b) 1.0%碳纳米管

3. 碳纳米管改性植物纤维增强复合材料的冲击性能

表 5.5 给出了碳纳米管含量对植物纤维增强复合材料冲击峰值载荷和能量吸收的影响,可以看出,影响并不大。然而,从冲击后复合材料损伤面积的测量结果(图 5.37)可以看出,碳纳米管的存在能够有效地抑制复合材料冲击损伤的扩展。当碳纳米管含量为 1%时,复合材料的损伤面积最小(与不含碳纳米管的复合材料相比,冲击损伤面积减小 10%),这也主要得益于碳纳米管对植物纤维增强复合材料界面性能的改善,因此,有效地抑制了复合材料冲击裂纹及分层的扩展。对于人造纤维增强复合材料,Ashrafi 等[3]将 0.1%的单壁碳纳米管添加到树脂基体中,使得碳纤维/环氧复合材料的冲击损伤面积下降了 5.2%;Kostopoulos 等[4]采用 0.5%的多壁碳纳米管改性树脂基体,其碳纤维增强复合材料的冲击损伤面积也下降了 3%。碳纤维光滑的表面以及化学惰性等特点使其难以与其他材料建立较强的相互作用。因此,碳纳米管对降低碳纤维增强复合材料冲击损伤扩展的效果有限,然而对于抑制植物纤维增强复合材料的冲击损伤扩展方面却能发挥一定的作用。

表 5.5　亚麻/环氧复合材料落锤冲击的峰值力和吸收能量

材料性质	控制组	0.5% CNTs	1.0% CNTs	2.0% CNTs
峰值载荷/N	3 334±109	3 350±85	3 379±49	3 313±87
吸收能量/J	10.59±0.19	10.37±0.19	10.28±0.25	10.15±0.12

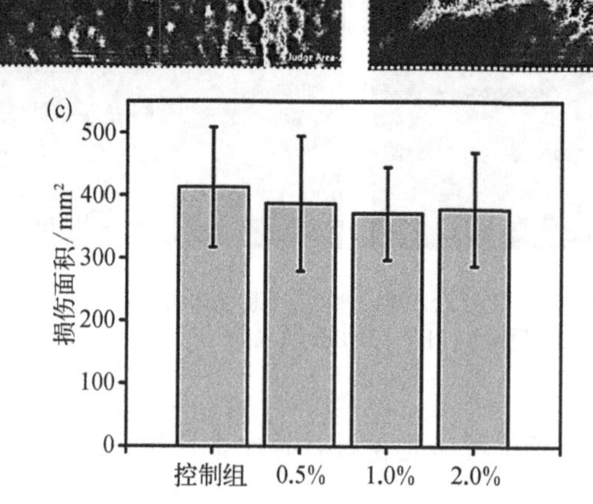

图 5.37　亚麻/环氧复合材料典型的冲击损伤超声 C 扫描图像：
（a）控制组；（b）1.0%碳纳米管组；（c）冲击损伤面积

5.3.2　纳米微晶纤维素改性植物纤维增强复合材料的界面性能

纤维素是地球上储量最大的天然有机高分子聚合物，广泛存在于自然界中的大多数高等植物、多种海洋动物乃至部分微生物之中[5, 6]。纳米纤维素则是通过一定的化学或机械处理方法从纤维素材料中提取的高度结晶的纳米颗粒，具有力学性能优异、比表面积大及生物相容性好等优点，图 5.38 给出了纳米纤维素的几种典型微观形貌。作为植物纤维的主要成分，纳米纤维素与植物纤维之间有着天然良好的相容性，将其用以改性植物纤维增强复合材料的界面，有望起到良好的效果。

1. CNC 改性对植物纤维/环氧界面性能的影响

图 5.39 为不同方法处理后和未处理的剑麻单纤维从环氧树脂基体拔出过程

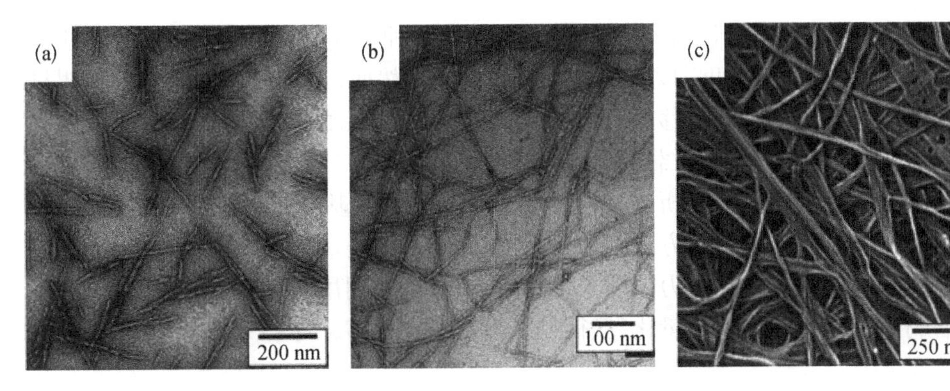

图 5.38 纳米纤维素的典型微观形貌[7-9]：(a) 纳米微晶纤维素(Cellulose Nanocrystal, CNC)；(b) 纳米微纤纤维素(NanoFibrillated Cellulose, NFC)；(c) 细菌纤维素(Bacteria Cellulose, BC)

中的力-位移曲线,可以看出有两种明显不同类型的曲线。其中未处理和碱处理后的剑麻单纤维拔出过程呈现出典型的不稳定脱黏特征,而经 CNC 处理后的纤维则表现出稳定的脱黏过程,这是由于 CNC 的存在使得植物纤维的表面变得极其粗糙,从而在纤维和基体之间产生机械咬合作用,即界面结合以机械力为主,界面一旦脱黏,纤维则通过克服摩擦力的作用而被拔出,即表现出稳定的脱黏过程。

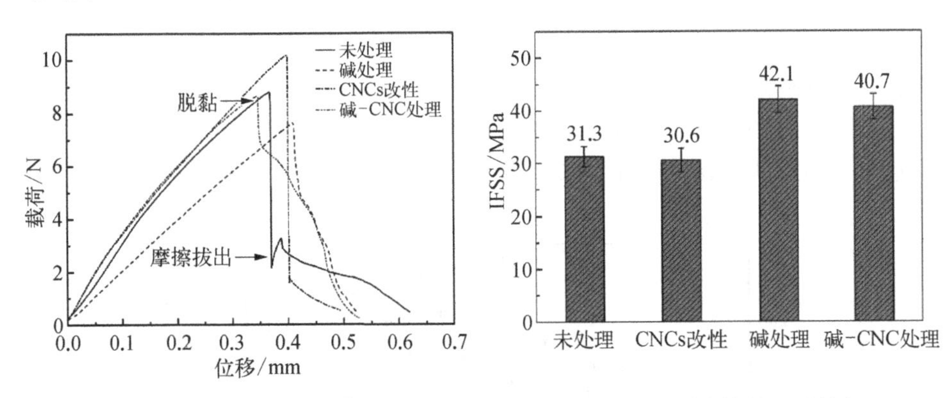

图 5.39 不同表面处理后剑麻单纤维从环氧树脂中拔出过程的力-位移曲线

图 5.40 不同改性处理后剑麻/环氧的界面剪切强度

图 5.40 给出了不同表面处理后剑麻纤维与环氧树脂之间的界面剪切强度。其中,碱处理的 IFSS 值最高(比未处理组提高了 35%),这是由于碱处理去除了植物纤维表面的部分蜡质、果胶和胞间层组织等,从而改善了剑麻纤维和环氧基体间的结合性能,提高了界面剪切强度。而 CNC 改性并没有明显改善剑麻纤维和环氧树脂基体间的界面剪切强度。由于高度亲水的 CNC 纳米颗粒与憎水性的环氧树脂相容性很差,而且 CNC 与剑麻纤维间也仅存在着较弱的非共价键连接,虽然经

CNC 处理后的剑麻纤维表面更加粗糙，但以上两种影响机制相互平衡，最终使得 CNC 改性后的界面剪切强度基本没有发生变化。然而，这种粗糙的表面较为明显地提高了纤维脱黏后的滑移摩擦力，使得纤维在脱黏后的拔出过程要克服粗糙表面所带来的摩擦力的作用，载荷值不会瞬时下降。

对复合材料的界面分析主要有两种方法：一种是基于最大应力准则的方法；另一种是基于断裂力学的方法，将界面脱黏问题看成是一种特殊的裂纹扩展问题。基于脱黏和脱黏后滑移应力与埋入长度的关系，可以利用 Gao-Mai-Cotterell 模型对复合材料的界面性能进行量化，获得如界面断裂韧性 G_{IC}、摩擦系数 μ、残余夹紧应力 q_0等。

基于 Gao-Mai-Cotterell 模型的纤维初始脱黏滑移摩擦应力的计算公式

$$\sigma_{fr} = \bar{\sigma}[1 - \exp(-\lambda L)] \tag{5.3}$$

其中，

$$\bar{\sigma} = -(q_0/k)[1 + (\gamma/\alpha)(\nu_m/\nu_f)] \tag{5.4}$$

$$\lambda = 2\mu k/r_f \tag{5.5}$$

$$\alpha = E_m/E_f \tag{5.6}$$

$$\gamma = c_f/c_m \tag{5.7}$$

$$k = (\alpha\nu_f + \gamma\nu_m)/[\alpha(1 - \nu_f) + 1 + \nu_m + 2\gamma] \tag{5.8}$$

式中，c_f、c_m分别为纤维和基体的体积含量。当 $c_f \ll c_m$时，γ 可以被忽略。E_f、E_m和 ν_f、ν_m分别是纤维和基体的杨氏模量和泊松比。

通过实验可获得 σ_{fr}和 L/r_f的关系曲线（图 5.41），q_0和 μ 则可通过式（5.3）对该

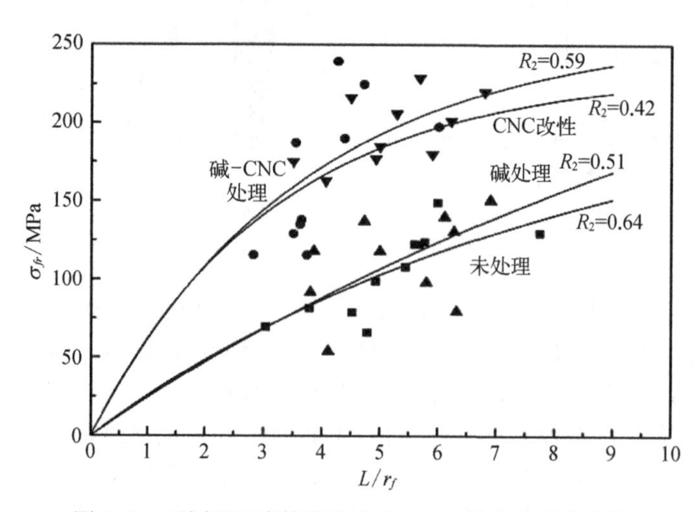

图 5.41　不同界面摩擦拔出应力与 L/r_f关系及拟合曲线

曲线拟合求得。计算中需要的其他参数详见表5.6,所得到的界面性能参数列于表5.7。由计算结果可知,CNC改性后的剑麻纤维与环氧树脂间的摩擦系数远大于未经CNC处理的,但碱处理并未改变界面摩擦系数。这也证明了CNC处理后的纤维表面比未处理和碱处理的纤维表面更加粗糙,这主要是由CNC超大的比表面积造成的[10]。因此,CNC的存在可显著增强纤维与树脂基体间的机械锁合作用,拔出后纤维表面残留有大量的树脂块,表面异常粗糙。而对于未处理和碱处理的纤维拔出后其表面则相对光滑(图5.42)。

表5.6 剑麻纤维增强复合材料界面性能计算所需相关材料参数

剑麻纤维/环氧	E_f/GPa	E_m/GPa	ν_f	ν_m	k
未处理	13	3.5	0.24	0.39	0.041
CNCs改性	14	3.5	0.24	0.39	0.038
碱处理	18	3.5	0.24	0.39	0.030
碱-CNC处理	22	3.5	0.24	0.39	0.025

表5.7 不同表面处理的剑麻/环氧复合材料界面性能

剑麻纤维/环氧	τ/MPa	q_0/MPa	μ
未处理	31.4	9.5	1.4
CNCs改性	30.4	9.5	2.6
碱处理	42.3	9.5	1.7
碱-CNC处理	38.3	9.5	2.9

2. 纤维表面处理对界面剪切强度温度依赖性的影响

图5.43给出了经不同表面处理方法得到的剑麻/环氧复合材料在20℃、40℃、60℃和80℃下的界面剪切强度,可以发现温度对复合材料的界面性能都有着明显的影响。未处理与碱处理纤维组相比CNC处理组,其IFSS值随温度的变化下降更为明显。这说明CNC改性可降低温度对植物纤维增强复合材料界面剪切强度的负面影响。

随着温度的升高,复合材料界面剪切强度下降的原因主要归结为基体材料力学性能的降低。有研究表明界面的温度依赖性与基体的模量[11,12]、剪切强度[13]和拉伸强度[14]有非常明显的相关性。从纯环氧树脂与CNC改性的环氧树脂的典型DMA特征曲线(图5.44)的比较可以发现,四个温度下IFSS值的下降率与基体E'的下降率趋势非常一致。当温度升高时,高分子基体材料力学性能降低的本质原因为树脂中分子链运动能力的增强,在温度接近玻璃化转变温度T_g时分子链运

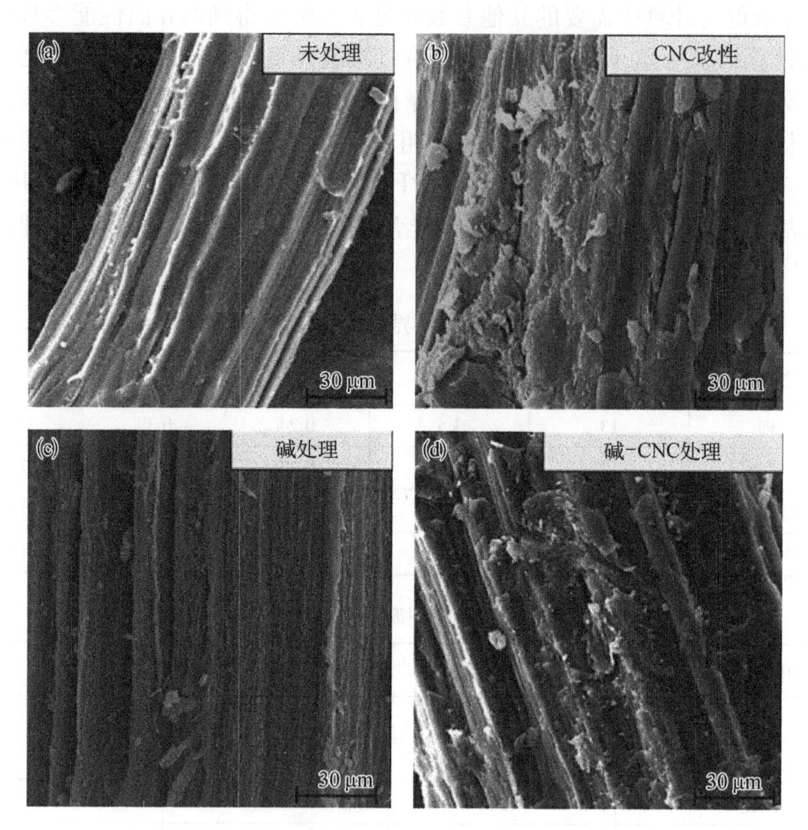

图 5.42　不同改性处理剑麻纤维从树脂基体中拔出后的表面形貌

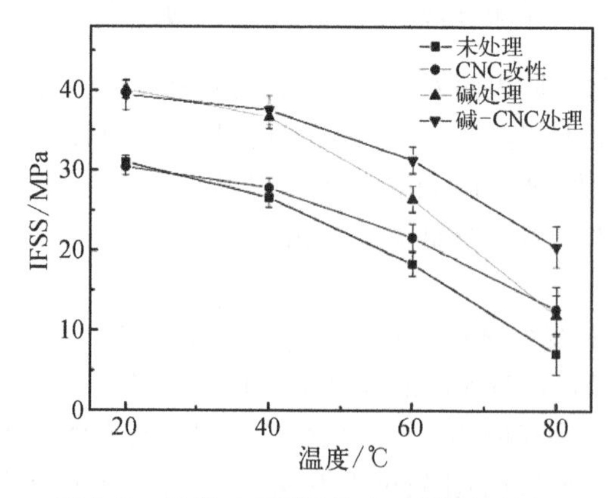

图 5.43　温度对不同纤维表面处理的剑麻/环氧界面剪切强度的影响

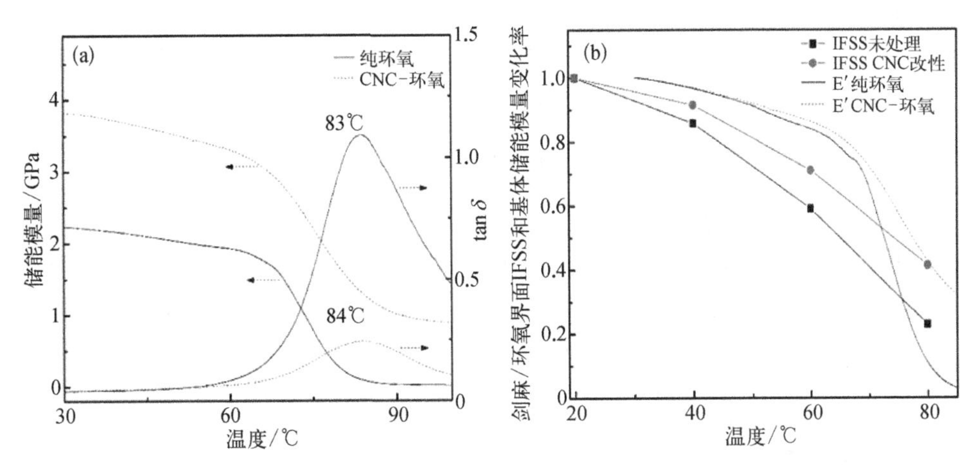

图 5.44 (a) 环氧及 CNC 改性环氧的 DMA 特征曲线;(b) 剑麻/环氧界面 IFSS 和环氧基体储能模量相对于温度的变化率

动能力最强,因此降低了界面处的基体材料抵抗剪切载荷的能力,从而表现为 IFSS 值的降低。此外,相比于纯环氧,CNC 改性环氧的储能模量明显对温度的依赖性更低。这主要可以归结为 CNC 的存在,有效地限制了聚合物分子链的运动。由于表面沉积 CNC 后的植物纤维表面更加粗糙,这种结构促进了 CNC 与基体的相互渗透,最终形成了由 CNC 和环氧树脂构成的一种特殊复合材料界面相,因此,这一界面相的热稳定性和力学性能相比纯环氧树脂更好,可显著降低温度对复合材料界面性能的负面影响。

5.4 混杂植物纤维增强复合材料的力学性能

混杂纤维增强复合材料指由两种或两种以上纤维增强同一基体而成的复合材料。设计得当的混杂复合材料在兼顾各组成纤维性能优点的同时,还可以取长补短获得较为优异的整体性能,或在满足材料面内力学性能的基础上实现改善层间裂纹扩展敏感性和提高层间断裂韧性等目的。在混杂复合材料中,随着混杂比的变化,其力学性能可能会出现偏离混合定律的现象。一般认为,任何混杂复合材料力学性能的实际值对混合定律(rule of mixtures, ROM)估算值的偏离就定义为混杂效应(hybrid effect)。或者,低断裂伸长纤维在混杂复合材料中的断裂应变与在低断裂伸长单一纤维复合材料中断裂应变的差值,也被定义为混杂效应。混杂效应产生的主要原因有热残余应力、高断裂伸长纤维对裂纹扩展的阻止作用、低的动态应力集中等。同时,混杂效应还会受到混杂比、铺层顺序及界面性能等的影响。

近年来,为充分发挥植物纤维的性能优势,国内外学者纷纷开展了植物纤维与其他纤维的混杂复合材料研究[15-18]。植物纤维/人造纤维混杂复合材料的力学性能受到植物纤维异于人造纤维的结构特点和力学行为的影响,可能出现新的混杂效应。

5.4.1　混杂比对植物纤维混杂复合材料力学性能的影响

混杂复合材料的力学性能不仅取决于组分纤维的性能,还取决于它们的相对含量,即混杂比。图 5.45 给出了具有不同混杂比的单向亚麻纤维/玻璃纤维混杂复合材料的轴向拉伸模量随玻璃纤维体积含量的变化趋势,可以看出呈线性增长的趋势,并与混合定律计算结果符合得很好。而图 5.46 则给出了混杂复合材料的轴向拉伸强度随玻璃纤维体积含量的变化趋势,从图中可知,尽管混杂复合材料的拉伸强度也随着玻璃纤维体积含量的增加而增加,但不再符合混合定律,而是出现了正的混杂效应。这是由于混杂复合材料的轴向拉伸强度既与混杂复合材料中两种纤维的相对含量有关,还与两种材料各自的力学行为有关,如各组分材料的拉伸强度、拉伸断裂应变等。图 5.47 给出了具有不同混杂比的单向亚麻纤维/玻璃纤维混杂复合材料断裂应变,并与混合定律计算值进行了比较,可知随着玻璃纤维相对体积含量的增加,混杂复合材料的拉伸断裂应变呈现出逐渐增加的趋势,且出现了较为明显的正的断裂应变混杂效应。正是这种效应带来了混杂复合材料强度的正的混杂效应。

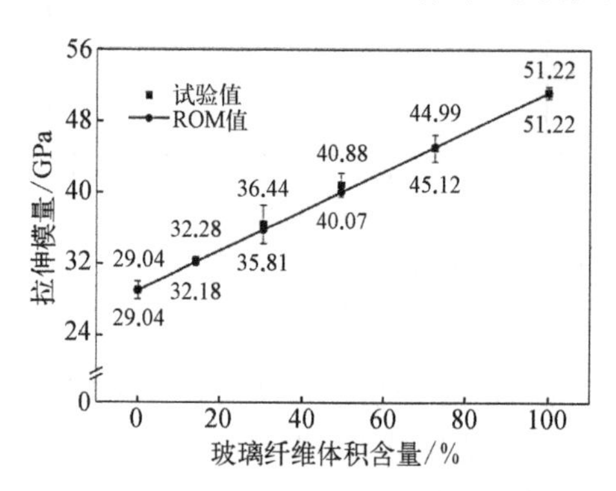

图 5.45　不同混杂比下亚麻/玻璃纤维混杂复合材料拉伸模量实验值与 ROM 预测值

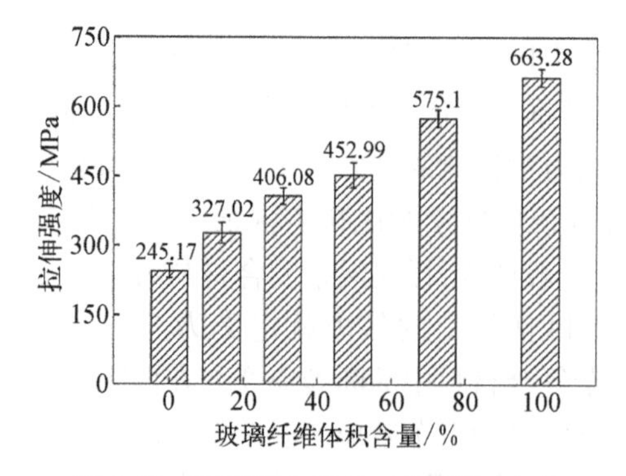

图 5.46　不同混杂比下亚麻纤维/玻璃纤维混杂复合材料拉伸强度

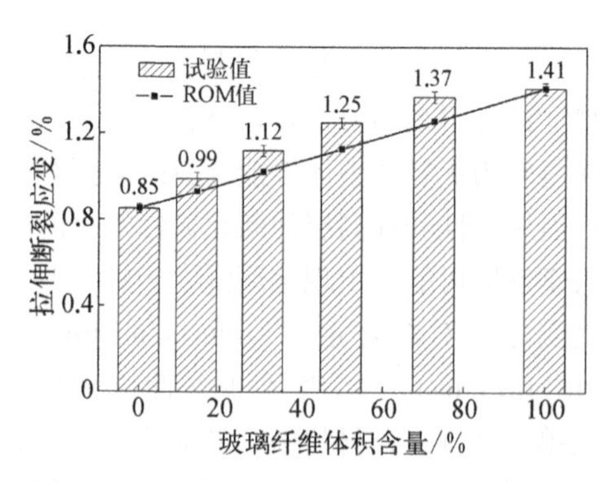

图 5.47　不同混杂比下单向亚麻纤维/玻璃纤维混杂复合材料拉伸断裂应变

同样地,单向亚麻纤维/玻璃纤维混杂复合材料的弯曲模量也随着玻璃纤维相对体积含量的增加而增加(图5.48)。然而,采用复合梁理论(composite beam theory, CBT)的混杂复合材料弯曲模量理论计算值与实验值吻合较好,而采用混合定律计算的理论值却与实验值发生了较大的偏离(图5.49)。这是由于在复合梁理论中,同时考虑了两种纤维的相对体积含量和两种纤维层的相对位置变化。然而,采用混合定律计算复合材料的弯曲刚度时,并不能考虑复合材料在弯曲载荷下的拉压性能差异。另外,通过混合定律计算的混杂复合材料弯曲强度也与实验值有很大偏差(表5.8)。在复合材料承受弯曲载荷的时候,复合材料中外层纤维主要承受最大拉伸应力和最大压缩应力,而内层纤维主要承受剪切应力。表5.8给出的四种不同混杂比的混杂复合材料中,最外层纤维均为具有较高强度和断裂应变的玻璃纤维层,这使混杂复合材料抵抗弯曲破坏的能力更高,产生了正混杂效应。

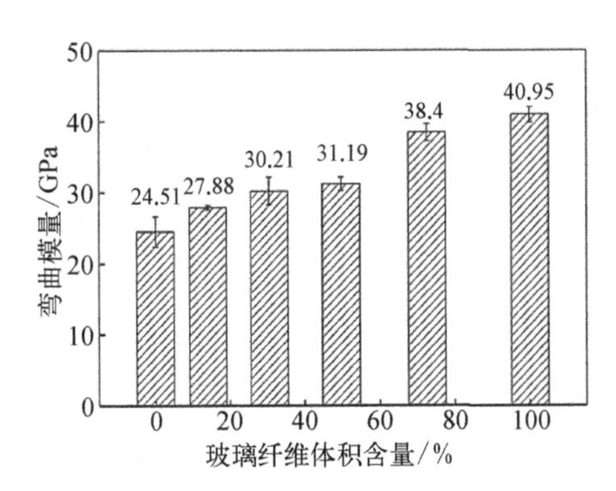

图5.48 具有不同混杂比的单向亚麻纤维/玻璃纤维混杂复合材料的弯曲模量

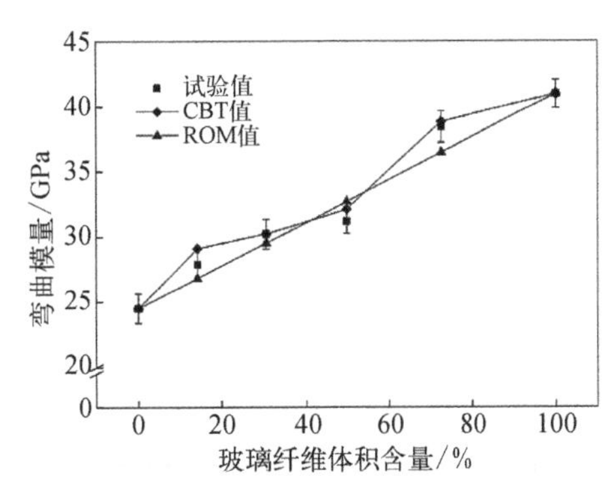

图5.49 具有不同混杂比的单向亚麻纤维/玻璃纤维混杂复合材料弯曲模量的实验值与预测值

表5.8 具有不同混杂比的单向亚麻纤维/玻璃纤维混杂复合材料弯曲强度

混 杂 种 类	试验值/MPa	ROM值/MPa
FFRP	299.7±17.1	299.7
2G8F	388.8±16.5	341.5
4G6F	417.9±26.4	389.9
6G4F	470.1±16.9	446.6
8G2F	538.5±18.3	514.1
GFRP	595.3±26.0	595.3

5.4.2　铺层顺序对植物纤维混杂复合材料力学性能的影响

在保持混杂复合材料混杂比不变的情况下，铺层顺序也会对复合材料的力学性能产生影响。图5.50和图5.51分别给出了不同铺层顺序的亚麻纤维/玻璃纤维混杂复合材料的拉伸模量、拉伸强度和断裂伸长。可以看出铺层顺序对混杂复合材料的拉伸模量影响不大，对轴向拉伸强度和拉伸断裂应变却有着较大的影响。当混杂复合材料的铺层顺序为两种纤维层交替铺放时，混杂界面最多，混杂复合材料的拉伸强度和拉伸断裂应变均最大（分别为450.2 MPa和1.09%）；当纤维铺层的重复单元为一种纤维的多层铺放与另一种纤维的多层铺放交替时，混杂界面最少，混杂复合材料的拉伸强度和拉伸断裂应变均最小（分别为392.6 MPa和0.96%）。因此，铺层顺序对单向亚麻纤维/玻璃纤维混杂复合材料拉伸强度和拉伸断裂应变的影响主要体现在不同铺层顺序所导致的两种不同性能和不同纤维结构的纤维层的分散性上。混杂界面越多，纤维层的分散性越好，不同纤维层间的应力传递更加有效，其增强复合材料的拉伸强度和拉伸断裂应变就越高。

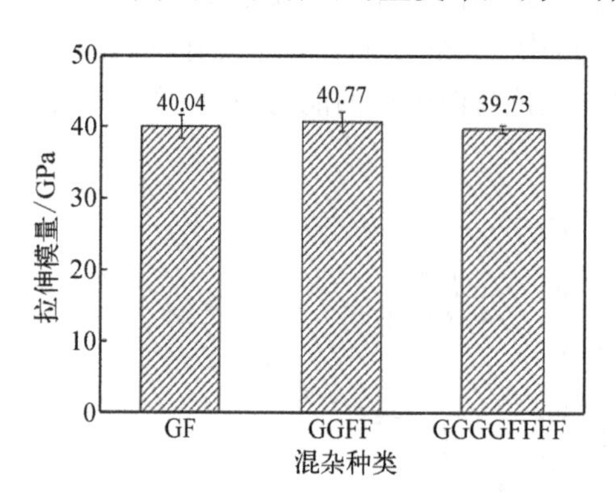

图5.50　铺层顺序对亚麻纤维/玻璃纤维混杂复合材料拉伸模量的影响

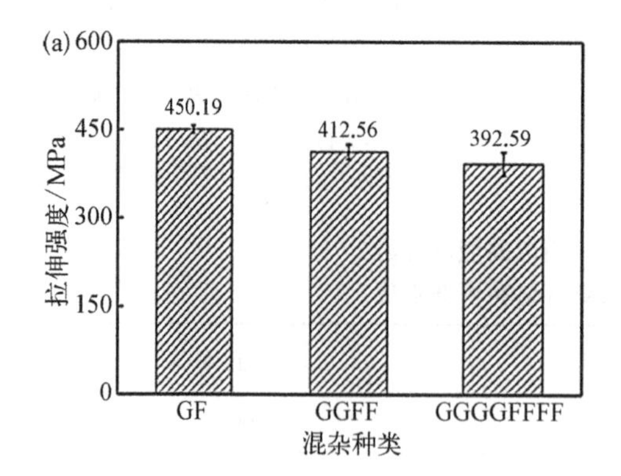

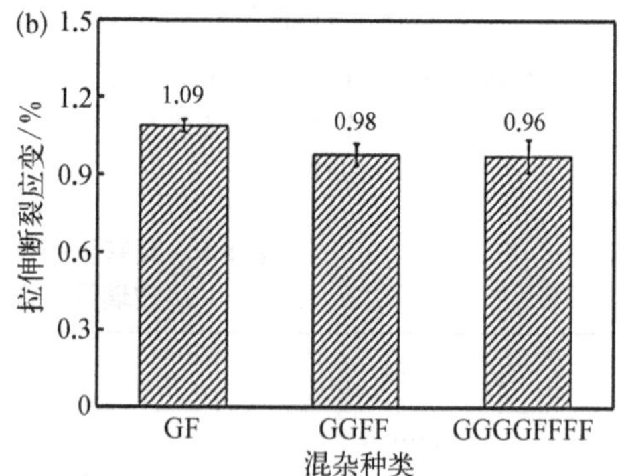

图5.51　铺层顺序对亚麻纤维/玻璃纤维混杂复合材料（a）拉伸强度和（b）断裂应变的影响

另外，铺层顺序对混杂复合材料的弯曲模量和弯曲强度也有影响（图5.52和图5.53）。虽然采用CBT计算的模量值与试验值有10%以内的误差，但是增加的趋势却是相同的（图5.52）。这是由于混杂复合材料的弯曲性能与其外层纤维的铺层相对厚度密切相关,外层纤维的模量和强度越高,厚度越大,混杂复合材料的整体抗弯性能就越好。

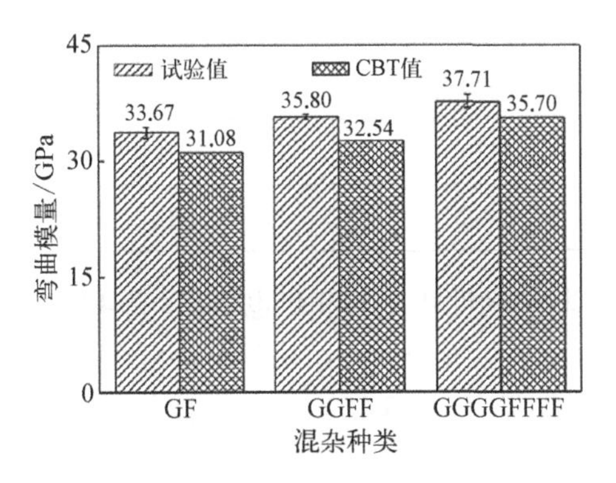

图 5.52 不同铺层顺序的亚麻纤维/玻璃纤维混杂复合材料的弯曲模量

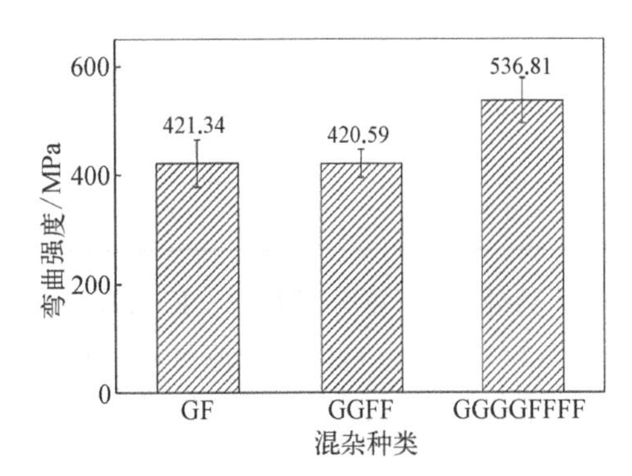

图 5.53 不同铺层顺序的亚麻纤维/玻璃纤维混杂复合材料弯曲强度

5.4.3 植物纤维混杂复合材料的层间性能

植物纤维与人造纤维在微观结构上有着较大的差异：植物纤维表面粗糙,人造纤维表面光滑;植物纤维需要通过打捻实现连续性,纱线表面呈现出纱线、单纤维及微纤丝共存的多枝状结构特点[图 5.54(a)],而人造纤维本身即是连续的,不需要打捻[图 5.54(b)]。植物纤维及其纱线这种特殊的结构将使植物纤维/人造纤维混杂复合材料的层间破坏具有不同的特征并将带来层间性能的混杂效应。

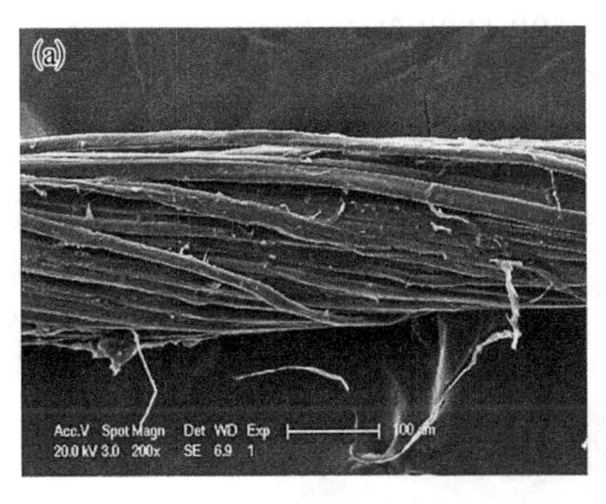

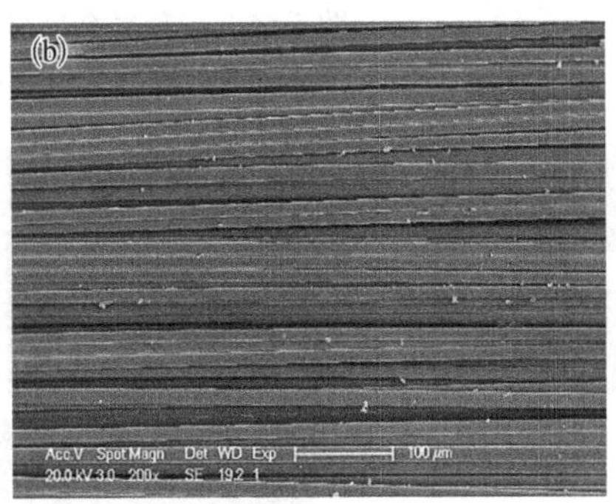

图 5.54 (a) 亚麻纱线与(b) 玻璃纤维束的微观结构

表 5.9 给出了单向玻璃纤维增强酚醛树脂复合材料(GFRP)、单向亚麻纤维增强酚醛树脂复合材料(FFRP)和单向玻璃纤维/亚麻纤维层间混杂增强酚醛树脂复合材料(G-F-FRP)的层间剪切强度值。可以看出,G-F-FRP 混杂复合材料的层间剪切强度最高,比 GFRP 复合材料的层间剪切强度高出约 60%。这是由于亚

麻纱线的多枝化结构使其在 G－F－FRP 复合材料的混杂界面处发生了大量的亚麻纤维和玻璃纤维缠结的现象，混杂复合材料层间界面处抵抗剪切载荷的能力更强。

表 5.9　三种复合材料的层间剪切强度

复合材料	GFRP	FFRP	G－F－FRP
ILSS/MPa	19.35	24.45	31.12

另外，混杂复合材料 G－F－FRP 的层间断裂韧性相比 GFRP 也更高（高 40%）（图 5.55）。这也是由于亚麻纤维粗糙的表面及多层级的纱线结构使玻璃纤维与亚麻纤维相互缠结，在裂纹扩展时纤维的桥联更加显著（图 5.56），有效地抑制了裂纹的扩展，从而提升了复合材料抗分层的能力。

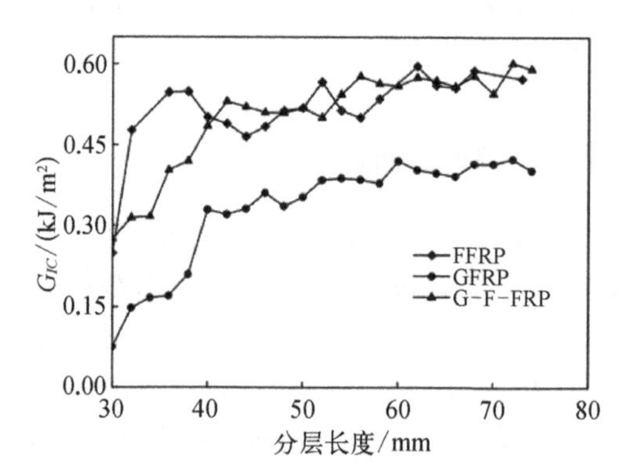

图 5.55　三种复合材料（GFRP、FFRP 和 G－F－FRP）I 型层间断裂韧性 R 曲线

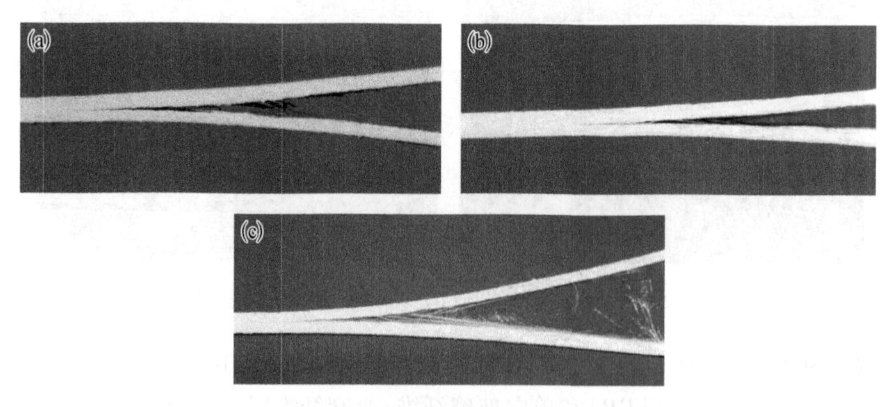

图 5.56　三种复合材料 I 型层间断裂韧性的破坏形貌：（a）单向亚麻复合材料（FFRP）；（b）单向玻纤复合材料（GFRP）；（c）单向亚麻/玻纤混杂复合材料（G－F－FRP）

参考文献

[1] Newman R H, Le Guen M J, Battley M A, et al. Failure mechanisms in composites reinforced with unidirectional Phormium leaf fibre [J]. Composites Part A: Applied Science and Manufacturing, 2010, 41(3): 353-359.

[2] Hepworth D G, Vincent J F V, Jeronimidis G, et al. The penetration of epoxy resin into plant fibre cell walls increases the stiffness of plant fibre composites[J]. Composites Part A: Applied Science and Manufacturing, 2000, 31(6): 599-601.

[3] Ashrafi B, Guan J, Mirjalili V, et al. Enhancement of mechanical performance of epoxy/carbon fiber laminate composites using single-walled carbon nanotubes [J]. Composites Science & Technology, 2011, 71(13): 1569-1578.

[4] Kostopoulos V, Baltopoulos A, Karapappas P, et al. Impact and after-impact properties of carbon fibre reinforced composites enhanced with multi-wall carbon nanotubes[J]. Composites Science & Technology, 2010, 70(4): 553-563.

[5] Siqueira G, Bras J, Dufresne A. Cellulose whiskers versus microfibrils: influence of the nature of the nanoparticle and its surface functionalization on the thermal and mechanical properties of nanocomposites[J]. Substance, 1976, 5(15): 111-116.

[6] Tang Y, Yang S, Zhang N, et al. Preparation and characterization of nanocrystalline cellulose via low-intensity ultrasonic-assisted sulfuric acid hydrolysis [J]. Cellulose, 2014, 21(1): 335-346.

[7] Moon R J, Martini A, Nairn J, et al. Cellulose nanomaterials review: structure, properties and nanocomposites[J]. Chemical Society Reviews, 2011, 40(7): 3941-3994.

[8] Saito T, Kimura S, Nishiyama Y, et al. Cellulose nanofibers prepared by TEMPO-mediated oxidation of native cellulose[J]. Biomacromolecules, 2007, 8(8): 2485.

[9] Ifuku S, Nogi M, Abe K, et al. Surface modification of bacterial cellulose nanofibers for property enhancement of optically transparent composites: dependence on acetyl-group DS[J]. Biomacromolecules, 2007, 8(6): 1973-1978.

[10] Lee K Y, Bharadia P, Blaker J J, et al. Short sisal fibre reinforced bacterial cellulose polylactide nanocomposites using hairy sisal fibres as reinforcement[J]. Composites Part A: Applied Science and Manufacturing, 2012, 43(11): 2065-2074.

[11] Thomason J L, Yang L. Temperature dependence of the interfacial shear strength in glass-fibre epoxy composites[J]. Composites Science & Technology, 2014, 96(25): 7-12.

[12] Pegoretti A, Volpe C D, Detassis M, et al. Thermomechanical behaviour of interfacial region in carbon fibre/epoxy composites[J]. Composites Part A: Applied Science and Manufacturing, 1996, 27(11): 1067-1074.

[13] Detassis M, Pegoretti A, Migliaresi C. Effect of temperature and strain rate on interfacial shear stress transfer in carbon/epoxy model composites[J]. Composites Science & Technology, 1995, 53(1): 39-46.

[14] Wimolkiatisak A S, Bell J P. Interfacial shear strength and failure modes of interphase-modified graphite-epoxy composites[J]. Polymer Composites, 2010, 10(3): 162 – 172.

[15] Ahmed K S, Vijayarangan S, Naidu A C B. Elastic properties, notched strength and fracture criterion in untreated woven jute-glass fabric reinforced polyester hybrid composites [J]. Materials & Design, 2007, 28(8): 2287 – 2294.

[16] Nayak S K, Mohanty S, Samal S K. Influence of short bamboo/glass fiber on the thermal, dynamic mechanical and rheological properties of polypropylene hybrid composites[J]. Materials Science & Engineering A, 2009, 523(1): 32 – 38.

[17] Júnior C Z P, Carvalho L H D, Fonseca V M, et al. Analysis of the tensile strength of polyester/hybrid ramie-cotton fabric composites[J]. Polym Test, 2004, 23(2): 131 – 135.

[18] Zhong L X, Fu S Y, Zhou X S, et al. Effect of surface microfibrillation of sisal fibre on the mechanical properties of sisal/aramid fibre hybrid composites[J]. Composites Part A: Applied Science and Manufacturing, 2011, 42(3): 244 – 252.

第6章　植物纤维增强复合材料的物理性能

植物纤维增强复合材料不仅具有优异的力学性能，还具有独特的化学组成、天然的多空腔多层级结构，使其展现出比人造纤维增强复合材料更加优异的吸声、隔热、电磁波吸收及阻尼降噪等物理性能，为实现结构功能一体化复合材料结构的研制提供了可能。然而，植物纤维是一种天然的高分子材料，其耐温耐火性及耐霉菌腐蚀等性能较差。本章首先介绍了植物纤维增强复合材料的声、热、电磁波及阻尼等物理性能，再针对其阻燃性能，介绍了复合材料的改性方法，为植物纤维增强复合材料结构功能一体化设计提供理论基础。

6.1　植物纤维及其复合材料的声学性能

近年来，噪声污染已成为仅次于废水、废气的21世纪全球第三大污染，严重影响人类的身心健康和社会和谐发展。因此，有效地降低并控制噪声污染，开发具有优异吸声、降噪功能的材料和结构成为亟待解决的课题。植物纤维具有中空以及多层级结构，为声能耗散提供了新的途径，有望成为很好的吸声材料。

6.1.1　植物纤维增强复合材料的吸声性能

1. 植物纤维的吸声系数

材料或结构的吸声能力大小常用吸声系数来表示。植物纤维种类繁多，结构多样，不同植物纤维的吸声系数也有较为明显的差异。图6.1给出了不同种类的植物纤维吸声系数随频率的变化，玻璃纤维和碳纤维的吸声系数也在图中给出，作为比较。可以看出，植物纤维的吸声系数均高于玻璃纤维和碳纤维的吸声系数。总体来说，植物纤维在50～2 000 Hz频段都具有良好的吸声性能，尤其是当频率大于500 Hz时，几种植物纤维的吸声系数普遍高于0.5，这说明垂直入射的声能有50%以上能被植物纤维所吸收。当频率大于1 000 Hz时，黄麻纤维的垂直入射吸声系数在三种植物纤维中最高（接近1），且明显高于碳纤维和玻璃纤维（分别高于50%和125%）。通过计算每种纤维在250 Hz、500 Hz、1 000 Hz以及2 000 Hz频率下吸声系数的加权平均值，可以得到不同纤维的降噪系数（noise reduction coefficient, NRC），列于图6.2，可以更直观地衡量材料吸声性能。从图中看出，黄麻和亚麻纤维的 NRC 最高，为 0.65，而玻璃纤维与碳纤维的 NRC 仅为 0.35 和 0.45，这也说明了植物纤维的吸声性能显著高于人工纤维。

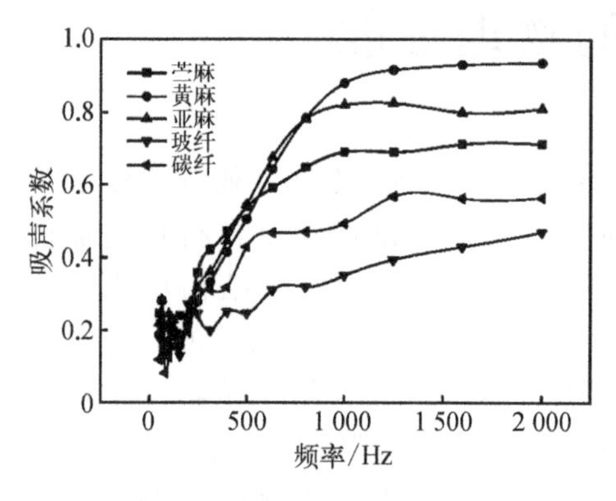

图 6.1　苎麻纤维、黄麻纤维、亚麻纤维、玻璃纤维和碳纤维的吸声系数随频率的变化

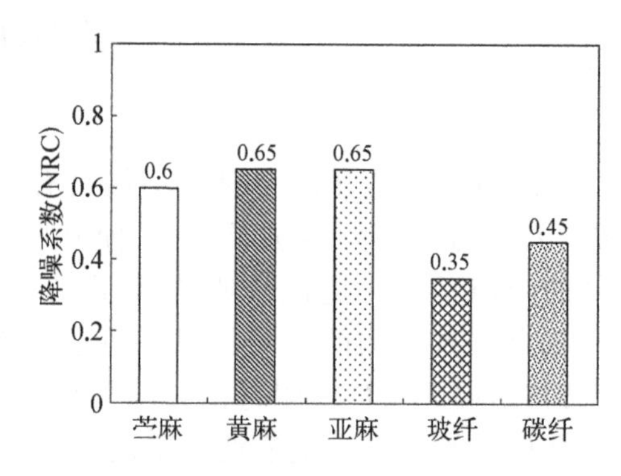

图 6.2　苎麻纤维、黄麻纤维、亚麻纤维、玻璃纤维和碳纤维的降噪系数(NRC)

通常，纤维材料的吸声机制是建立在三个物理过程的基础上。当声波进入材料内部时，引起纤维之间空隙内的空气振动，空气与纤维壁产生摩擦，形成的黏滞阻力作用使声能变成热能而衰减；同时，声波通过纤维介质时会导致质点的疏密程度不同，使质点之间存在温度差异，从而通过热传导耗散部分声能；此外，声波引起纤维振动，纤维起振后也将消耗部分声能。通常吸声系数随着频率的增大而提高，这主要是由于高频声波波长更短，更易于通过以上三个物理过程发生耗散，因此材料的吸声系数也随之提高。

植物纤维除具有通常纤维状材料的吸声机制外，其独特的空腔和多层级结构对声能的耗散起了重要的作用。如图 6.3 所示，植物纤维空腔的存在使声波在进

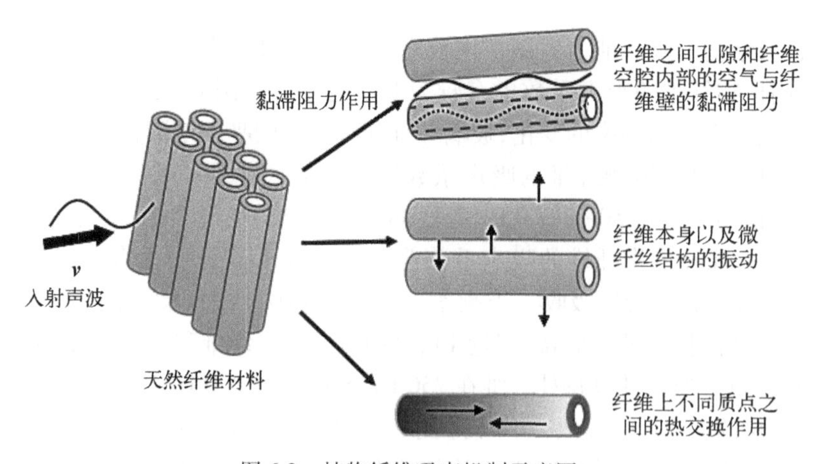

图 6.3　植物纤维吸声机制示意图

入后，会引起空腔内空气的振动，从而使空气与纤维壁层之间产生黏滞阻力，声能不断转化为热能，从而使声波衰减，消耗部分声能。另一方面，植物纤维具有多层级的结构特点，细胞纤维是由多个壁层且壁层是由纳米尺度的纤维素微纤丝组成，当声波进入植物纤维内部时，还可通过纤维内部的纤维素微纤丝之间的热传导作用以及纤维素微纤丝自身的振动耗散声能。这也是植物纤维的吸声系数比人造纤维高的原因。

2. 植物纤维吸声性能的理论计算

目前，已有许多模型可以预测纤维材料的声阻抗特性和传播常数，其中最著名的经验模型是 Delany-Bazley 模型[1]。该模型是基于对玻璃纤维和矿物纤维进行的大量声学试验，得出的单层纤维材料吸声系数的经验公式。由该经验公式可以发现各种材料的声特征阻抗 Z_c 和波数 k_c 与材料的流阻 σ 及入射声波的频率 f 存在一定的函数关系，如式(6.1)和(6.2)所示：

$$Z_c = \rho_0 c\left[1 +- 0.057\,1\left(\frac{\rho_0 f}{\sigma}\right)^{-0.754} - j0.087\left(\frac{\rho_0 f}{\sigma}\right)^{-0.732}\right] \tag{6.1}$$

$$k_c = \frac{\omega}{c}\left[1 + 0.097\,8\left(\frac{\rho_0 f}{\sigma}\right)^{-0.7} - j0.189\left(\frac{\rho_0 f}{\sigma}\right)^{-0.595}\right] \tag{6.2}$$

式中，ρ_0 和 c 分别是空气密度和声速；σ 为流阻；f 为频率；$\omega = 2\pi f$ 是角频率。

另外，Garai-Pompoli 模型[2]是在 Delany - Bazley 模型的基础上通过对聚酯纤维进行了大量的声学试验而得到的经验公式，可用于计算聚酯纤维的流阻、声阻抗和吸声系数。聚酯纤维的直径(18~48 μm)和密度(1.10~1.25 g/cm^3)都与植物纤维较为接近。Garai-Pompoli 模型如式(6.3)与式(6.4)所示。

$$Z_c = \rho_0 c\left[1 + 0.078\left(\frac{\rho_0 f}{\sigma}\right)^{-0.623} - j0.074\left(\frac{\rho_0 f}{\sigma}\right)^{-0.660}\right] \tag{6.3}$$

$$k_c = \frac{\omega}{c}\left[1 + 0.121\left(\frac{\rho_0 f}{\sigma}\right)^{-0.53} - j0.159\left(\frac{\rho_0 f}{\sigma}\right)^{-0.571}\right] \tag{6.4}$$

以上两种模型都依赖于由 Mechel 模型[3]所计算的空气流阻值，并假定声波垂直入射进入纤维。Mechel 模型有两组流阻预测公式，一种适用于纤维直径在 6~10 μm的纤维，另一种适用于纤维直径在 20~40 μm 的纤维。植物纤维的直径变化范围较为符合第二种流阻预测公式，即

$$\sigma = \frac{6.8\eta\,(1-\varepsilon)^{1.296}}{a^2\varepsilon^3} \tag{6.5}$$

其中,η 是空气黏度值;a 是纤维的半径;ε 是孔隙率。吸声材料受孔隙率的影响很大,孔隙率是由纤维的密集程度所决定的,其计算公式为

$$\varepsilon \approx 1 - \frac{\rho}{\rho_f} \tag{6.6}$$

式中,ρ 是松散的纤维织物的密度;ρ_f 是纤维的密度。

基于以上,利用 Delany－Bazley 和 Garai-Pompoli 模型计算的苎麻、黄麻及亚麻纤维的吸声系数与实验测量值随频率的变化由图 6.4 给出。可以看出,基于 Garai-Pompoli 模型的计算值与植物纤维的测量值更为接近。由于试样的边缘效应以及与管壁结合处的共振效应,使得采用上述两种模型计算的在频率低于 200 Hz 时的植物纤维的吸声系数值与测量值有较大差别。

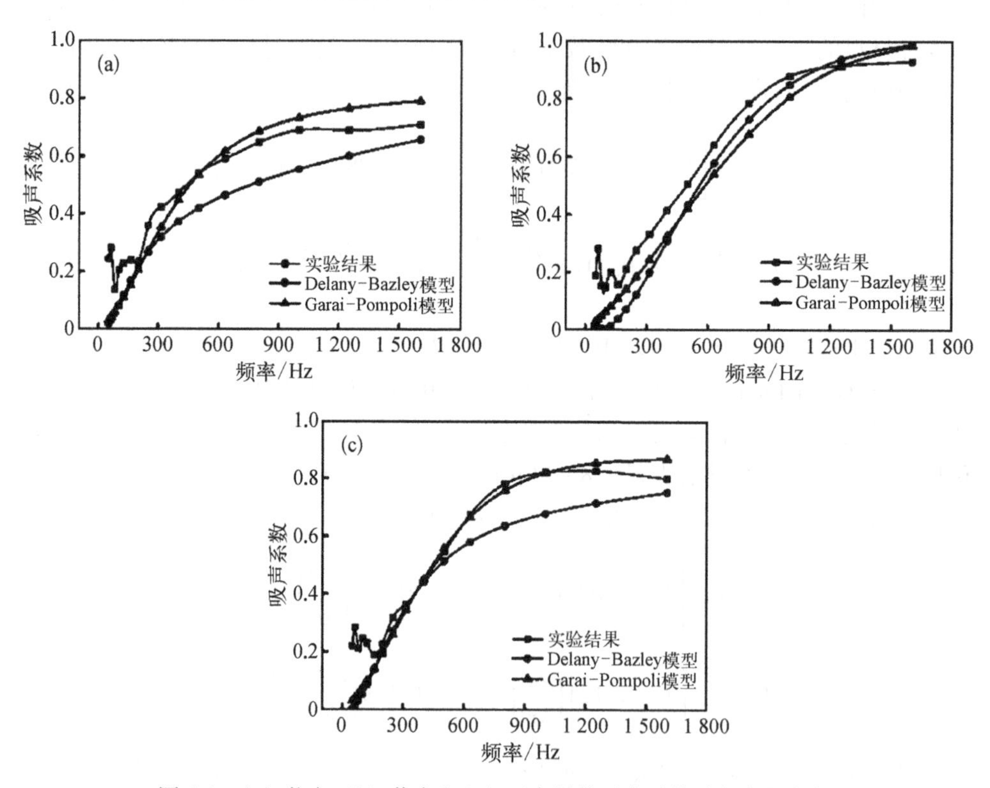

图 6.4　(a) 苎麻、(b) 黄麻和(c) 亚麻纤维吸声系数随频率的变化

3. 植物纤维增强复合材料的吸声性能

图 6.5 为植物纤维增强复合材料吸声系数随频率的变化关系曲线,玻璃纤维和碳纤维增强复合材料的吸声系数也在图中给出。可以看出相比人造纤维增

强复合材料,植物纤维增强复合材料的吸声系数较高,尤其是在高频段表现更为突出,这是由植物纤维优于人造纤维的吸声系数所决定的。其中,黄麻纤维增强复合材料的吸声性能最为优异。然而,复合材料之间吸声系数的差异并没有纤维之间吸声系数的差异明显,这主要是由于制成复合材料后,一方面,树脂占据了一部分的体积含量;另一方面,对植物纤维吸声有着重要贡献的纤维空腔会在成型过程中被压溃并部分被树脂填充。

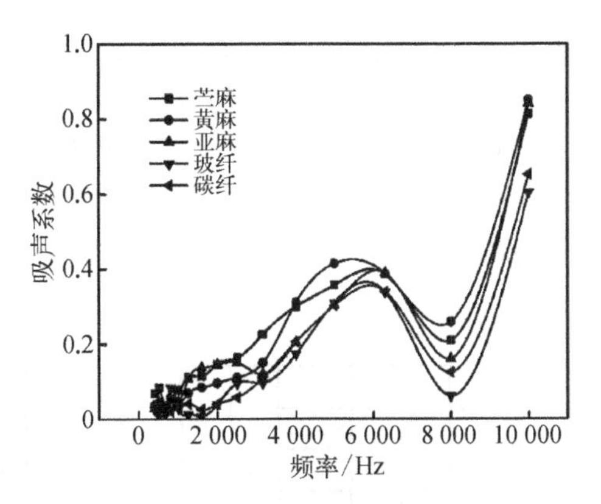

图 6.5　苎麻纤维、黄麻纤维、亚麻纤维、玻璃纤维及碳纤维增强复合材料的吸声性能

6.1.2　植物纤维增强复合材料夹芯结构的声学性能

以纤维增强复合材料为面板,以蜂窝、泡沫等轻质材料为芯材的复合材料夹芯结构,因具有优异的比刚度,已被广泛应用于建筑、轨道交通、航空和风电等领域。本节将介绍以自身具有优异吸声性能的植物纤维增强复合材料为面板,以芳纶蜂窝为芯材制备的复合材料夹芯结构的声学性能。

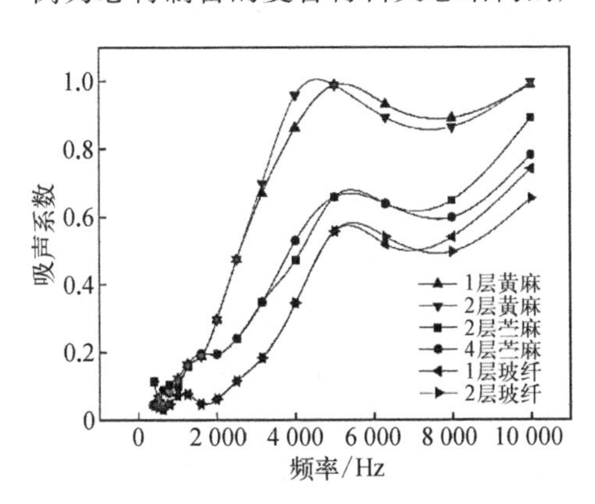

图 6.6　不同面板制成的复合材料夹芯结构的吸声系数随频率的变化

图 6.6 给出了以不同种类纤维增强复合材料为面板的复合材料夹芯结构的吸声系数随频率的变化情况,这些面板的材料组成和厚度列于图 6.7。其中,两层苎麻织物的面密度近似于一层黄麻织物或者一层玻璃纤维织物的面密度。在两组夹芯结构中,前三种[图 6.7(a)~(c)]和后三种[6.7(d)~(f)]夹芯结构的面板厚度分别相同。所有夹芯结构中芳纶蜂窝芯的厚度(6.4 mm)保持不变。从结果中可以看出,以黄麻纤维增强复合材料为面板的夹芯结构吸声系数最高,当在频率大于 5 000 Hz 的高频段时,其吸声系数甚至接近于 1,吸声效果最佳。其次是以苎麻纤维增强复合材料为面板的夹芯结构,其在高频段的吸声系数在 0.6 以上。而以玻璃纤维增强复合材料为面板的夹芯结构的吸声系数在整个测试频段均低于植物纤维增强复合材料夹芯结构。这是由于相比于玻璃纤维,植物纤维所特有的空腔以及多层级结构,使得声波在其夹芯结构内部反射过

程中耗散的能量相比实心的玻璃纤维增强复合材料夹芯结构更多,因此展现出更加优异的吸声性能。另外,增加面板的厚度使得苎麻和玻璃纤维复合材料夹芯结构的吸声系数在高频段(7 000~ 10 000 Hz)有所降低,但下降程度并不明显。这是由于增加面板厚度将导致其流阻和特征阻抗增大,在高频段时,由于入射声波的波长较短,从而使得声能不易透射进入夹芯结构的面板,因此吸声系数有所降低。

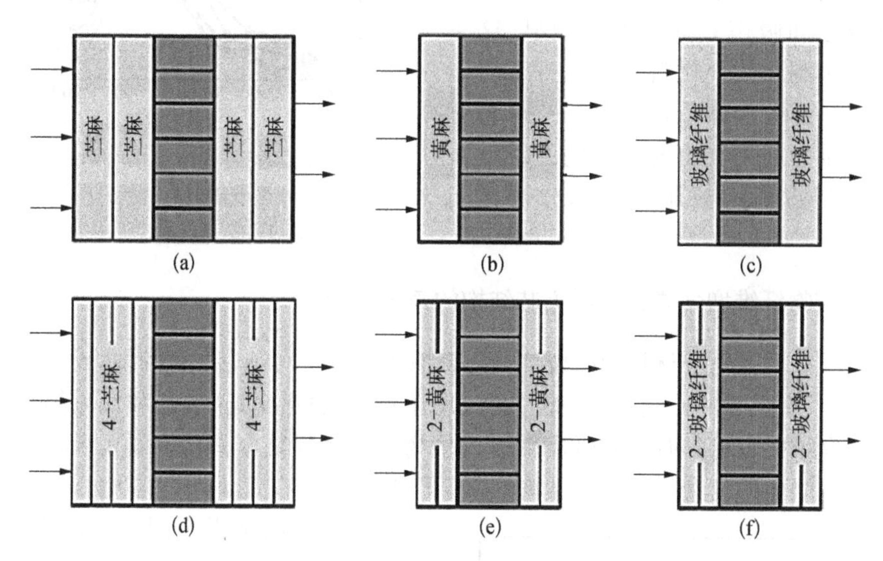

图 6.7　不同纤维增强复合材料面板蜂窝夹芯结构铺层示意图: (a) 2 层苎麻; (b) 1 层黄麻; (c) 1 层玻纤; (d) 4 层苎麻; (e) 2 层黄麻; (f) 2 层玻纤面板(其中蜂窝芯材的厚度相同)

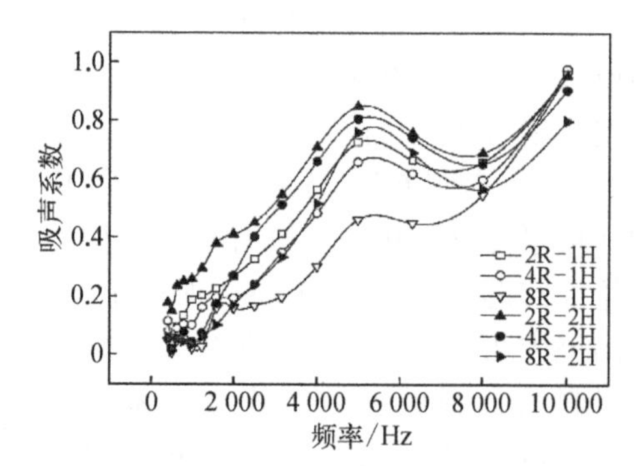

图 6.8　夹芯结构的吸声系数(其中,“2R-1H”代表 2 层苎麻纤维面板与单倍厚度蜂窝夹芯,“2R-2H”代表 2 层苎麻纤维面板与 2 倍厚度蜂窝夹芯)

当夹芯结构的面板材料不变时,增加蜂窝芯材的厚度对于提升复合材料夹芯结构的吸声性能有明显的作用(图6.8)。以 2 层苎麻纤维增强复合材料为面板的夹芯结构为例,具有双倍厚度(12.8 mm)芯材的夹芯结构的吸声系数相比单倍厚度(6.4 mm)芯材的夹芯结构的吸声系数提升了约 0.2,这说明前者相比后者可以多消耗 20%的声波能量。因此,对于复合材料夹芯结构,通过增加芯材的厚度,在大幅提升复合材料结构刚度的同时,还可显著提高其吸声性能。

6.2 植物纤维增强复合材料的热性能

植物纤维增强复合材料除具有优良的声学性能之外,其隔热性能也非常优异。植物纤维的化学组成、微观结构及其增强复合材料的细观结构均对其导热性能有不同程度的影响。

6.2.1 植物纤维增强复合材料的导热性能

1. 植物纤维增强复合材料的热导率

图 6.9 给出了几种单向植物纤维增强复合材料的热导率,碳纤维和玻璃纤维增强复合材料的热导率也在图中给出。可以看出,植物纤维增强复合材料的热导率明显低于玻璃纤维及碳纤维增强复合材料,具有更优异的隔热性能。导热系数的差异首先反映了主要成分物理特性的不同。在纤维体积分数和铺层方式相同的情况下,碳纤增强复合材料的导热系数约是其他几种纤维增强复合材料的 6 倍以上,这主要是由于碳纤维的主要成分石墨具有高度整齐排列的晶体结构,有利于声子在晶格间的热振动,并且石墨晶体结构可提供自由电子。因此,碳纤维增强复合材料具有最高的热导率(1.3 W/mK)。目前,玻璃纤维已被广泛应用于隔热材料,这主要得益于其主要成分为具有低热导率的二氧化硅陶瓷等。对于有机材料,其主要导热载体也是声子,但有机分子运动困难,没有自由电子,结构规整性不如无机非晶体,导热系数更低。

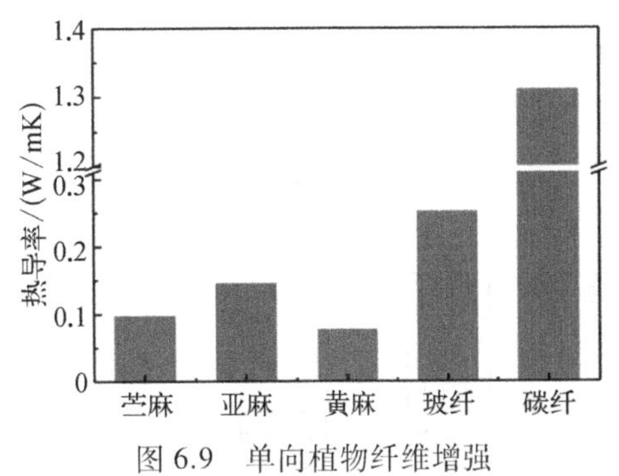

图 6.9 单向植物纤维增强复合材料的热导率

植物纤维增强复合材料较低的导热系数主要来源于植物纤维的主要成分有机纤维素,具有结晶区和无定形区。多项研究表明结晶度越高,晶粒尺寸和晶间距越大,声子平均自由程越大,材料的导热系数则越高[4]。而根据表 6.1,苎麻纤维具有较高的结晶度,其导热系数却低于亚麻纤维,这是由于植物纤维独特的空腔结构对其复合材料的导热系数的影响更为重要。由于空气的热导率更低,空腔中的空气对热流的传播起阻断作用。因此,植物纤维的空腔含量越高,材料的热导率越低。在三种植物纤维中,黄麻纤维的空腔率最大,因此其导热率最低。

表 6.1　亚麻、黄麻、苎麻纤维物理参量

植物纤维	纤维直径/μm	空腔直径/μm	空腔率/%	密度/(g/cm³)	结晶度/%
亚麻	19.3	5	6.8	1.5~1.54	78.65
苎麻	34	5.7	16.7	1.5	82.40
黄麻	81.2	6.7	24.3	1.3~1.45	64.75

2. 纤维体积含量和铺层形式对植物纤维增强复合材料热导率的影响

图 6.10 给出了具有三种不同纤维体积含量(45%、60%和 70%)的单向亚麻纤维增强复合材料的热导率。可以发现复合材料的热导率随亚麻纤维体积含量的增加而显著下降。在植物纤维增强复合材料中,导热主要通过固相和气相进行传热。通过混合定律可知,纤维体积含量越高,纤维起的作用越大,而环氧树脂导热系数的常见文献值约为 0.2 W/mK,高于植物纤维的导热系数 0.1 W/mK,因此,在纤维增强复合材料中,纤维的体积含量越高,复合材料的热导率越低。另外,从气相传热角度看,随着纤维体积含量的上升,更多的空腔被引入,为热流传播路径带来了更多的阻隔,导热削弱作用更明显。由于气体的导热系数非常低,气相传热对材料的导热系数影响更大。Liu 等[5]认为植物纤维的空腔比例对复合材料导热系数的影响超过化学组分和结晶的影响。

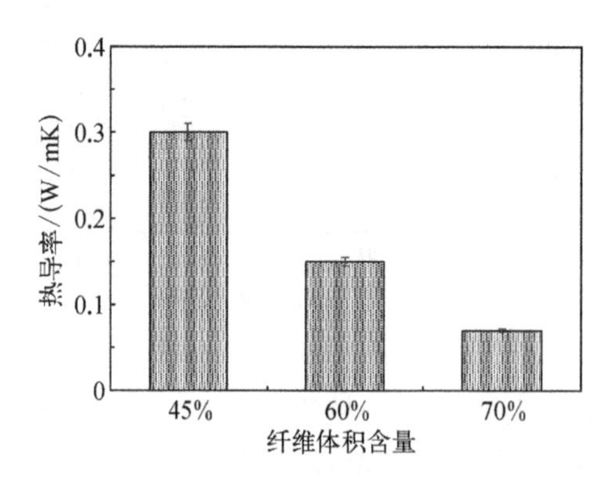

图 6.10　不同纤维体积含量亚麻纤维增强复合材料的热导率

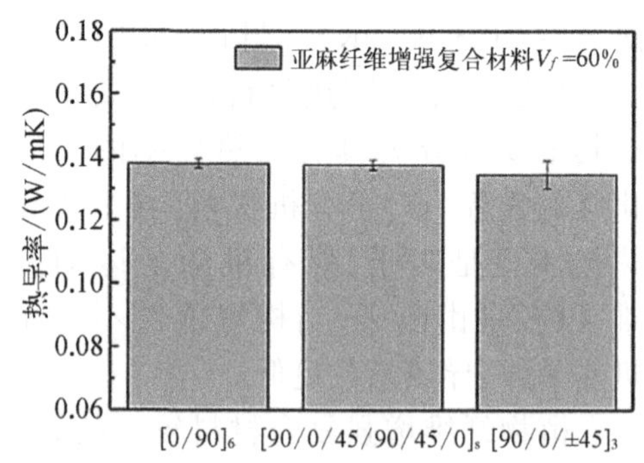

图 6.11　不同铺层形式的亚麻纤维增强复合材料(体积分数为 60%)的热导率

图 6.11 给出了三种不同铺层形式的亚麻纤维增强复合材料的热导率值,可以发现随着纤维铺设方向的增多,纤维取向分布在复合材料中更趋均匀,复合材料的热导率稍有下降。这是由于在植物纤维增强复合材料中,设置不同的铺层角度可使热流在传播过程中与纤维的空腔、多层级的细胞纤维壁层以及纤维素微晶充分

接触,不同的铺层角度可使植物纤维在热流传播的路径上分布更加均匀,从而更多地耗散热能。

6.2.2 植物纤维增强复合材料导热理论模型

傅里叶定律定义了一个三维的导热理论模型,基于实际需要与理论计算的简化,往往将其简化为一维稳态导热情况进行考虑。在对单向长纤维增强复合材料热导率的研究中,多采用二维方形阵列排布管状纤维丝单元模型(two-dimensional square arrayed pipe filament unit cell model, SAPF 模型)[5-8],该模型是对一维导热模型的扩展,使之成为针对三维立体情况下的一维导热模型,可以用于探究不同铺层形式下复合材料的横向热导率。将 SAPF 模型在厚度方向扩展,并假设热流自上而下沿厚度方向传递,即可得到图 6.12 中的包含纤维和树脂基体的立方体复合材料单元模型。其中,深色部分为纤维,浅色部分为树脂。若整个单元的边长为 a, 纤维部分边长为 r_f, 则复合材料的纤维体积含量为

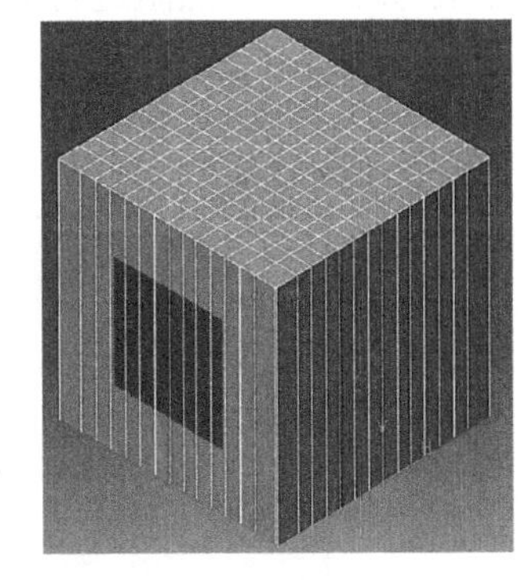

图 6.12 三维 SAPF 模型的示意图

$$V_f = \frac{r_f^2}{a^2} \tag{6.7}$$

假设复合材料的截面与纤维的截面均假设为正方形,该模型的纤维体积含量可以取 0~100%间的任意数值。将该单元结构划分成许多长方体微元,单元结构的热阻即等于所有微元热阻的并联,而微元的热阻即等于微元内各组分热阻的串联,从而可以计算得到整个单元结构的热阻。根据热阻的定义,每个微元的热阻可由下式给出。

$$\Delta R = \frac{h}{k\mathrm{d}x\mathrm{d}y} \tag{6.8}$$

其中,h 为单元沿热流方向的厚度;k 为热导率;$\mathrm{d}x$, $\mathrm{d}y$ 是微元的边长。

而单元模型的总热阻为

$$R^{-1} = \sum_{i=1}^{n}\sum_{j=1}^{n}\frac{1}{\Delta R_{ij}} \tag{6.9}$$

其中,下标 i、j 表示微元的编号;R 为单元总热阻; R_{ij} 为每个微元的热阻。

基于第二章中对植物纤维微观结构的观察和分析,可作出如下假设:

1) 植物纤维的空腔均匀地分布于纤维内部;

2）假设植物纤维的截面形状为正方形；

3）将植物纤维视为各向同性的导热材料。

1. 植物纤维增强复合材料的热阻及热导率计算

由于假设空腔完全均匀地分布于纤维内部，因此可将空腔中空气与纤维的热导率等效为单一的热导率。根据一维导热情况下的热阻模型，可以将串联的空腔热阻与纤维实体热阻进行等效平移得到图 6.13(b)所示的结构。

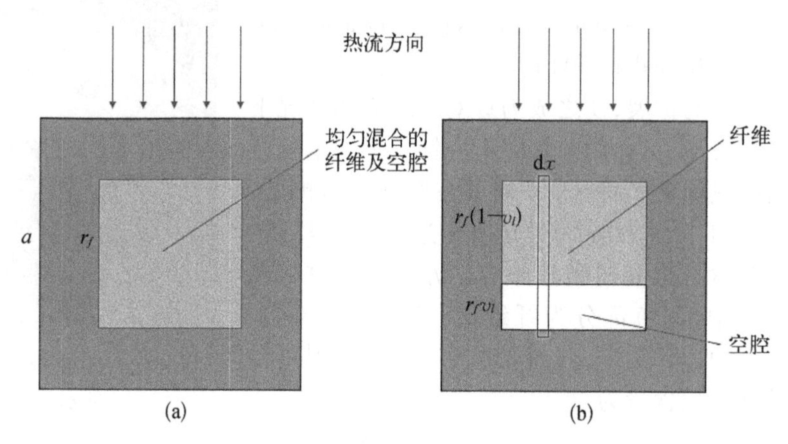

图 6.13　植物纤维增强复合材料(a) 原单元模型的截面和(b) 经等效平移后的单元模型截面

经平移后，可将纤维热阻视为纤维实体热阻与空腔热阻串联的等效热阻，其中任意微元的纤维实体热阻为

$$R_f = \frac{r_f(1 - v_l)}{k_f \mathrm{d}x\mathrm{d}y} \tag{6.10}$$

任意微元的空腔热阻为

$$R_l = \frac{r_f v_l}{k_l \mathrm{d}x\mathrm{d}y} \tag{6.11}$$

综上，可得到植物纤维的整体热阻：

$$R_{fl} = R_f + R_l = \frac{r_f v_l(k_l - k_f) + r_f k_l}{k_f k_l \mathrm{d}x\mathrm{d}y} \tag{6.12}$$

进而可以计算纤维空腔混合材料的热导率，如式(6.13)所示

$$k_{fl} = \frac{r_f}{R_{fl}\mathrm{d}x\mathrm{d}y} = \frac{k_f k_l r_f}{r_f v_l(k_l - k_f) + r_f k_l} \tag{6.13}$$

式(6.12)和式(6.13)中,下标 f 表示纤维,下标 l 表示空腔,下标 fl 表示纤维空腔混合体;R 表示热阻;k 表示热导率;r 表示边长;v_l 表示纤维实体的体积含量;dx 表示微元的宽度;dy 表示微元的厚度(垂直于纸面向内)。

对于复合材料单元模型中的任意微元而言,它的热阻有两种情况(图 6.14)。

微元 1 仅由基体材料构成,其热阻为

$$\Delta R_1 = \frac{a}{k_m \mathrm{d}x\mathrm{d}y} \tag{6.14}$$

微元 2 是由基体材料、纤维和空腔共同构成的,其热阻为

$$\Delta R_2 = \frac{a - r_f}{k_m \mathrm{d}x\mathrm{d}y} + \frac{r_f}{k_{fl} \mathrm{d}x\mathrm{d}y} = \frac{(a - r_f)\, k_{fl} + k_m\, r_f}{k_m\, k_{fl} \mathrm{d}x\mathrm{d}y} \tag{6.15}$$

图 6.14 复合材料代表单元中两种微元的选取

式(6.14)和(6.15)中, a 为单元的边长;下标 m 表示基体。

因此,任意铺层形式下植物纤维增强复合材料的热阻与热导率都可通过这两种微元的串联或并联计算得到。

2. 不同铺层形式植物纤维增强复合材料热阻和热导率的计算

SAPF 模型通常用于计算单向复合材料的导热性能,假如将其用于计算不同铺层形式复合材料的导热性能时,则需要采取进一步的假设。图 6.15 展示了沿热流方向的 0°、90°以及 45°铺层方向复合材料的俯视图。图中铺层为三维 SAPF 模型中的原始定义,而且复合材料的铺层是对称的。因此,可以通过三维 SAPF 模型计算不同铺层形式下的热阻。选定图中的正方形区域为单元模型。其中 45°铺层的情况下,四个正方形区域内纤维的形状与体积含量是完全相等的,每个正方形单元

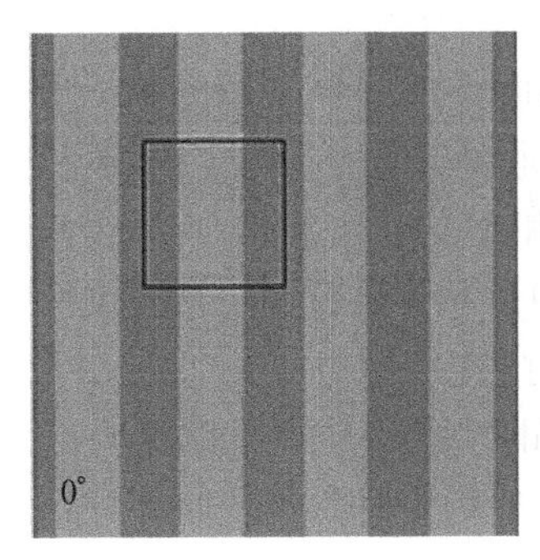

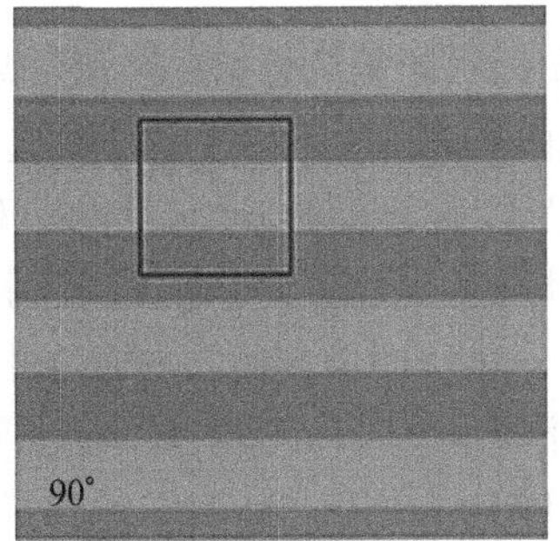

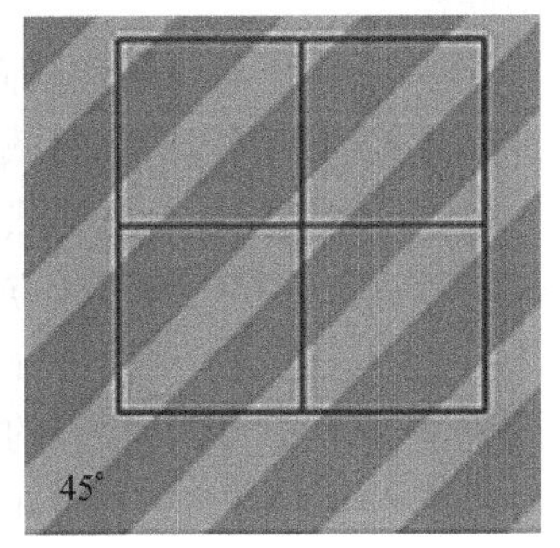

图 6.15 不同铺层方向复合材料单元模型的选择

模型均以一根纤维的中心轴作为单元模型的对角线,以沿铺层方向两根纤维中轴线的距离为单元模型的边长。这种全等性使得三维 SAPF 模型依然有效。因此,这种单元结构的热导率可以用来代表单层复合材料的热导率。

当纤维铺层方向多于两种时,通过在三维 SAPF 模型下叠加新方向的铺层就可以继续计算多种铺层方向下复合材料单元模型的热阻与材料热导率。将 0°、90°和 45°的单元模型进行组合,就可以计算具有多种铺层方向复合材料的热阻与热导率。图 6.16(a)和(b)分别展示了正交铺层与[0°,90°,±45°]铺层的单元模型,热流均自上而下传递。

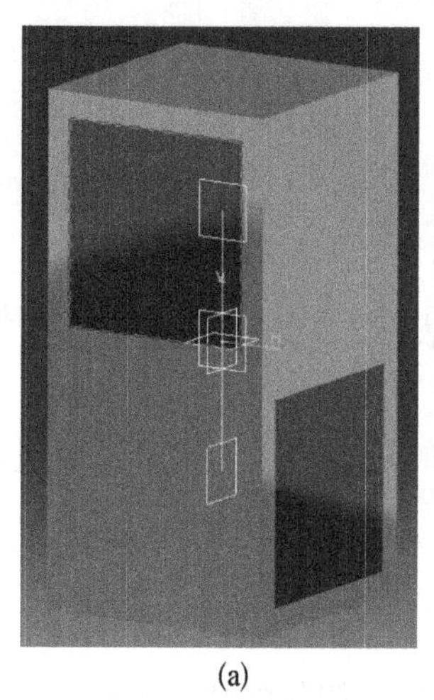

(a)

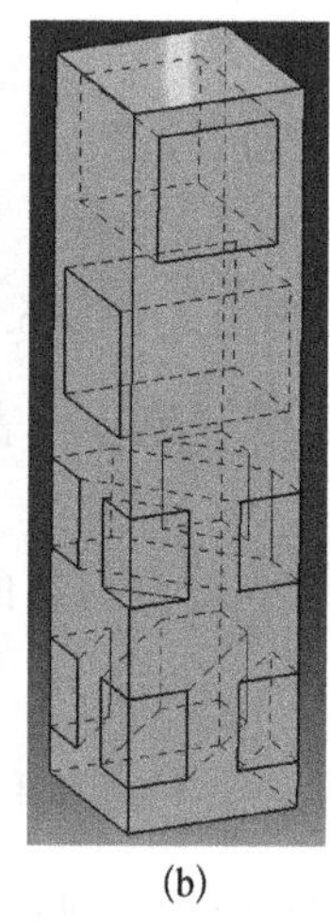

(b)

图 6.16　多铺层方向复合材料的三维 SAPF 叠加模型:(a) 正交铺层;(b) [0°,90°,±45°]铺层

图 6.17　多铺层下的单元串联示意图

将单元模型沿热流方向分割成多个微元,其热阻和热导率的计算方法与单向复合材料的一致。以正交铺层复合材料为例,图 6.17 显示了 0°和 90°两层单元的串联模式。

然而,由于植物纤维截面形状的复杂性,在建立模型时往往需要选择一种便于计算且接近于真实情况的截面形状用于计算。因此,选取且比较了四种截面形状对植物纤维增强复合材料热导率计算的影响,包括圆形和正方形纤维/空腔混合截面及具有大空腔的圆形和方形纤维截面(图 6.18)。其中,纤维/空腔混合是假设纤维与空腔完全均匀地混合在一起从而形成了一种新的材料。图 6.18(a)与(b)中的浅色部分为纤维与空腔的混合材料,而图 6.18(c)与(d)中将纤维中的多个空腔等效成一个大的空腔。图 6.19 为采用三维 SAPF 叠加模型对假设的具有四种纤维截面形状复合材料的热导率计算结果。

(a) 方形—纤维/空腔混合截面

(b) 圆形—纤维/空腔混合截面

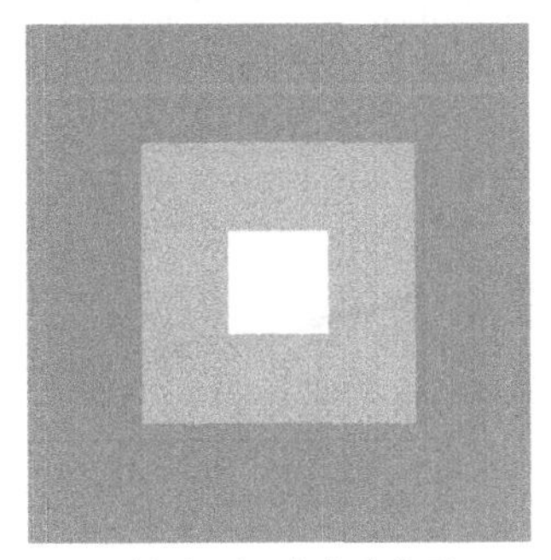

(c) 方形—大空腔截面

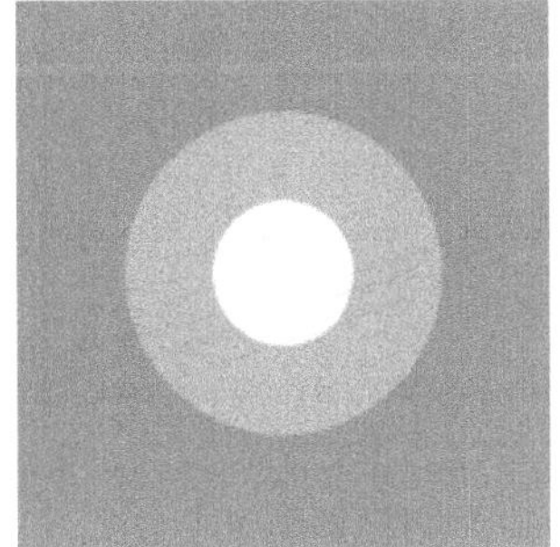

(d) 圆形—大空腔截面

图 6.18 植物纤维增强复合材料中的四种植物纤维截面假设

通过计算可以发现，采用三维 SAPF 叠加模型获得的具有四种植物纤维截面形状的复合材料热导率较为接近。对于四组设定的纤维及基体参数来说，方形—大空腔截面的热导率计算结果都是最大的，而圆形—纤维/空腔混合截面的热导率计算结果最小，其余两种截面的热导率计算结果较为接近。四种截面形状对应的复合材料热导率之间的差异随复合材料纤维体积含量的增加而增大。而且，对于任意截面形状，复合材料的热导率都随纤维体积含量的增大而减小。另外，当纤维与基体材料热导率远远大于空腔(即空气)热导率时，四种截面形状对应的复合材料热导率差别较大[图 6.19(a)和(c)]；而当纤维与基体材料热导率与空腔热导率较为接近时，四种截面形状对应的复合材料热导率较为接近[图 6.19(b)和(d)]。

基于上述三维 SAPF 叠加模型，可提出提升植物纤维增强复合材料隔热性能的复合材料铺层形式设计方案。首先，由于纤维/空腔混合截面的假设比较接近植物纤维的实际空腔分布情况，而方形截面假设易于计算，因此选取方形—纤维/空腔混合植物纤维截面形状的假设。以马尼拉麻纤维增强复合材料[纤维热导率 0.185 W/(m · K)，基体材料热导率 0.4 W/(m · K)，空腔尺寸比 $r_f/r_l=0.2$]为例，分析不同铺层形式对复合材料热导率的影响。通过 Matlab 软件可计算获得五种铺

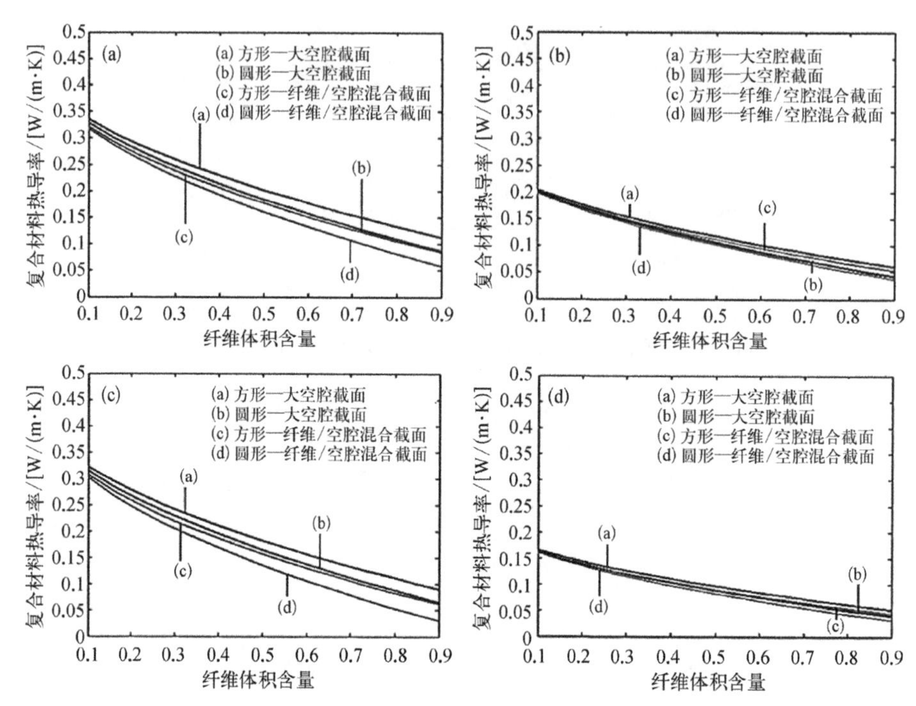

图 6.19　三维 SAPF 叠加模型计算的具有四种纤维截面形状的植物纤维增强复合材料热导率。其中材料参数：(a) $k_f=0.1, k_m=0.4, r_f/r_l=0.2$；(b) $k_f=0.05, k_m=0.25, r_f/r_l=0.25$；(c) 材料参数：$k_f=0.1, k_m=0.4, r_f/r_l=0.5$；(d) 材料参数：$k_f=0.05, k_m=0.2, r_f/r_l=0.5$。其中空腔(空气)的热导率为 0.023 W/(m · K)

层形式的复合材料热导率随纤维体积含量的变化规律(图 6.20)。在同等纤维体积含量下，单向铺层复合材料的热导率最高，[0°,90°]铺层与[0°,0°,90°]铺层复合材料的热导率非常接近，而[0°,90°,+45°,-45°]与[0°,90°,+45°,-45°,0°,90°]铺层复合材料的热导率最低，且两种热导率变化曲线几乎完全重合。

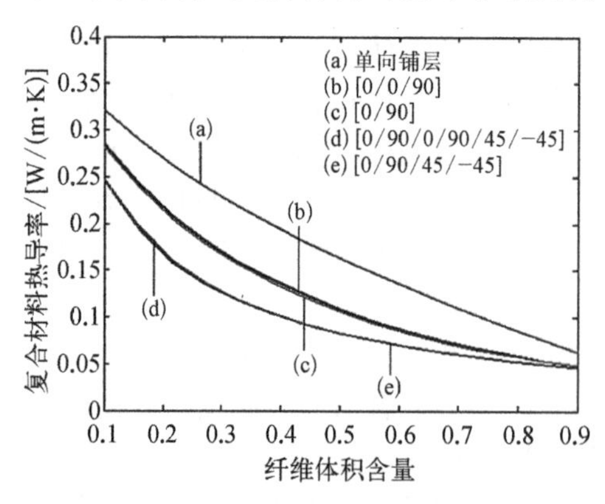

图 6.20　五种铺层形式的马尼拉麻纤维增强复合材料热导率随纤维体积含量的变化规律

通过以上分析可以发现，多向铺层比单向铺层的复合材料具有更好的隔热性能，这与实验测得的结果是一致的。尤其是纤维体积含量在 30%～50% 区间内，准各向同性铺层的复合材料比单向铺层复合材料的隔热性能提高了 20%左右。因此，在纤维体积含量相同的情况下，增加铺层方向可以提高复合材料的隔热性能。

6.3 植物纤维增强复合材料的介电性能

近年来,树脂基复合材料的吸波透波性能已得到广泛研究。玻璃纤维以其较低的介电损耗、较好的耐腐蚀性能和优异的力学性能,已作为透波材料被广泛应用于雷达天线罩等结构中。植物纤维增强复合材料除具有轻质、环保,以及与玻璃纤维增强复合材料相近的比强度和比模量外,其透波性能也很优异。本章将重点介绍植物纤维增强复合材料的介电性能。

介电性能反映了电磁波与材料的相互作用。电磁吸收和屏蔽是电磁波与材料作用的效果,一般通过介电常数和介电损耗来表示。材料的介电常数和介电损耗均会随频率发生变化。但在高频区(GHz 量级),介电常数趋于稳定且介电损耗几乎不变,因此常使用频段中点(9.375 GHz)测量值来表征材料介电性能。图 6.21 给出了几种植物纤维增强复合材料以及玻璃纤维、碳纤维增强复合材料的介电性能,可以发现三种植物纤维增强复合材料的介电常数和介电损耗均低于碳纤维增强复合材料,并与玻璃纤维增强复合材料的介电性能相近,特别是介电损耗甚至低于玻璃纤维增强复合材料,显示了极好的透波性能。这是由于碳纤维中的石墨晶体内有大量的自由电子,使碳纤维具有良好的导电性能,对电磁波具有良好的损耗效果。因此,碳纤维增强复合材料的介电常数和介电损耗都相对较高。玻璃纤维中的 SiO_2、Al_2O_3和 Si_3O_4等无机组分是无耗介电材料,且具有较好的介电稳定性。因此,使得玻璃纤维增强复合材料具有较低的介电常数和介电损耗,透波性能良好。

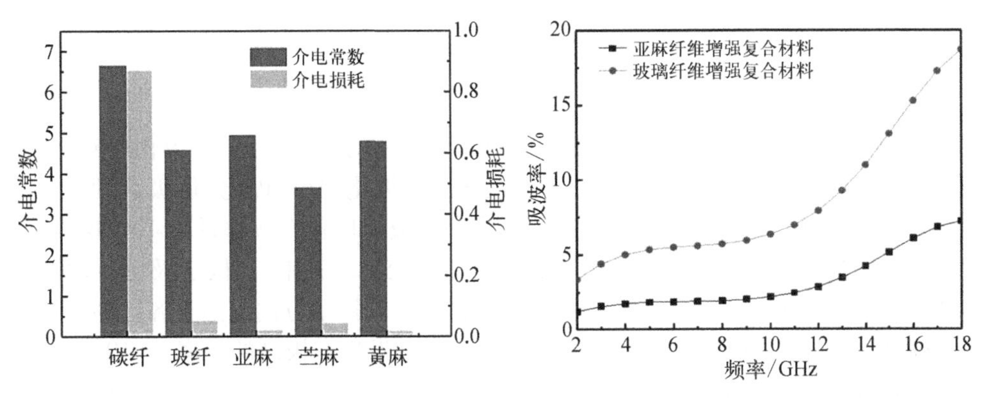

图 6.21 不同纤维增强复合材料的介电常数和介电损耗(9.375 GHz)

图 6.22 亚麻纤维增强复合材料与玻璃纤维增强复合材料在 2~18 GHz 频段的吸波率

图 6.22 给出了根据材料的复介电常数计算的亚麻纤维增强复合材料和玻璃纤维增强复合材料的吸波率。很明显,亚麻纤维增强复合材料在 2~18 GHz 频段的吸波率均低于玻璃纤维增强复合材料,这证明亚麻纤维增强复合材料具有更高的

电磁波传输效率和更好的透波性能。因此，植物纤维增强复合材料是比玻璃纤维增强复合材料更为理想的透波材料，具有应用于雷达罩等透波结构的潜质。

1. 纤维体积含量对植物纤维增强复合材料介电性能的影响

图 6.23 给出了不同纤维体积含量的植物纤维增强复合材料的介电常数和介电损耗随频率的变化。可以看出，植物纤维增强复合材料的介电性能有很强的频率依赖性，并随着频率的增大呈下降趋势，之后逐渐趋于稳定。从图中可看出，纯环氧树脂的介电性能几乎不受频率的影响，因此植物纤维增强复合材料介电性能对频率的依赖性主要源于其增强体。而在同一频率下，植物纤维增强复合材料的介电常数和介电损耗则随着纤维体积含量的增大而明显上升，而且在低频段时影响更为显著。

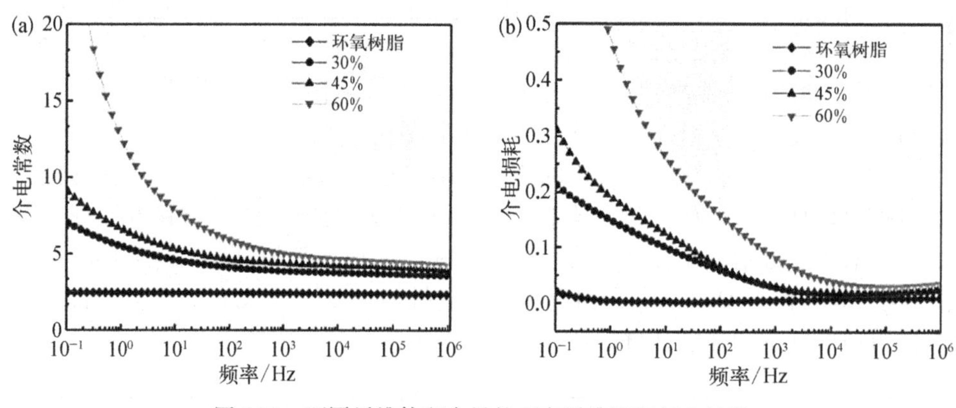

图 6.23　不同纤维体积含量的亚麻纤维增强复合材料 (a) 介电常数和(b) 介电损耗随频率的变化

介电性能的频率依赖性主要源于电磁波对材料的极化作用，而极化时对电磁波的损耗是不可避免的。极化作用主要包括离子极化、分子极化(偶极子、原子和电子极化的总和)和界面极化等。离子极化和偶极子极化在频率低于 10^6 Hz 时会产生明显的损耗，之后将无法跟上电磁场的频率变化。其中，偶极子极化(或称取向极化)主要是由于极性分子在外加电磁场作用下偶极子方向逐渐整齐排列，表现出取向极化。而原子和电子极化是瞬态极化，通常发生在极高的频率下(10^{16} Hz)，引起的损耗较少。界面极化是由介质中的不连续性引起的微观极化，主要由于载流子(电子、离子等)趋向于在介质不连续处的集聚。对于植物纤维增强复合材料，随着纤维体积含量的增加，复合材料内部纤维和基体的界面数量也大幅增加，更多的电荷将在这些界面处聚集，界面极化得到增强。另外，由于植物纤维自带的羟基极性基团可提升复合材料的极化能力，当复合材料中的植物纤维体积含量增加时，偶极子的数量增加，促使复合材料的介电常数和介电损耗提升。因此，在增强了的界面极化和取向极化共同作用下，随着纤维体积含量的增加，复合材料的介电常数和介电损耗都升高。随着频率的上升，自由偶极子运动更加活跃，偶极子的排序逐渐混乱，取向极化减弱，因此复合材料整体极化程度下降，介电常数下降，同时自由偶极子在交变电场中将产生较少的介电损耗。由于取向极化作用在低频段时较强，而在高频下减弱，因此纤维体积含量对植物纤维增强复合材料介电性能的影响在低频时更大。而对于环氧树脂来说，由于高分子材料的主要极化机制是瞬时发生的原子极化，其极化程度很低，介电损耗小，因此环氧树脂的介电性能较低，且基本不随频率发生变化。

2. 铺层形式对植物纤维增强复合材料介电性能的影响

图 6.24 给出了不同铺层形式的植物纤维、玻璃纤维以及碳纤维增强复合材料的介电常数和介电损耗随频率的变化。可以看出，对于同一种纤维增强复合材料，铺层形式对于介电性能的影响并不明显，这也说明了影响植物纤维增强复合材料在不同频率下极化行为的主要因素是微观极化机制，而宏观铺层形式对复合材料极化行为的作用较弱。当复合材料的纤维体积含量不变，仅改变铺层形式时，植物纤维上的极性基团总数、结晶区和无定形区含量都没有发生变化，因此自由偶极子的数量变化不大。此外，纤维和基体之间的界面数目也没有改变，因此导致复合材料介电性能变化不明显。然而，尽管铺层形式对复合材料介电性能的影响有限，也还是可以观察到单向铺层的亚麻纤维增强复合材料的介电常数和介电损耗最高，而正交铺层复合材料的介电常数最低，准各向同性铺层复合材料的介电损耗最低。

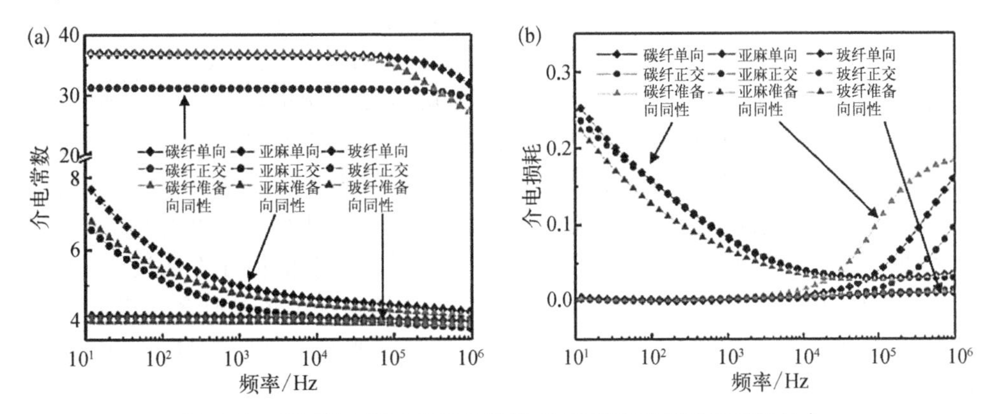

图 6.24 不同铺层形式的亚麻纤维、玻璃纤维和碳纤维增强复合材料的(a) 介电常数和(b) 介电损耗随频率的变化

一般来说，偶极子的取向倾向于跟纤维排列的方向保持一致，因此极化基团分布的方向性使得植物纤维增强复合材料的介电性能与纤维方向表现出一定的关联

性。在单向铺层复合材料中,极性基团取向整齐,取向极化作用增强,所以介电常数较高。同时,固定取向的偶极子在交变电场中会引起较多的损耗,所以复合材料的介电损耗也较高。而在正交铺层复合材料中,取向极化变弱,介电常数下降。在准各向同性铺层时,由于结晶纤维素分布更均匀,复合材料整体的极性略有下降,从而导致了复合材料介电损耗的下降。

另外,铺层形式对碳纤维增强复合材料介电常数的影响与对植物纤维增强复合材料的影响相似。但是碳纤增强复合材料的介电损耗在 $10 \sim 10^4$ Hz 范围内几乎不发生变化,随着频率的增加,介电损耗才逐渐上升。这是由于碳纤维增强复合材料中的石墨分子在较高频率下无法跟上电场频率的变化,因而产生较多的介电损耗。对于玻璃纤维增强复合材料而言,铺层形式的改变对其介电性能并无明显影响。这是由于玻璃纤维和环氧基体都是电子和原子极化,在宽频微波范围均无弛豫现象,所以表现出优越的介电稳定性。

6.4　植物纤维增强复合材料的阻尼性能

阻尼就是使自由振动产生衰减的各种摩擦和其他阻碍作用。阻尼比是一个无量纲参量,等于实际的黏性阻尼系数与临界阻尼系数之比,表示了结构在受激振后振动的衰减能力,体现了结构体标准化的阻尼大小。人造纤维增强复合材料的阻尼机制主要分为以下几类: ① 纤维与基体材料自身具有的黏弹性。其中,基体对复合材料的阻尼性能起主导作用,而个别种类的纤维也具有较好的阻尼性能。② 由界面引起的阻尼效应。界面具有与纤维和基体不同的性质,纤维与基体结合情况的不同会为复合材料带来不同的阻尼性能。③ 由复合材料内部损伤引起的阻尼效应,一种是界面脱黏区域或者分层区域内发生滑移引起的摩擦阻尼;另一种是基开裂或者纤维破坏等缺陷带来能量耗散。④ 黏塑性阻尼。对于热塑性复合材料来说,当振动幅度较大或者应力水平较高时,纤维与纤维间的局部区域会产生应力集中,引起热塑性基体明显的非线性阻尼。⑤ 热弹性阻尼。对于热塑性复合材料来说,施加载荷的增大可使材料温度升高,从压应力区到拉应力区循环热流的存在会引起阻尼效应。对于植物纤维来说,其主要成分是有机高分子材料,具有较高的黏弹性,此外植物纤维还具有多层级的结构特点,这为植物纤维增强复合材料带来了与人造纤维增强复合材料不同的新的阻尼机制。

获得复合材料阻尼性能的实验方法有半功率宽带法和对数衰减法。半功率宽带法是在受迫振动条件下测试材料的阻尼性能,当在空气环境中测试时,受空气阻尼的影响较大。对数衰减法采集的是自由振动下的数据,大多数驻留频率都不在试样的共振区,振动幅度普遍较小,所以空气阻尼对其测量值的影响甚微。图 6.25 给出了通过对数衰减法测试得到的单向亚麻纤维和碳纤维增强复合材料在一阶共振频率附近阻尼比的变化，发现不同驻留频率下的阻尼比均在 1.7%~2.0% 的范围内变化，且普遍比碳纤维增强复合材料高出 50% 以上。

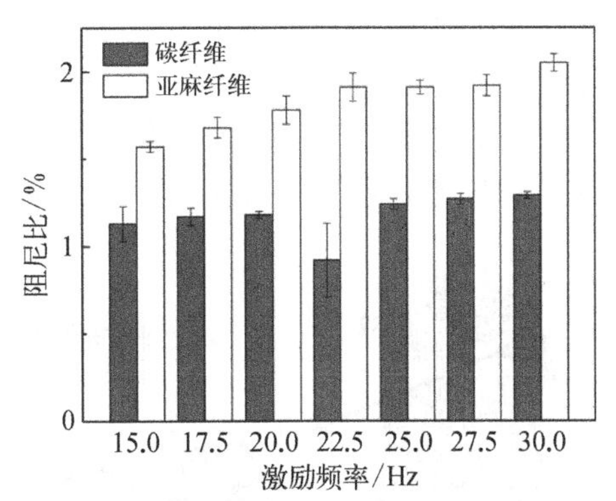

图 6.25 采用对数衰减法测试得到的亚麻纤维和碳纤维增强复合材料的阻尼比

另外，通过动态热机械分析（dynamic mechanical analysis, DMA）方法测试复合材料的损耗因子，也可用来表征其阻尼性能。DMA 测试方法也是在受迫振动条件下测试材料的阻尼性能。通过测量材料的正弦应变（或应力）及两个正弦波相位的偏移，计算材料的储能模量（E'）和损耗模量（E''）。其中，E' 代表材料的弹性组分，与样品的刚度有关；E'' 代表材料的黏性组分，与材料分子运动中机械能的耗散有关。损耗因子 $\tan\theta$ 也是表征材料阻尼性能的常用参数指标，是损耗模量与储能模量之比，即

$$\tan\theta = E''/E' \tag{6.16}$$

图 6.26 为通过 DMA 测试得到的单向亚麻纤维和碳纤维增强复合材料的损耗因子随测试振幅的变化情况。可以看出，两种复合材料的损耗因子均随着振幅的增加呈现出上升的趋势，这是由于 DMA 测试施加的正弦振动是一种受迫振动，当振幅增大时，由材料内部变形导致的摩擦也随之增多，耗散的能量增大。另外，亚麻纤维增强复合材料的损耗因子比碳纤维增强复合材料高很多，为其 2 倍左右。

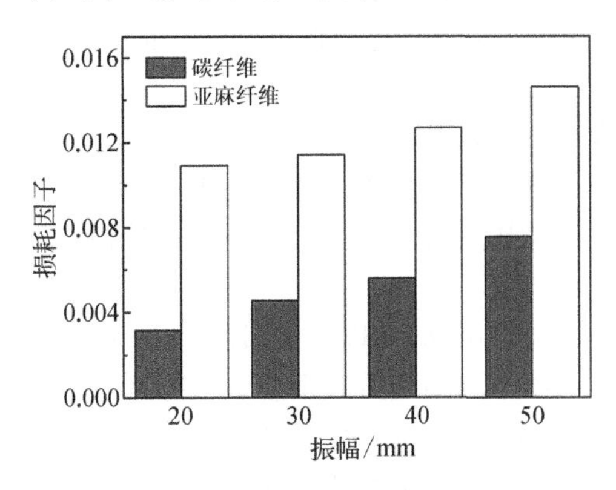

图 6.26 采用 DMA 测试得到的亚麻纤维和碳纤维增强复合材料的损耗因子

通过以上两种阻尼测试方法获得的植物纤维增强复合材料的阻尼性能皆比碳纤维增强复合材料要高出很多，说明了植物纤维增强复合材料具有优异的阻尼性能。对于人造纤维来说，比如碳纤维，纤维自身为均质实心结构，且为弹性材料。对于碳纤维增强复合材料，在没有损伤的前提下，其主要通过树脂基体本身的黏弹性以及碳纤维与树脂基体间的界面和复合材料的层间耗散机械能。而对于植物纤维增强复合材料来说，除

了同碳纤维增强复合材料一样，通过黏弹性的树脂基体，纤维与树脂基体间的界面，以及复合材料层间耗散能量外，植物纤维独特的多层级结构也对其优异的阻尼性能贡献很大。以亚麻纤维为例，由于天然生长的原因，细胞纤维主壁层，次壁 S1 层、S2 层和 S3 层，以及各壁层内部的纤维素微纤丝层之间并不能完全紧密地结合在一起，许多区域间结合较弱，存在大量空隙。在振动的过程中，外部载荷从树脂基体向植物纤维各壁层和各微纤丝层依次传递。以起主要承力作用的 S2 层为例，如图 6.27 所示，一部分纤维素微纤丝子层 L_n 与相邻的子层 L_{n+1} 之间相互接触，在应力向内传递的过程中，L_n 产生应变，而较弱的界面剪切作用使 L_{n+1} 产生一个更小的应变，这个应变差形成了相对位移，造成纤维素微纤丝子层间的界面摩擦耗能。因此，与碳纤维相比，植物纤维多层级结构所带来的内部各壁层和微纤丝子层间的界面为能量耗散提供了更多渠道，使得植物纤维增强复合材料的阻尼性能远高于碳纤维增强复合材料。

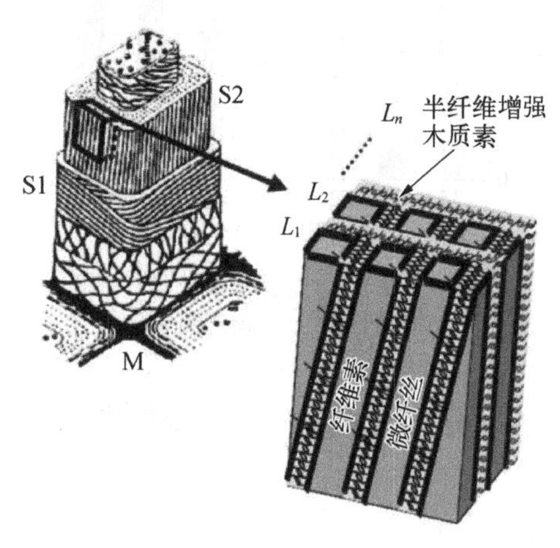

图 6.27　亚麻纤维 S2 层内部结构

6.5　植物纤维增强复合材料的阻燃性能

植物纤维增强复合材料，因植物纤维的易燃特性，很难通过航空、汽车等应用对阻燃性能的要求。阻燃剂作为一种最简便有效的添加剂，成为改善复合材料阻燃性能的首要选择。根据使用方法，阻燃剂通常可分为两种类型：添加型和反应型。

反应型阻燃剂的用量一般比较大，要涉及的工艺条件变量比较多，很复杂。添加型阻燃剂的使用方法简单易行，既可以满足阻燃要求，又可以降低成本，所以一般采用添加型阻燃剂。添加型阻燃剂加入基体中，是以物理的分散形态与树脂基体混合而存在，从而发挥阻燃作用。

阻燃剂按其成分一般分为溴系、氯系、磷系、氮系、硅系以及无机阻燃剂等。不同的阻燃体系其特点不尽相同，各有优缺点。卤素阻燃剂虽然阻燃效果好，但其燃烧时会产生有毒和强腐蚀性气体，产生浓烟；镁铝阻燃剂虽有不错的抑烟性能，但需添加很大量才可达到阻燃效果，而这又会使材料的力学性能和成型性能变差；膨胀型阻燃剂阻燃效果不错，无毒无卤，但膨胀型阻燃剂与大部分基体的相容性差，会使材料的力学性能变差，且膨胀型阻燃剂易吸潮，使用时会导致聚合物吸湿。

6.5.1 阻燃剂 DOPO 对植物纤维增强复合材料阻燃性能的影响

目前,针对植物纤维增强复合材料的阻燃,人们提出了理想阻燃剂的基本概念并进行初步实施,不但要求能使被阻燃材料获得极强的阻燃性能,也能够兼顾材料的力学性能和加工性能等,而且可使被阻燃材料拥有功能性,环境友好,即具有"绿色阻燃技术"的特征。因此,植物纤维增强复合材料的阻燃体系的选择主要从阻燃效率、产品性能、毒性等方面考虑。

1）环保、安全。没有重金属、低毒性,对环境影响尽可能小。

2）高效、稳定、耐久。大多数阻燃剂均会降低材料的力学性能、加工性能、电性能等,因此不仅要求阻燃剂的阻燃效果好,在满足阻燃要求的前提下,使用量应尽可能少,且阻燃剂必须耐久性优良,无明显的表面迁移。

3）低成本。针对植物纤维表面自带大量羟基的特点,选择或合成带有特定官能团的阻燃剂,使其与植物纤维的羟基发生反应,可在有效改善复合材料的阻燃性能的同时,提高纤维与树脂基体的界面性能,通过减少纤维表面处理的环节,降低成本。

9,10-二氢-9-氧杂-10-磷杂菲-10-氧化物(DOPO)是一种反应型磷系阻燃剂的中间体,它具有优良的阻燃性,无烟无毒,由于P—C键的存在,其化学稳定性好、耐水、可以永久阻燃而且不发生迁移。在改性高分子材料时,可实现在提高材料的有机溶解性和热稳定性的同时保持或仅部分改变高分子材料的力学和其他性能。因此,带有羧基的 DOPO 阻燃剂可以用于改性植物纤维,以改善其增强复合材料的阻燃性能。本节以苎麻纤维为例,介绍 DOPO 对植物纤维增强复合材料阻燃改性的效果。

将苎麻纤维在带有羧基的 DOPO 阻燃剂溶液中浸泡进行阻燃处理。通过对比未经阻燃改性的和经 DOPO 阻燃改性后的苎麻纤维增强酚醛树脂复合材料的燃烧性能(表 6.2),可以发现尽管树脂基体采用的是阻燃的酚醛树脂,未改性苎麻纤维增强酚醛复合材料的极限氧指数(LOI)仅为 26.4,且无法自熄,属于可燃材料。对苎麻纤维进行阻燃改性后,复合材料的 LOI 值会有所上升,且 DOPO 含量越高,LOI 值越大。当阻燃剂含量为 9.3%时,复合材料的燃烧等级已达到 UL94 V-1 级;当阻燃剂含量达到 11.4%时,复合材料的燃烧等级达到了最高的 UL94 V-0 级;然而,随着阻燃剂含量的继续增大,复合材料的燃烧等级却下降为 UL94 V-1 级。

表 6.2 未经阻燃改性与 DOPO 阻燃改性的苎麻纤维增强复合材料燃烧性能(苎麻纤维体积含量为 65%)

DOPO 含量/%	极限氧指数(LOI)	是否燃至夹具	UL94 等级
0	26.4	是	不能达到
6.0	27.4	是	不能达到
9.3	29.0	否	V-1

续表

DOPO 含量/%	极限氧指数(LOI)	是否燃至夹具	UL94 等级
11.4	30.6	否	V-0
14.8	31.8	否	V-1
17.6	32.2	否	V-1

未经阻燃改性和几组不同 DOPO 含量阻燃剂改性的复合材料在极限氧指数测试后的形貌(图 6.28)也有较大不同。总体来说,经过 DOPO 阻燃改性的苎麻纤维增强复合材料试样燃烧后的形状保持较为完整,表面形成了黑色的炭层,起到了阻碍氧气进入材料内部和抑制可燃性气体进入燃烧区的作用,提升了复合材料的阻燃性能。然而,当阻燃剂含量超过 14.8%时,试样在燃烧后的形状保持能力变差;随着阻燃剂含量的继续增加,试样在燃烧过程中发生断裂。另外,燃烧后试样内部还出现了明显的开裂(图 6.29)。这是由于在纤维体积含量保持不变的情况下,随着阻燃剂含量的增加,复合材料中树脂的含量降低,当阻燃剂含量达到 17.6%时,复合材料中的树脂含量已不足 20%,在复合材料内部会产生贫胶区,该区域在复合材料的燃烧过程中易发生开裂,并导致燃烧在开裂处进行,形成更大的裂缝。

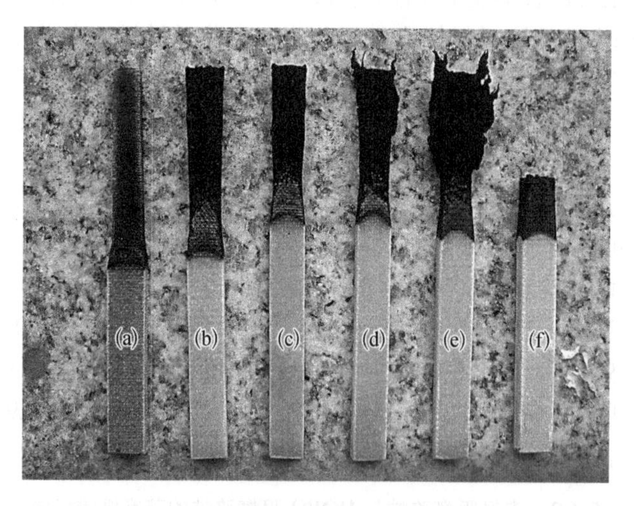

图 6.28　苎麻纤维增强复合材料燃烧测试后的形貌
[DOPO 阻燃剂含量: (a) 0;(b) 6.0%;(c) 9.3%;(d) 11.4%;(e) 14.8%;(f) 17.6%]

苎麻纤维在经过 DOPO 阻燃处理后,其复合材料在高温下的残炭量明显增加(表 6.3)。这是由于 DOPO 在加热的过程中会产生磷酸,促使复合材料脱水发生炭化,起到了凝聚相阻燃作用,从而提升了复合材料整体的阻燃性能。同时,DOPO

图 6.29 经 17.6%DOPO 阻燃改性的苎麻纤维增强复合材料燃烧后的形貌

作为阻燃剂会率先发生分解,使得 DOPO 改性苎麻纤维增强复合材料的 T_{onset}(热失重达到 5%时的温度)和 T_{max}(热失重速率达到最大时的温度)均低于未经阻燃改性的复合材料。

表 6.3 未经阻燃改性和经 DOPO 阻燃改性的苎麻纤维增强复合材料的热稳定性能

DOPO 含量/%	温度(℃)		残炭量/%		
	T_{onset}	T_{max}	400℃	600℃	800℃
0	282.5	352.9	51.3	37.5	33.1
9.3	274.6	318.1	58.6	46.5	40.4

另外,苎麻纤维增强复合材料的玻璃化转变温度随着 DOPO 含量的增加而降低,然而复合材料的损耗因子峰值却随着 DOPO 含量的增加而提高(表 6.4)。DOPO 因参与了酚醛树脂的固化反应而降低了酚醛树脂的交联度,因此,复合材料的玻璃化转变温度降低和损耗因子的峰值显著提高。同时,经 DOPO 阻燃改性的苎麻纤维增强复合材料的储能模量在温度扫描后期出现不同程度的上升(图 6.30)。在 50℃左右时,DOPO 的加入并未降低复合材料的储能模量,相反,储能模量却因 DOPO 的加入而均略有上升。这是因为 DOPO 在低温下具有较强的刚度,弥补了酚醛树脂交联度下降所导致的储能模量的降低[9]。随着温度的升高,酚醛树脂发生二次固化,使得复合材料的储能模量上升。另外,在高温下复合材料的储能模量随着 DOPO 含量的增加而降低。

表 6.4 未经阻燃改性和经 DOPO 阻燃改性的苎麻纤维增强复合材料的玻璃化转变温度和损耗因子峰值

DOPO 含量/%	玻璃化转变温度/℃	损耗因子峰值
0	180.6	0.036
6.0	135.2	0.156
9.3	128.8	0.158

续表

DOPO 含量/%	玻璃化转变温度/℃	损耗因子峰值
11.4	128.5	0.165
14.8	104.7	0.172
17.6	95.8	0.199

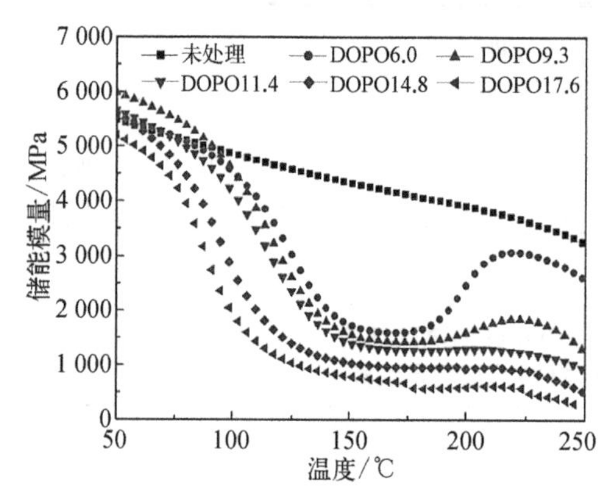

图 6.30　未经阻燃改性和经 DOPO 阻燃改性的苎麻纤维增强复合材料的储能模量随温度的变化

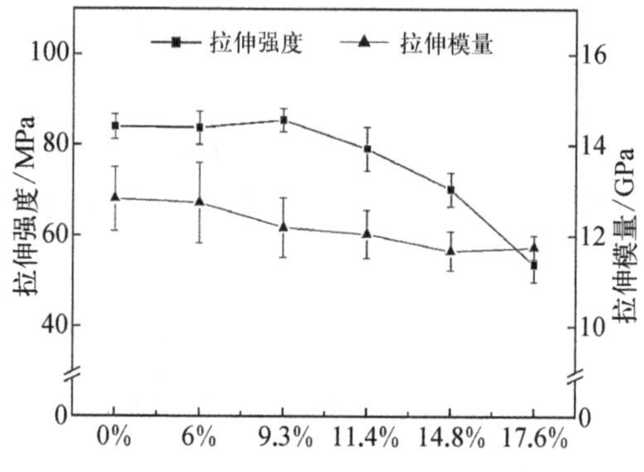

图 6.31　未处理和经过阻燃处理的复合材料的拉伸性能

6.5.2　阻燃改性对植物纤维增强复合材料力学性能的影响

一般来说,阻燃剂加入复合材料中,虽然可以有效改善复合材料的阻燃性能,但通常会带来力学性能的下降。对比未经阻燃改性和经 DOPO 阻燃改性的复合材料的拉伸性能(图 6.31),可以发现当 DOPO 的含量低于 9.3%时,复合材料的拉伸强度基本不变,然而随着 DOPO 含量的继续增加,拉伸强度呈大幅下降趋势。这是由于在复合材料纤维体积含量保持不变的前提下,随着 DOPO 含量的增加,复合材料中的树脂含量降低,无法在复合材料中形成有效的连续相,在某些区域产生贫胶区,这些区域在拉伸应力的作用下发生应力集中,从而导致复合材料在较低的应力水平下发生破坏,拉伸强度显著降低。图 6.32 为未改性和 DOPO 含量为 17.6%的复合材料拉伸破坏形貌,可以发现,未改性复合材料的破坏断面较为平整,为典型的纤维断裂破坏;而 DOPO 含量为 17.6%的复合材料试样破坏断面呈锯齿状,且有明显的分层现象,证明了局部贫胶区的存在。但是,阻燃剂的含量对复合材料拉伸模量的影响并不明显。

此外,复合材料的弯曲强度随着 DOPO 含量的增加呈现先上升后大幅下降的趋势(图 6.33),这是由于 DOPO 的加入使酚醛树脂的交联度降低,从而提升了复合材料的韧性,并降低了复合材料对缺陷和微裂纹的敏感度,使复合材料的弯曲强

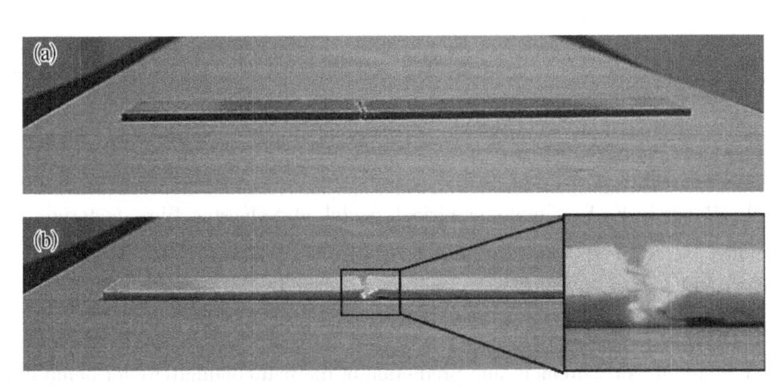

图 6.32 (a) 未改性和(b) DOPO 含量为 17.6%的复合材料的拉伸破坏形貌

度有一定幅度的提升。然而,当 DOPO 的含量超过 11.4%时,基体含量过低,使得复合材料在纤维和基体的某些界面处出现贫胶区,而使界面性能变差,在弯曲载荷的作用下,发生分层破坏,使复合材料的弯曲强度显著下降。图 6.34 为未改性和经 17.6% DOPO 改性的复合材料弯曲破坏形貌。可以发现,未改性的复合材料的弯曲断面较平整;而经 17.6% 含量 DOPO 改性的复合材料弯曲破坏断面呈锯齿状,并伴有明显的分层现象,证明复合材料的界面性能变差。随着 DOPO 含量的增加,复合材料的弯曲模量则有小幅上升。

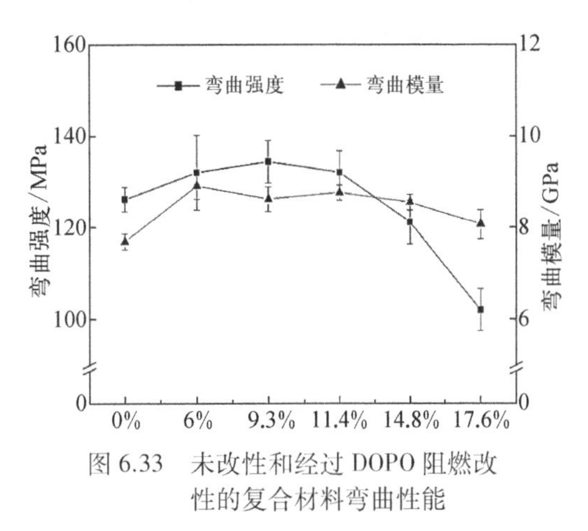

图 6.33 未改性和经过 DOPO 阻燃改性的复合材料弯曲性能

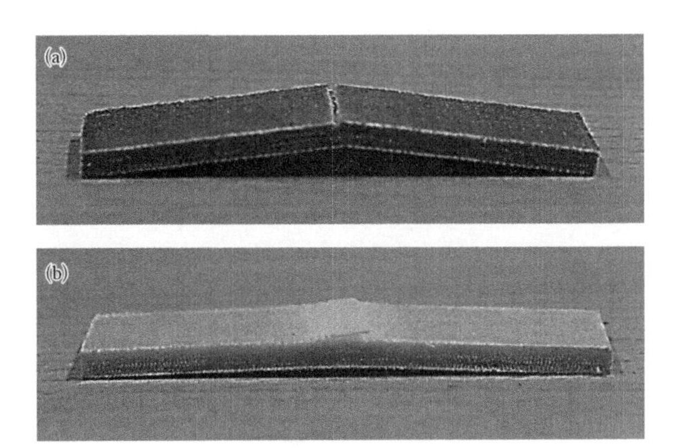

图 6.34 (a) 未改性和(b) 经 17.6% DOPO 改性的复合材料弯曲破坏形貌

参考文献

[1] Delany M E, Bazley E N. Acoustical properties of fibrous materials[J]. Applied Acoustics, 1970,3: 105 - 106.

[2] Garai M, Pompoli F A. Simple empirical model of polyester fibre materials for acoustical applications[J]. Applied Acoustics, 2005, 66: 1383 - 1398.

[3] Mechel F P. Design charts for sound absorber layers[J]. Journal of the Acoustical Society of America, 1988, 83(3): 1002.

[4] Behzad T, Sain M. Measurement and prediction of thermal conductivity for hemp fiber reinforced composites[J]. Polymer Engineering & Science, 2007, 47(7): 977 - 983.

[5] Liu K, Takagi H, Osugi R, et al. Effect of lumen size on the effective transverse thermal conductivity of unidirectional natural fiber composites[J]. Composites Science & Technology, 2012, 72(5): 633 - 639.

[6] Zhou M Q, Yu B M, Zhang D M, et al. Study on optimization of transverse thermal conductivities of unidirectional composites[J]. Journal of Heat Transfer, 2003, 125(6): 980.

[7] Zou M Q, Yu B M, Zhang D M. An analytical solution for transverse thermal conductivities of unidirectional fibre composites with thermal barrier[J]. Journal of physics D: Applied Physics, 2002, (35): 1867 - 1874.

[8] Behzad T, Sain M. Measurement and prediction of thermal conductivity for hemp fiber reinforced composites[J]. Polymer Engineering and Science, 2007, 47(7): 977 - 983.

[9] Burger N, Laachachi A, Ferriol M, et al. Review of thermal conductivity in composites: Mechanisms, parameters and theory[J]. Progress in Polymer Science, 2016, 61: 1 - 28

[10] Tobolsky AV. Properties and structure of polymers[M]. New York: Wiley, 1960.

第7章　植物纤维增强复合材料的老化

材料的服役行为是材料应用的决定性因素。作为一种承载或半承载结构材料，植物纤维增强复合材料和碳纤维或玻璃纤维增强复合材料一样，都是在包括温度、湿度、紫外线、腐蚀性介质等环境条件下使用。一种环境因素或多种环境因素的协同作用均会导致复合材料的性能发生变化，由此将影响该结构的使用寿命和服役行为。因此，植物纤维增强复合材料作为一种新的结构材料选项，也需对其在不同服役环境条件下的耐久性进行评价和使用寿命预测。

本章主要从实验研究的角度出发，介绍植物纤维增强复合材料的老化行为和老化性能。评价复合材料耐老化性能的试验方法一般有两类：一类是自然老化试验方法，即直接利用自然环境进行老化试验；另一类是人工加速老化试验方法，即在实验室利用老化箱等模拟自然环境条件的某些老化因素进行的加速老化试验。由于老化因素的多样性及老化机制的复杂性，自然老化无疑是最重要最可靠的老化试验方法。但是，自然老化周期相对较长，不同年份、季节、地区气候条件的差异也导致了试验结果的不可比性。人工加速老化试验模拟强化了自然气候中的某些重要因素，如阳光、温度、湿度、降雨等，缩短了老化试验的周期，且由于试验条件的可控性，具有试验结果再现性强的优点。目前，人工加速老化作为自然老化的重要补充，已广泛运用于复合材料的耐久性研究中。其中，湿热老化和紫外老化是纤维增强复合材料耐久性主要关注的两个方面。另外，由于植物纤维易受微生物侵蚀，因此植物纤维纤维增强复合材料在霉菌环境下的老化行为和性能也需要重点关注。

7.1　植物纤维增强复合材料的湿热老化

7.1.1　植物纤维增强复合材料的吸水行为

1. 植物纤维的吸水性

植物纤维的化学组成和独特的微观结构使其吸水行为明显不同于人造纤维，例如，玻璃纤维和碳纤维皆为实心结构，主要由二氧化硅或碳元素构成，而植物纤维中的纤维素含有大量的亲水性羟基，且具有空腔结构，由于纤维素中羟基所带来的化学吸附水和空腔存在所产生的物理吸附水共同作用，植物纤维相比玻璃纤维或碳纤维等人造纤维更容易吸水。纤维的吸水率可以通过吸水实验测得，以剑麻和洋麻纤维为例，首先，取面积为 100×100 mm^2 的剑麻和洋麻纤维织物在 100℃ 鼓风干燥箱中干燥 4 小时，去除纤维表面吸附水，然后放入 95% 相对湿度及 49℃ 的恒温恒湿箱中，经一定时间间隔后取出试样，测量其重量的变化，根据试(7.1)可计算获得植物纤维的吸水率(W)：

$$W = \frac{M_t - M_0}{M_0} \times 100\% \tag{7.1}$$

其中，M_0 和 M_t 分别为吸水前和吸水 t 时间后纤维的重量。

不同的植物纤维，吸水率也会有差异。剑麻和洋麻纤维分别在吸湿 3 天和 1 天后达到吸水饱和。其中，剑麻纤维的饱和吸水率为 12.08%，明显高于洋麻纤维的吸水率(5.71%)。这是由不同种类植物纤维的化学组成和微观结构所决定的。首先，两种纤维的纤维素含量不同，剑麻纤维为 52.8%～78%，而洋麻纤维为 31%～72%。通过对剑麻和洋麻纤维横截面的微观结构(图 7.1)进行图像分析，可以得出剑麻纤维中的空腔体积含量(空腔率)为 39%，而洋麻纤维中的空腔率为 28%。因此，无论是纤维素含量，还是空腔率，剑麻纤维均高于洋麻纤维，因此，前者的饱和吸水量也比后者高很多。

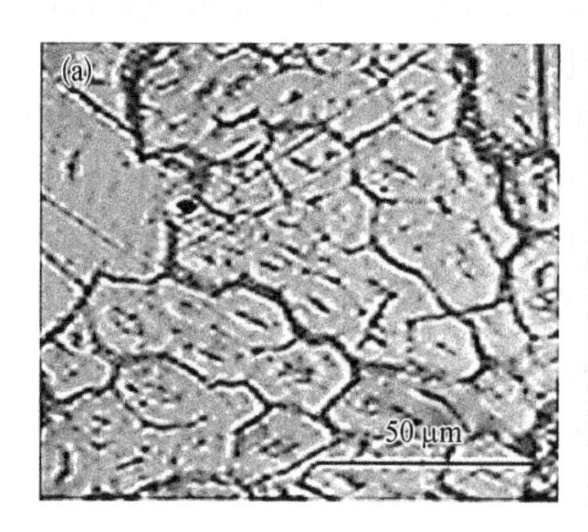

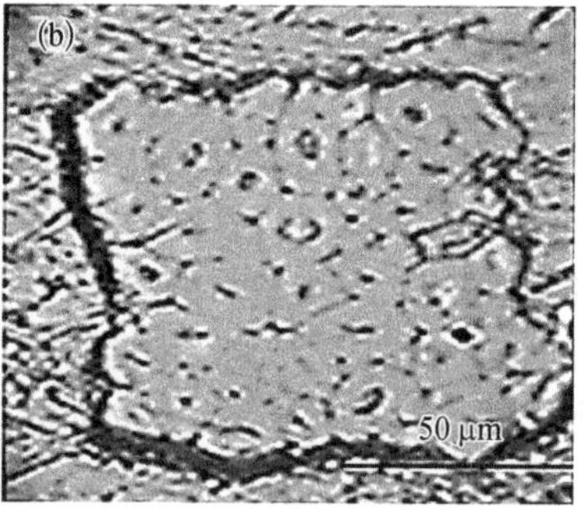

图 7.1　(a) 剑麻和(b) 洋麻纤维横截面的微观结构

2. 植物纤维增强复合材料的吸水性

相比于玻璃纤维、碳纤维等人造纤维增强复合材料，植物纤维增强复合材料在湿热老化过程中水分子扩散的路径更为复杂。除了和人造纤维增强复合材料相同的通过树脂基体中的孔隙、裂纹等缺陷以及纤维与树脂基体界面间存在的缝隙和裂纹吸水外，植物纤维自身的羟基和空腔也为其增强复合材料的吸水提供了更多的渠道。通常这几种吸水方式是结合在一起的，共同作用于复合材料，相互影响、相互促进，因此，通常把水分子渗入植物纤维增强复合材料的扩散过程归纳为一种综合扩散方式[1]。

根据对水分子在材料中的扩散途径以及扩散的相对动能和材料的基体特性，可以将水分子在复合材料中的扩散行为分为：费肯（Fickian）扩散、非费肯（non-Fickian）扩散和介于这两种扩散之间的扩散行为。理论上，这三种扩散行为可以通过水的传输动力学方程来表示［式（7.2）］。

$$\frac{M_t}{M_\infty} = kt^n \tag{7.2}$$

其中，M_t为 t 时间下材料的吸水率；M_∞ 为材料的饱和吸水率；k 为水分子的扩散常数；n 是描述材料溶胀机制的重要参数，它反映了水的扩散速度与聚合物链松弛速度的关系。

当 $n \leqslant 0.5$ 时，水分子的扩散满足费肯扩散定律，是扩散控制过程；当 $0.5<n<1$ 时为非费肯扩散，溶剂扩散速度与大分子链松弛速度相当；当 $n \geqslant 1$ 时，是松弛平衡（relaxation-balanced）扩散，是大分子链松弛控制过程。植物纤维增强复合材料的吸水多为 Fickian 扩散[2, 3]。

对植物纤维增强复合材料来说，纤维的体积含量、纤维的表面处理、湿热老化的温度等因素都会对其吸水行为产生影响。当植物纤维的体积含量越高时，复合材料的吸水速率越大，同时饱和吸水率也越高。此外，对植物纤维进行表面改性，如化学、物理、偶联、包覆和接枝等改性方法都会对植物纤维及其增强复合材料的吸水行为产生较大影响[4]。其中，化学改性使植物纤维表面的羟基减少，同时增强了高分子基体和植物纤维之间的界面，减少了水分子与羟基的结合及其在界面间的毛细扩散作用[5]。采用物理改性方法，如碱处理方法可以部分移除植物纤维表面的果胶、纤维素和半纤维素，使植物纤维中可与水分子形成氢键的游离态羟基数目减少、高度结晶化的纤维素相对含量增多，降低了植物纤维的亲水性，从而使植物纤维增强复合材料的吸水率降低[6, 7]。采用偶联、包覆和接枝等改性方法都可以降低植物纤维及其增强复合材料的吸水率，尤以包覆处理效果最为显著[8, 9]。湿热老化温度也对植物纤维增强复合材料的吸水行为产生影响。图 7.2 是剑麻、洋麻纤维增强酚醛复合材料在不同温度（室温、37.8℃和 60℃）的去离子水中吸水率随时间的变化曲线。可以看出，老化温度越高，复合材料达到饱和吸水率的时间越短，但饱和吸水率并未受老化温度影响。

由图 7.2 可以看出，随着复合材料在去离子水中浸泡时间的增加，复合材料的吸水速率在初始阶段较为迅速，之后逐渐减慢，并最终达到饱和状态。两种复合材料达到吸水饱和的时间分别为 4 天和 8 天左右。植物纤维增强复合材料水分子的扩散符合 Fickian 扩散定律，是扩散控制过程。在复合材料达到饱和吸水率一段时间后，由于高分子树脂基体的降解以及水分吸收所引起的复合材料各组分溶胀的不同造成的复合材料界面开裂等损伤，复合材料的重量变化将取决

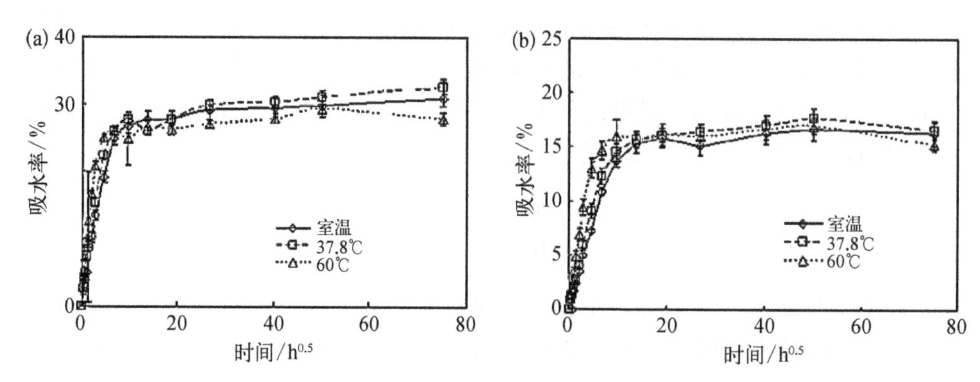

图 7.2　(a) 剑麻纤维增强酚醛复合材料和(b) 洋麻纤维增强酚醛复合材料在不同湿热老化温度下(室温、37.8℃和 60℃)的吸水率随时间的变化

于缺陷产生带来的进一步吸水和材料降解带来的重量下降之间的竞争,使得复合材料的吸水率产生偏离 Fickian 扩散定律的行为。由于植物纤维增强复合材料中的植物纤维具有很强的吸湿能力,因此复合材料达到饱和吸水率后吸水率的增加是由于植物纤维吸水溶胀所产生的内应力在界面和树脂基体中产生新的微裂纹引起的。

7.1.2　植物纤维增强复合材料在湿热老化条件下的力学性能

复合材料在湿热老化条件下力学性能的变化是最直观反映其老化行为的指标。本节重点介绍由实验方法获得的植物纤维增强复合材料在湿热老化条件下的力学性能的变化。通常采用测定复合材料在不同老化时刻的各种力学性能(例如弯曲、拉伸、压缩、层间剪切、层间断裂韧性等性能)在湿热条件下随老化时间变化的方法来研究复合材料的老化行为。

通常,对于人造纤维增强复合材料来说,其单向纤维增强复合材料的纵向力学性能(如拉伸强度等)通常不受湿热环境的影响,这是由于该类性能主要由增强纤维决定,而人造纤维(如玻璃纤维和碳纤维等)在湿热条件下其性能变化不大;而弯曲性能和层间剪切性能则因湿热环境对基体及界面的影响,在吸水初期就发生较快的下降。然而,不同于人造纤维增强复合材料,由于植物纤维的较高吸水性能,使得其增强复合材料在湿热条件下力学性能发生不一样的变化,如单向植物纤维增强高分子基复合材料的纵向拉伸强度和模量在湿热老化过程中会发生明显下降[10]。

以剑麻纤维和洋麻纤维增强酚醛树脂为例,图 7.3 为不同湿热老化温度下(室温、37.8℃和 60℃),单向剑麻纤维、洋麻纤维增强复合材料的纵向拉伸强度和拉伸模量保持率随湿热老化时间的变化曲线。由图 7.3(a)和(b)可见,两种植物纤维增强复合材料拉伸强度的保持率随老化时间的延长而下降,基于纤维与基体较大的模量差异,单向复合材料的纵向承载能力主要由纤维性能决定,而植物纤维本身具有较强的吸水能力,随着湿热老化时间的延长,植物纤维内部不同层级之间的脱黏所造成的纤维微纤化以及由湿热引起的部分纤维素大分子的分解、断链,使得植物纤维自身发生损伤,从而导致其力学性能下降。因此,由纤维性能主导的植物纤维增强复合材料的纵向拉伸强度会随着老化时间的延长而不断下降。

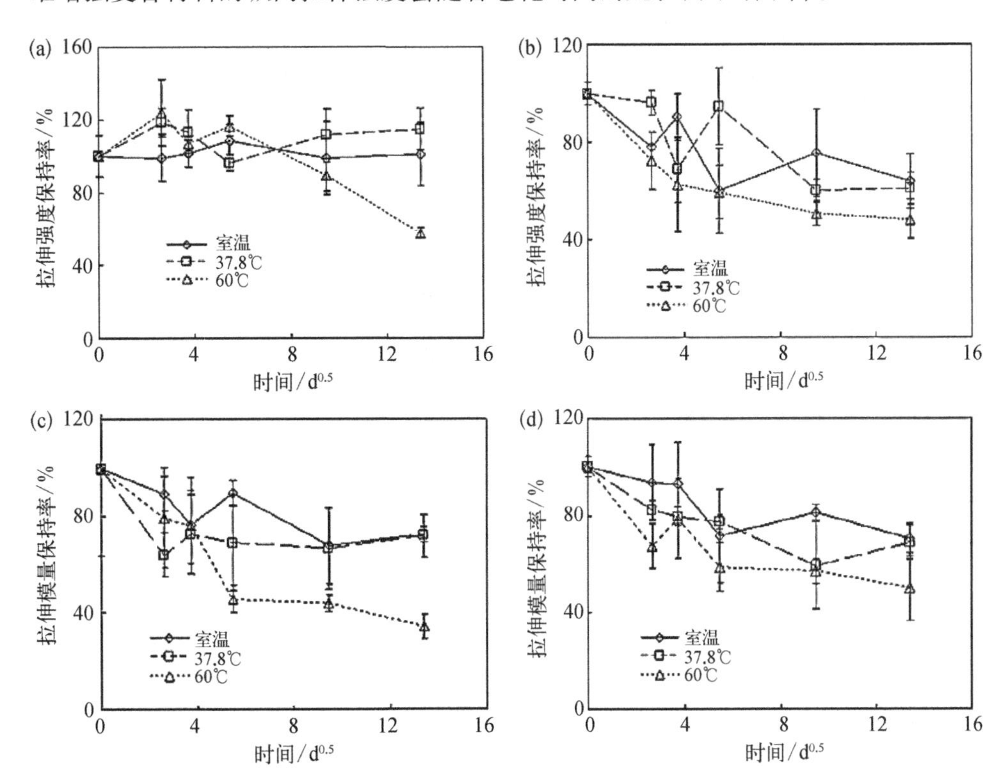

图 7.3 不同湿热老化温度下,植物纤维增强复合材料湿热老化后拉伸强度和拉伸模量变化:(a) 剑麻增强复合材料拉伸强度;(b) 洋麻增强复合材料拉伸强度;(c) 剑麻增强复合材料拉伸模量;(d) 洋麻增强复合材料拉伸模量

由图 7.3(c)和(d)可见,两种植物纤维增强复合材料的拉伸模量在老化初期下降幅度就很大,在老化一个月左右达到稳定。其中,复合材料模量受老化温度的影响较大,在室温和 37.8℃ 老化 6 月后降低了 30%左右,而在 60℃ 进行 6 个月湿热老化的复合材料拉伸模量降幅达到了 50%。这是由于复合材料中的水分子对植物纤维和聚合物基体的增塑作用造成的。不同于人造纤维增强复合材料,植物纤维因其大分子结构,会在水分子的作用下发生塑化,而碳纤维或玻璃纤维等则不会发生此种变化,因此,由于作为增强相的植物纤维模量的下降,使得植物纤维增强复

合材料的模量下降幅度更大。

图 7.4 是不同湿热老化温度下(室温、37.8℃和 60℃),剑麻纤维和洋麻纤维增强复合材料的层间剪切强度保持率随湿热老化时间的变化曲线可以看出,植物纤维增强复合材料的层间剪切强度也随湿热老化时间的延长而发生大幅下降,之后趋于缓和。且老化温度越高,下降幅度越大。对比复合材料的吸水率测试结果可以发现,植物纤维增强复合材料的层间剪切强度和其含水量多少直接相关。随着复合材料中含水量的增加,复合材料的层间剪切强度下降,当吸水量达到饱和时,层间剪切强度的下降也趋缓甚至不再下降。这是由于水分的进入,使得纤维和树脂由于吸水膨胀率不同而在界面处产生内应力,而内应力的存在使得界面在剪切力的作用下更容易发生破坏,从而导致层间剪切强度的下降。图 7.5 是剑麻纤维增强复合材料试样湿热老化前后发生层间剪切破坏后的形貌。可以看出,经湿热老化后的剑麻纤维增强复合材料试样的层间分层现象较未老化试样更为明显。

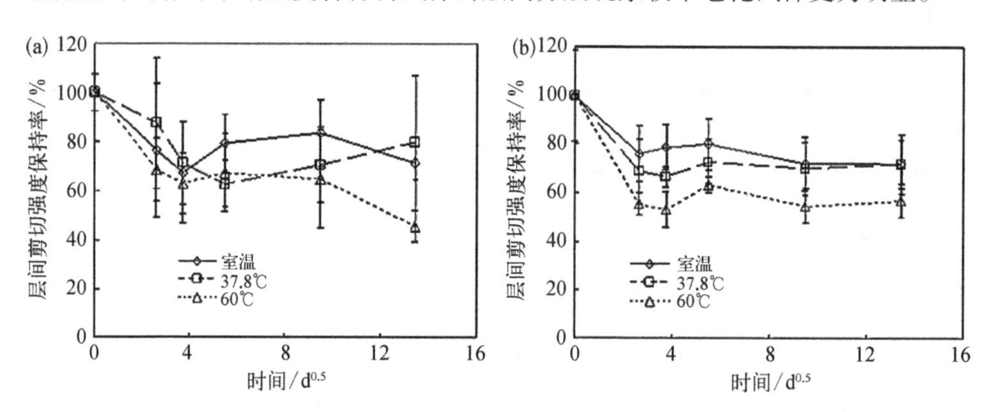

图 7.4　植物纤维增强酚醛复合材料层间剪切强度保持率随湿热老化时间的变化:(a) 剑麻纤维增复合材料;(b) 洋麻纤维增强复合材料

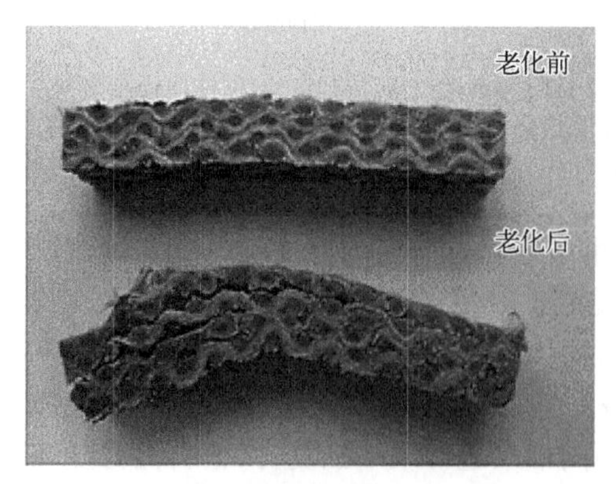

图 7.5　剑麻纤维增强复合材料试样老化前后剪切破坏的宏观形貌

图 7.6 是不同湿热老化温度下(室温、37.8℃和 60℃),剑麻纤维和洋麻纤维增强复合材料的弯曲强度与弯曲模量保持率随老化时间的变化曲线。可以看出,在湿热老化初期,弯曲性能下降较快,随老化时间的增加,弯曲性能下降减缓。造成复合材料弯曲强度降低的主要原因是复合材料内部水分子的存在使得在层间界面处产生内应力,在弯曲载荷的作用下,更易发生层间分层破坏,从而导致弯曲强度的下降。从

失效后的复合材料形貌来看，湿热老化后植物纤维增强复合材料主要的破坏模式确为分层破坏。而弯曲模量的下降原因则与前面所述拉伸模量的下降原因相同，即植物纤维和树脂基体在水分子作用下产生的塑化作用。从图中还可看出，老化温度越高，复合材料的弯曲强度和模量下降得越多，这与其吸水率的变化一致，更大的吸水率使得界面在外载荷作用下更易发生破坏，从而造成弯曲性能的下降。

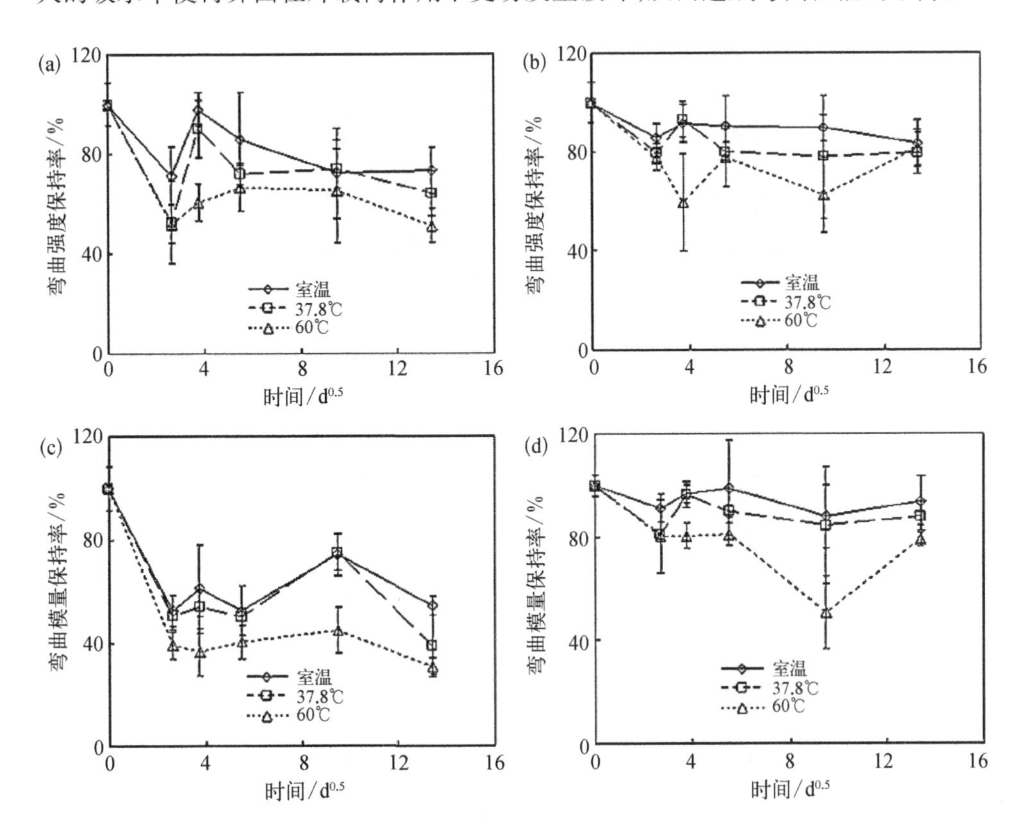

图 7.6 植物纤维增强酚醛复合材料的弯曲强度和弯曲模量保持率随湿热老化时间的变化：(a) 剑麻纤维增强复合材料弯曲强度；(b) 洋麻纤维增强复合材料弯曲强度；(c) 剑麻纤维增强复合材料弯曲模量；(d) 洋麻纤维增强复合材料弯曲模量

7.1.3 植物纤维增强复合材料的湿热老化机制

与人造纤维相比，植物纤维独特的化学组成和微观结构使得其及其增强复合材料在湿热等环境条件下的力学损伤过程和机制具有特殊性和复杂性。对于人造纤维增强复合材料而言，主要是树脂基体受湿热的影响比较大，而纤维所受的影响基本可以忽略不计。然而，植物纤维的主要成分为纤维素，具有很强的亲水性，其典型的空腔结构也为水分的进入提供了额外的通道和空间，因此，植物纤维增强复合材料的吸水速率和饱和吸水量均远大于人造纤维增强复合材料，在湿热环境条件下，除基体老化外，纤维损伤及纤维吸水溶胀所引起的界面损伤和破坏对植物纤维增强复合材料力学性能的变化起主要作用。

以拉伸性能为例，通过对植物纤维增强复合材料吸水率及拉伸性能随湿热老化时间的变化进行分析，可以得出植物纤维增强复合材料在湿热环境下的老化机制，并将其老化过程概括为如图7.7所示的几个阶段。

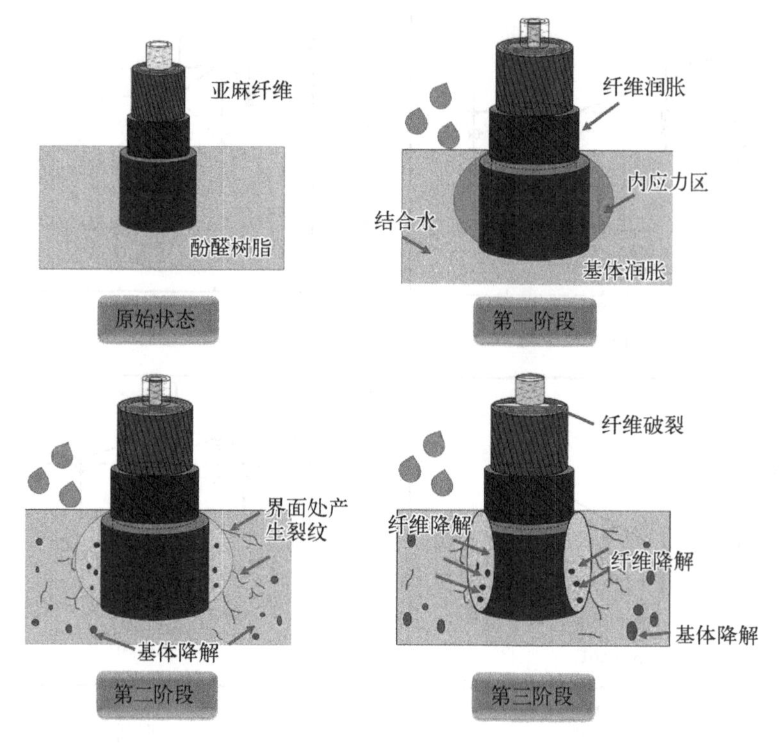

图7.7　植物纤维增强复合材料湿热老化机制图

在第一阶段，水分子由于浓度差进入材料内部，属于物理扩散，符合Fickian扩散定律。此阶段植物纤维增强复合材料内部并没有出现损伤，水分去除后，复合材料的性能仍然可恢复。

在第二阶段，随着更多的水分进入复合材料内部，由于植物纤维和树脂基体吸水率的差异较大，在纤维和基体间的界面处产生内应力，并开始有裂纹出现。同时，树脂基体在此阶段也开始发生降解，并有基体中裂纹出现。

在第三阶段，随着水分的进一步进入，由于植物纤维自身多层级的微观结构，不同成分与结构对水分的吸收与结合能力不同，从而在纤维内部各层级界面之间也产生内应力，并且连接各层级界面之间的果胶等小分子物质也会从植物纤维中析出,从而造成植物纤维自身界面的开裂与壁层间的剥离。界面裂纹和纤维损伤的产生会进一步增加水分吸收的运输通道和存储空间,植物纤维增强复合材料的吸水量进一步上升,促使植物纤维自身的损伤、纤维和基体间的界面开裂以及树脂基体的降解进一步加剧,复合材料的力学性能显著下降。

7.2 植物纤维增强复合材料的紫外老化

植物纤维增强复合材料在服役过程中会受到紫外光线的照射从而对其力学性能产生一定的影响。然而,目前针对植物纤维增强复合材料紫外老化行为的研究还相对较少。从实验的角度,通过紫外光耐气候设备箱可以对植物纤维增强复合材料进行紫外老化,研究紫外光对其力学性能的影响随老化时间的变化。紫外光耐气候设备箱可通过控制亮/暗循环变化、温度、湿度和喷水的变化以及灯管的改变来提供模拟白天/黑夜、不同的温度、户内、户外等各种外界环境条件。

7.2.1 紫外老化对植物纤维增强复合材料力学性能的影响

以剑麻纤维和洋麻纤维增强复合材料为例,图 7.8 为剑麻增强复合材料和洋麻纤维增强复合材料经过不同表面改性后(硅烷处理、高锰酸钾处理)的层间剪切强度(ILSS)保持率随紫外老化时间的变化曲线。可以看出,两种植物纤维增强复合材料的层间剪切强度均随着紫外老化时间的延长而发生了显著的变化。在紫外老化初期,复合材料层间剪切强度下降幅度不大,这是由于紫外线的辐照使复合材料中的树脂基体发生了后固化反应,从一定程度上弥补了由于紫外老化所引起的性能下降;随后,随着紫外老化时间的延长,紫外线辐射使得植物纤维中分子量较低的木质素发生了部分降解,随后分子量较高的纤维素也发生降解。同时,高分子基体在紫外光的辐射下发生的光氧老化经过初期的引发反应阶段后,进入增长反应阶段,老化反应加剧。植物纤维和树脂基体的降解导致了植物纤维增强复合材料纤维和基体间界面性能的降低,从而带来了复合材料层间剪切强度的降低;此后,随着紫外老化时间的进一步延长,复合材料在紫外光的辐照下,树脂基体交联反应和断链反应同时进行,彼此竞争,同时影响复合材料整体的力学性能。

对植物纤维进行不同的表面改性,也会对其增强复合材料紫外老化后的层间剪切强度产生较大影响。由图 7.8 可以看出,在经过相同的紫外老化时间后,硅烷处理后的植物纤维增强复合材料层间剪切强度保持率较高,经过 28 d 的紫外老化后还能保持一定强度。这主要是由于硅烷偶联剂中的硅烷分子在水分子存在的情况下发生了水解反应,产生硅烷醇,硅烷醇又与植物纤维的羟基发生反应,通过化学键与植物纤维相连。在反应过程中未产生易吸收紫外线的双键和酮基,因此,对植物纤维进行硅烷偶联剂表面改性有利于改善植物纤维增强复合材料的紫外老化性能。

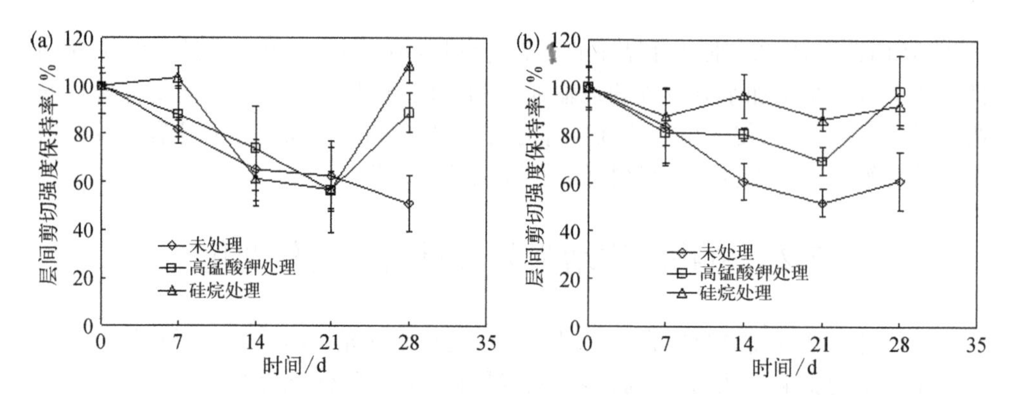

图 7.8　不同纤维表面改性后，剑麻纤维增强复合材料和洋麻纤维增强复合材料紫外老化后层间剪切强度变化：(a) 剑麻纤维增强复合材料；(b) 洋麻纤维增强复合材料

7.2.2　植物纤维增强复合材料的紫外老化机制

1. 树脂基体的紫外老化机制

树脂基体在紫外光和氧的参与下进行自动氧化反应，该过程被称为光氧老化。过氧自由基 ROO · 夺取树脂基体上的氢，形成氢过氧化基团 ROOH 和聚合物自由基 R · 。聚合物自由基迅速与氧作用，又形成过氧自由基。如此反复多次直至终止。氢过氧化物有可能均裂成两个自由基，加速氧化。氢过氧化基团引起链的断裂也是分子量降低的主要原因。其中，聚合物光氧老化分为引发反应、增长反应和终止反应三个阶段。

(1) 引发反应：

$$RH(h\nu) \rightarrow RH^* \rightarrow R\cdot + H\cdot$$
$$R\cdot + O_2 \rightarrow ROO\cdot$$

(2) 增长反应：

$$ROO\cdot + R'H \rightarrow ROOH + R'\cdot$$
$$ROOH \rightarrow R\cdot + \cdot OOH$$
$$ROOH \rightarrow RO\cdot + \cdot OH$$
$$RO\cdot + R'H \rightarrow ROH + R'\cdot$$
$$HO\cdot + RH \rightarrow R\cdot + H_2O$$

(3) 终止反应：

$$ROO\cdot + ROO\cdot \rightarrow ROOR + O_2$$
$$ROO\cdot + R\cdot \rightarrow ROOR$$
$$R\cdot + R\cdot \rightarrow R—R$$

此外,聚合物的自由基可以互相结合,也可以与聚合物过氧自由基结合发生交联反应。断裂和交联也可以同时发生,断裂使固体聚合物相对分子质量降低,交联则产生脆性的网状分子。整个过程取决于被辐照聚合物的化学和物理结构。

一般来说,含双键的聚合物树脂基体易吸收紫外线而被引发光氧化反应。而任何聚合物都不可避免地会含有杂质,如微量残余的催化剂、添加剂以及在生产及加工过程中带入的金属离子、微量氢过氧化物和含羰基化合物等,这些物质的光吸收都可能引发光氧化反应。光氧化反应一旦开始后,就可能出现一系列新的光化学引发过程,代替原来的引发过程。

2. 植物纤维的紫外老化机制

植物纤维中纤维素的含量高达60%以上,纤维素在紫外光的作用下,其分子中的发色基团(如羰基等)会吸收紫外光而发生光氧化反应,导致纤维素中的化学键出现断裂、交联和接枝等现象。

在紫外光和氧的作用下,纤维素链产生自由基:

$$RH \rightarrow R\cdot + H\cdot$$

纤维素自由基再与氧发生反应生成纤维素过氧化物和纤维素氢过氧化物:

$$R\cdot + O_2 \rightarrow ROO\cdot$$
$$ROO\cdot + R'H \rightarrow ROOH + R'\cdot$$
$$R'\cdot + O_2 \rightarrow R'OO\cdot$$

纤维素氢过氧化物在波长大于290 nm的光照射下很容易分解生成酮基:

$$ROOH \rightarrow RO\cdot + \cdot OH$$

酮基在紫外光照射下发生Norrish Ⅰ或Norrish Ⅱ反应而断裂,随着这两种反应的不断进行,纤维素被逐步降解成低分子量物质,从而完成了降解。

其中,Norrish Ⅰ反应为分子链中酮基发生断裂:

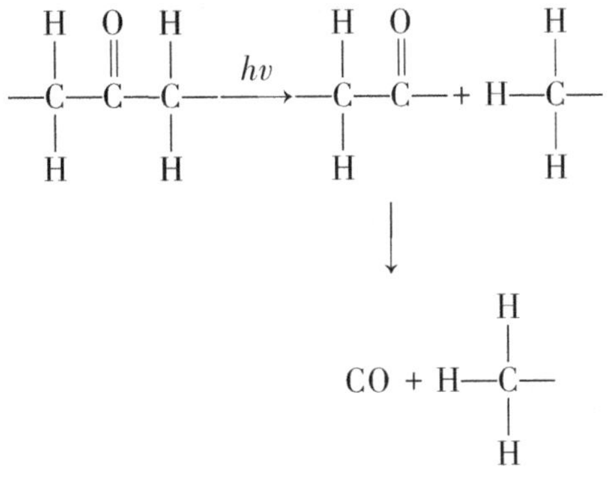

$$-\underset{H}{\overset{H}{\underset{|}{\overset{|}{C}}}}-\overset{O}{\overset{\|}{C}}-\underset{H}{\overset{H}{\underset{|}{\overset{|}{C}}}}- \xrightarrow{h\nu} -\underset{H}{\overset{H}{\underset{|}{\overset{|}{C}}}}-\overset{O}{\overset{\|}{C}}- + H-\underset{H}{\overset{H}{\underset{|}{\overset{|}{C}}}}-$$

$$\downarrow$$

$$CO + H-\underset{H}{\overset{H}{\underset{|}{\overset{|}{C}}}}-$$

Norrish Ⅱ 反应为分子链在 α 位发生断裂：

```
 O  H  H  H         O  H             H
 ‖  |  |  |         ‖  |             |
—C—C—C—C———→—C—C—H +—C═C
    |  |  |            |          |  |
    H  H  H            H          H  H
```

光降解初期纤维素从长链断裂成为短链，链长度下降幅度较大，故聚合度下降较快；在随后的降解中，链断裂主要发生在逐渐积累的中小分子连接键上，此时链长度下降幅度变小，故聚合度下降速率变慢。在紫外老化过程中，植物纤维中纤维素长链发生断裂而变短，聚合度下降，纤维间结合力降低，从而使得植物纤维的力学性能下降。

3. 植物纤维增强复合材料的紫外老化机制

植物纤维独特的化学组成同样使得其增强复合材料的紫外老化机制与人造纤维增强复合材料有所不同。当植物纤维增强复合材料在紫外光线的作用下，除树脂基体发生降解外，植物纤维也会发生一定程度降解。此外，由于树脂降解所带来的基体性能的下降或脆化，以及纤维各层级间结合力的下降，使得纤维与树脂基体间的界面性能变差。因此，紫外老化将带来植物纤维增强复合材料的整体力学性能的下降。

7.3　植物纤维增强复合材料的霉菌老化

抗霉菌性能是指材料抵抗霉菌生长侵蚀的能力。对于以人造纤维为增强相的高分子基复合材料来说，在其实际应用中难以形成适宜微生物生长的环境，因而复合材料的抗菌性能较好。然而不同于人造纤维，植物纤维具有空腔结构且带有大量羟基，易吸湿，因此容易形成适宜于微生物生长扩散的环境与空间，导致微生物侵蚀纤维，使复合材料的性能下降。因此，需采用有效的方法提高植物纤维增强复合材料抗霉菌性能。

7.3.1　霉菌老化对植物纤维增强复合材料力学性能的影响

1. 霉菌老化性能测试方法

研究材料的抗菌性能，首先需要掌握材料持续在霉菌环境下腐蚀老化的性能变化情况。对于植物纤维增强复合材料的抗霉菌试验，其原理主要是通过在样品测试面接种一定量的霉菌孢子，经过一段时间的接触和培养，观察样品周围有无抑菌圈、样品表面有无霉菌生长来对样品抗霉菌性能进行等级评估。

复合材料霉菌老化的环境培养方法可参考高分子材料的防霉耐久性研究方法。国内外均已出台了相应的执行标准，包括国内标准 GB－T24128—2009《合成聚合物材料防霉性能测定标准惯例》以及国际标准 ASTM/G21—96《合成高分子材料抗菌性能试验方法》。

参照实验标准,一般实验选用的菌种包括黑曲霉、绿黏帚霉、球毛壳霉、出芽短梗霉和绳状青霉五种霉菌进行二次培养再制备成混合霉菌孢子悬浮液,以马铃薯蔗糖琼脂培养基为霉菌提供营养,将孢子悬浮液接种于试样表面,在温度 28℃、相对湿度不低于 85%的条件下对试样进行老化,一般老化周期为 28 天。

2. 植物纤维复合材料在霉菌环境下的老化性能

图 7.9 为黄麻和苎麻纤维增强复合材料在霉菌老化前后的外表面对比,可以看到,老化后两种复合材料的外表面长满了霉菌,且集中分布在复合材料板的侧面。这是由于复合材料的侧面为试样切割面,裸露出了植物纤维及其与基体的界面,这为霉菌在植物纤维上的攀附生长提供了一定的生存空间。另外,由于苎麻纤维含有抗菌性的麻甾醇、叮咛、嘧啶、嘌呤等成分,因此苎麻纤维增强复合材料表面霉菌的生长数量明显低于黄麻纤维增强复合材料。

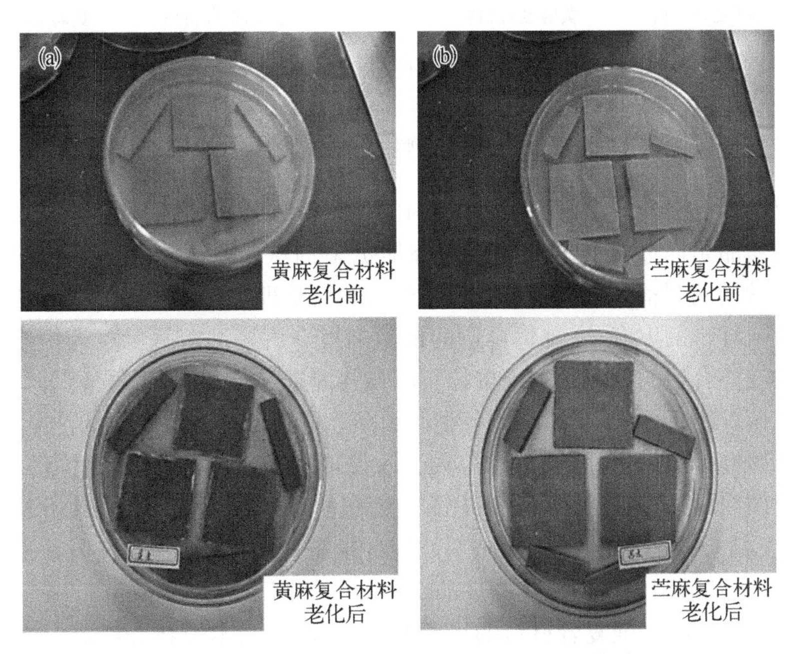

图 7.9 (a) 黄麻纤维和(b) 苎麻纤维增强复合材料的霉菌老化前后的表面形貌

图 7.10 给出了植物纤维增强复合材料霉菌老化前后弯曲性能的变化,可以看出,在霉菌老化 28 天后,苎麻纤维增强复合材料的弯曲强度和模量均有小幅下降;然而,黄麻纤维增强复合材料的弯曲强度却有 15%左右的提升,弯曲模量的下降幅

度也较小。两种复合材料弯曲破坏的模式均以层间破坏为主。造成霉菌对这两种植物纤维增强复合材料弯曲性能影响差异的主要原因是苎麻纤维自身的抗菌性较好,少量生长的霉菌侵蚀苎麻纤维和基体间的界面,削弱了纤维与基体的相容性,造成复合材料界面性能下降,从而导致弯曲性能的下降;而黄麻纤维增强复合材料表面生长有大量的霉菌,这些霉菌在黄麻纤维和基体间以菌丝的形式存在,反而提升了纤维与基体间的界面黏结性能,因此复合材料抗弯曲破坏的能力有所提升。

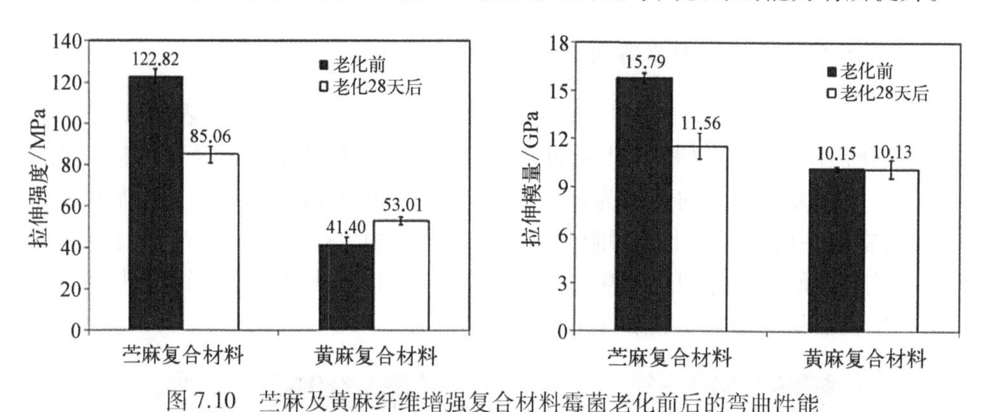

图 7.10　苎麻及黄麻纤维增强复合材料霉菌老化前后的弯曲性能

7.3.2　改善植物纤维增强复合材料抗菌性能的探索

植物纤维自身的抗霉菌性能较差,因此,改善其抗菌性能十分必要。现有的人造抗菌纺织品是通过在纺织品中人为添加抗菌剂从而赋予纺织品一定的抗菌能力。目前常用的制备工艺主要有共混纺丝法和后整理法两类。共混纺丝法主要用于抗菌合成纤维的生产,通过将合适的抗菌剂经有机溶剂溶解后加入纺丝原液中进行湿纺或将合适的抗菌剂制成母粒与原料共混进行熔融纺丝,再经喷丝等工序,加工成抗菌纤维,再进一步加工成各类纺织品。通过此类方法加工的产品,抗菌成分能逐步缓慢释放,抗菌性能较为持久。后整理法则是通过浸轧、喷涂等方法,用抗菌剂对纺织品进行后处理,在纺织品表面包裹一层抗菌层,从而赋予其抗菌能力,此方法加工的抗菌纺织品,抗菌剂能较好地分布于产品表面,抗菌效果能够更好地体现,尤其适用于植物纤维制成的纺织品的抗菌加工。

结合植物纤维增强复合材料的界面改性处理方法,本节将介绍高锰酸钾和硅烷处理对于植物纤维抗菌性能的影响。图 7.11 为未处理及采用高锰酸钾和硅烷处理后的黄麻和苎麻纤维在 49℃、90%的湿度下放置 3 个月后,再置于空气中 2 年的表面形貌。可以发现未处理和高锰酸钾处理后的两种植物纤维表面皆有不同程度的发霉现象,而经硅烷处理后的两种植物纤维表面均未观察到发霉现象,表明硅烷对植物纤维有良好的防霉效果。而硅烷作为一种偶联剂,其主要作用是改善植物纤维与高分子树脂基体间的界面结合，从而提高复合材料的力学性能。因此，硅烷既可以作为复合材料的界面改性剂，同时又可以改善复合材料的抗菌性能。

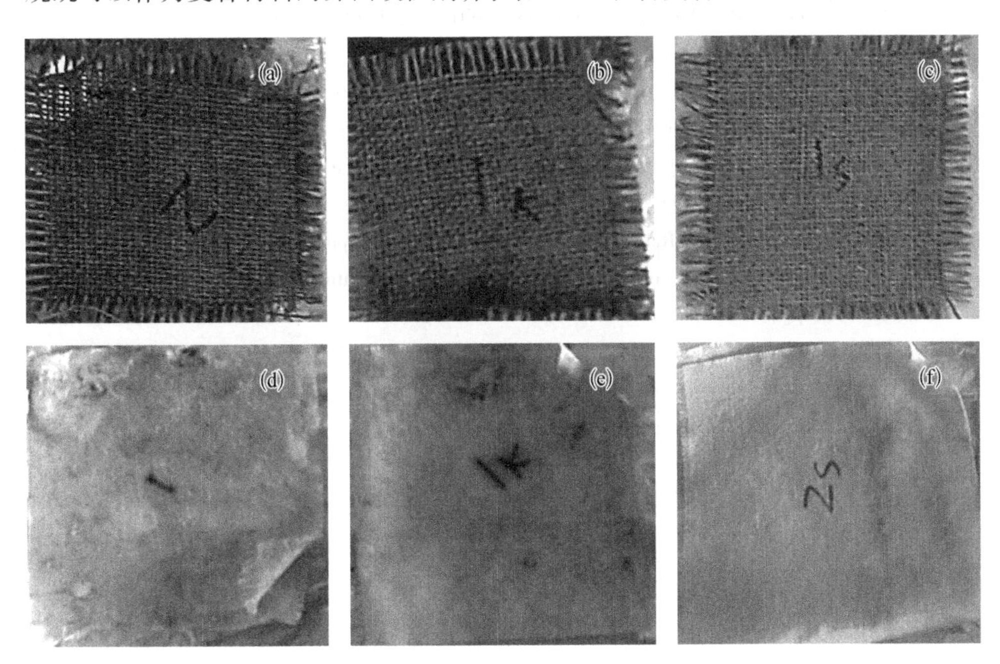

图 7.11 两种植物纤维在 49℃，90%的湿度下放置 3 个月后，再置于空气中 2 年后的表面形貌：(a) 黄麻未处理；(b) 黄麻高锰酸钾处理；(c) 黄麻硅烷处理；(d) 苎麻未处理；(e) 苎麻高锰酸钾处理；(f) 苎麻硅烷处理试样

参 考 文 献

[1] Joseph P V, Mattoso L H C, Kuruvilla J, et al. Environmental effects on the degradation behaviour of sisal fibre reinforced polypropylene composites[J]. Composite Science and Technology, 2002, 62: 1357-1372.

[2] Scida D, Assarar M, Poil N E C, et al. Influence of hygrothermal ageing on the damage mechanisms of flax-fibre reinforced epoxy composite[J]. Composites Part B: Engineering, 2013, 48: 51-58.

[3] Duigou A, Davies P, Baley C. Seawater ageing of flax/poly(lactic acid) biocomposites[J]. Polymer Degradation and Stability, 2009, 94(7): 1151-1162.

[4] Dhakal H, Zhang Z, Richardson M. Effect of water absorption on the mechanical properties of hemp fibre reinforced unsaturated polyester composites[J]. Composites Science and Technology, 2007, 67: 1674-1683.

[5] Kabir M M, Wang H, Lau K T, et al. Chemical treatments on plant-based natural fibre reinforced polymer composites: An overview[J]. Composites Part B: Engineering, 2012, 43:

2883 – 2892.

[6] Sreekala J G, Kumaran M G, Sabu T. Water-sorption kinetics in oil palm fibers[J]. Journal of Polymer Science: Part B: Polymer Physics, 2001, 39: 1215 – 1223.

[7] Sreekala M S, Sabu T. Effect of fibre surface modification on water-sorption characteristics of oil palm fibres[J]. Composites Science and Technology, 2003, 63: 861 – 869.

[8] Alix S, Lebrun L, Morvan C, et al. Study of water behaviour of chemically treated flax fibres-based composites: A way to approach the hydric interface [J]. Composites Science and Technology, 2011,71: 893 – 899.

[9] Arbelaiz A, Ferndez B, Ramos J A, et al. Mechanical properties of short flax fibre bundle/polypropylene composites: Influence of matrix/fibre modification, fibre content, water uptake and recycling[J]. Composites Science and Technology, 2005, 65: 1582 – 1592.

[10] Assarar M, Scida D, Mahi A, et al. Influence of water ageing on mechanical properties and damage events of two reinforced composite materials: flax-fibres and glass-fibres[J]. Materials & Design, 2011, 32: 788 – 795.

第8章 植物纤维增强复合材料生命周期评价

生命周期评价(life cycle assessment, LCA)是对产品、工艺或者生产活动整个生命周期过程中的环境负荷的评价,是评估材料是否具有“绿色”属性的重要方法。本章首先对生命周期评价方法进行了概述性介绍,在此基础上,针对来自大自然的植物纤维作为增强材料的复合材料,介绍对植物纤维增强复合材料制件进行完整生命周期评价的方法,并与传统人造纤维增强复合材料制件的 LCA 进行对比。

8.1 生命周期评价方法概述

8.1.1 生命周期评价的定义与技术框架

ISO14040 中对 LCA 的定义为: 通过确定和量化与评价对象相关的能源消耗、物质消耗和废弃物排放,来评估某一产品、过程或时间的环境负荷;辨别评价对象对于改善环境影响的机会。对于某种产品来说,评价的内容应包括评价对象的寿命全过程,即原材料的提取与加工,产品的制造、运输和销售、使用、循环利用直到最终的废弃[1]。根据此定义,LCA 的主要研究步骤可以分为: 目的与范围的确定、清单分析、影响评价以及结果解释(如图 8.1 所示)。

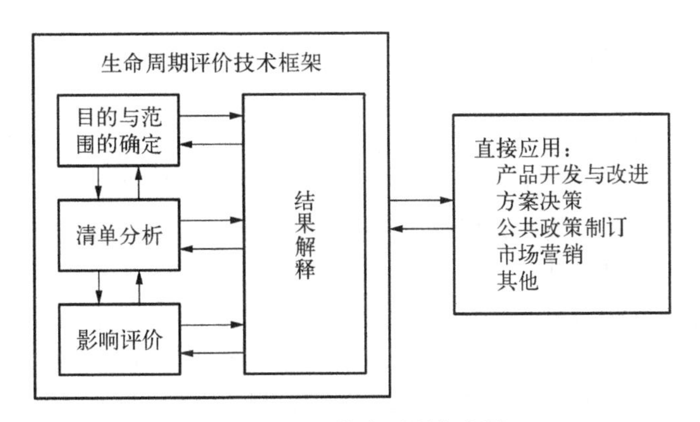

图 8.1 LCA 的主要研究步骤

1. 目的与范围

研究目的中应明确陈述 LCA 研究的目的,开展相关研究的原因,研究的实施者与参与者,以及研究成果的适用范围。

研究范围应按照研究目的有针对性地设定包括研究对象的使用功能与功能单位、研究对象的初始系统边界和地理时间边界等。研究对象的使用功能指某待研究的产品或流程在使用时所起的作用。因为 LCA 是一种定量的分析方法,所以对使用功能需要赋予一定量的功能单位。例如针对交通工具的 LCA 研究,功能单位可以定为承载定量载荷并行驶定量路程。这样,同类型研究对象的 LCA 结果才具有可比性。定义研究对象的初始系统边界是为了按照研究目的适当取舍研究范围。虽然 LCA 的定义是从摇篮到坟墓的研究方法,但是有时由于缺乏充足的时间、数据或者资源来做如此全面的研究,所以需要规定实际研究对象的系统边界,也就是确定系统中的单元过程。确定地理、时间边界也是为了与研究目的一致,通常在研究目的中规定了 LCA 结果适用于某个确定的地理范围与时间范围内,之后无论是清单数据的选取,或者是环境影响类型的选取,都应按照规定的地理范围和时间范围选取。

2. 生命周期清单分析

研究目的与范围确定后,需要对初始系统边界内所有的单元过程进行生命周期清单(life cycle inventory, LCI)分析。这个过程是为了汇总和量化初始系统整体的 LCI,即能量输入、物质输入和废弃物输出,为下一步环境影响评价做准备。将初始系统内部的流程再细分为单元过程的目的在于更清晰地显示系统内部的关系,确定环境影响最大的单元过程,从而寻找改善的途径。单元过程的细分程度取决于目的与范围中对数据精度的要求,同时也取决于数据的可获得性。单元过程分为实景过程与背景过程。实景过程的清单数据指的是从实际生产制造中获得的有关能量输入、物质输入和废弃物输出的数据。然而由于实地调研对研究时间和经费的要求较高,有时也通过查阅文献获得实景过程的清单数据。背景过程一般指的是辅助性原材料的制造过程,其清单数据从成熟的 LCI 数据库获得。一个 LCA 研究的实景过程占总过程的比例越大,其研究结果越符合前期设定的研究目的与范围。单元过程的清单数据可通过检查能量物质的输入与废弃物输出之间的平衡来检查数据的可靠性。单元过程之间通过产品流互相联系,与环境之间通过基本流相联系。其中,基本流包括自然资源的物质输入,也包括向空气排放、向水体排放和向土地排放的废弃物输出。当单元过程流程图通过产品流全部连接之后,最终初始系统的 LCI 将以功能单元为基础,得到整体的 LCI。

在单元过程 LCI 的计算中,经常会遇到数据缺口以及多产品输出的单元过程的资源分配问题。数据缺口产生的原因是清单资料不可获得。解决办法之一是在数据缺口对最终数据影响较小的情况下可以假设数据为零,即忽略不计。另一种更为合理的解决办法是寻找替代数据来代替缺口数据,但这种方法需要对最终结果做敏感性分析来评估替代数据对最终结果的影响。如果影响较大则不应使用替代数据。多产品输出的单元过程在做LCI计算时,在条件允许的情况下,应通过扩大系统边界将副产品一同纳入研究范围。但通常碍于研究时间等条件的限制,只能通过资源分配来剔除副产品的清单数据,得到主产品的LCI。常用的资源分配的方法有按照主副产品的质量比分配资源。如知晓单元过程内更细致的技术方法,也可以按照主副产品所涉及的技术方法做资源分配。

反复性是LCA方法的固有特性。原因是在分析初始系统对数据的敏感性时,会按照数据的重要性对数据进行取舍,于是会给初始系统的边界带来变动。这时需要重新定义新的系统边界,并考虑新的系统边界对其他单元过程的影响。

3. 生命周期影响评价

生命周期影响评价(life cycle impact assessment,LCIA)的主要目的是将系统的LCI中各个物质流解释成更易懂的环境影响。LCI中的数据首先被归类到不同的环境影响类型中,随后按照这一物质对这一影响类型的特征化因子,将物质转化为环境影响潜值。例如向空气排放二氧化碳这一物质流,它隶属于全球变暖影响类型。它对这一影响类型的特征化因子为1,所以由系统排放的二氧化碳造成的全球变暖影响潜值即为二氧化碳排放的千克数。通常来说,LCIA有两大类危害评价模型,分别为中点危害模型(midpoint damage model)和终点危害模型(endpoint damage model)。在中点危害模型中,自然资源的消耗和危害物质排放通常被转化为酸化潜值、富营养化潜值和全球温室潜值等。中点危害模型中常用的环境影响类型如图8.2所示。终点危害模型是在中点危害模型的基础上,将中点危害模型中的环境影响进一步归类为对人体健康、生态系统和自然资源有害这三大影响。相较终点危害模型而言,中点危害模型只经历一步模拟假设,因此模拟的环境影响

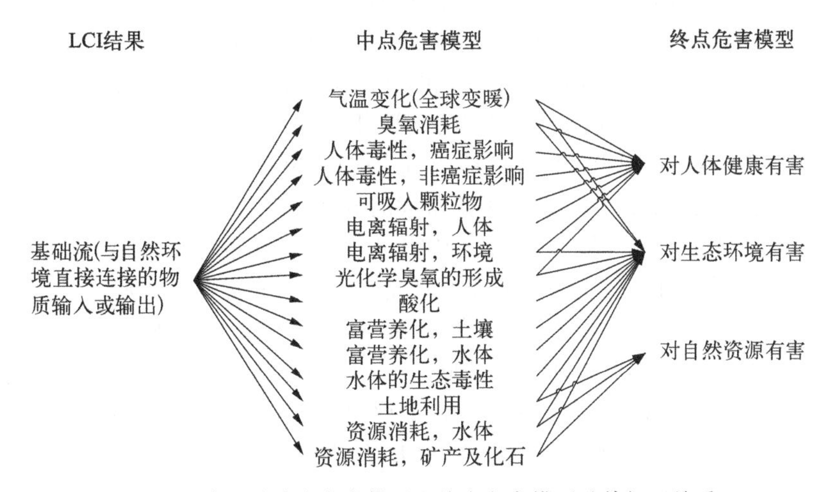

图8.2 常用的中点危害模型和终点危害模型及其相互关系

准确度更高。而终点危害模型的三个影响类型更易于理解,对于用作方案决策的 LCA 来说十分通俗易懂。

由于评价模型对 LCA 的评价结果起决定性作用,各国研究者对评价模型的研究十分积极。如北美地区建立的 TRACI[2] 与 LUCAS[3] 评价模型,欧洲地区建立的 CML[4]、Eco-indicator 99[5] 等,以及日本建立的 LIME[6] 评价模型。因为欧洲地区面积较广并且环境与资源多样化,因此,基于多样化的环境资源模拟出的评价模型也同样适用于其他地区[7]。然而为了追求更统一的 LCA 的评价结果,使得不同地区的 LCA 实例具有可对比性,全球化的环境评价模型仍需要进一步的优化与研究。

4. 生命周期解释

生命周期评价的最后阶段是对影响评价结果的阐释,分析结果的形成原因,提出改善环境影响的建议。这一阶段主要关注研究对象系统内对环境影响较大的单元过程,分析造成较大影响的原因,并尝试提出改善影响的方法。根据 LCA 研究目的的不同,生命周期解释的侧重点也不尽相同。现行的许多 LCA 商业软件可以模拟研究对象的单元过程与子系统,从而快速且准确地分析影响评价的结果,为解释生命周期的评价结果提供便利。常用的 LCA 软件有 SimaPro、Gabi 和 Umberto 等。国内也在积极开发 LCA 软件 eBalance,但由于其数据库的缺乏以及影响评价模型的不完善,利用率还有待提高。

8.1.2　生命周期评价方法的发展

针对 LCA 的研究主要经历了以下几个阶段: 20 世纪 60 年代末,全球石油危机引发人们对资源、能源消耗的重视,于是 LCA 方法开始萌芽;70 年代中期至 80 年代末,在资源能源消耗的环境影响评价基础上,增加有关污染排放的环境影响评价,但仍旧没有形成统一的研究方法论,一些污染排放数据也无法获得;80 年代中期至 90 年代中期,随着全球性环保意识的逐渐加强,LCA 方法经历快速发展的阶段,ISO 组织确定了系统统一的 LCA 方法;90 年代以后,LCA 在全球范围内得到了大规模的应用。随着应用的逐渐增多,生命周期清单数据库也得到了充实。与此同时,LCA 分析软件的设计也取得了非常大的成功[8]。

生命周期评价研究开始的标志是 1969 年美国中西部研究所(MRI)开展的有关可口可乐公司饮料包装瓶的环境评价研究。该项研究旨在对比使用一次性塑料瓶和可回收玻璃瓶两种方案对资源、能源和环境的影响[9]。1984 年,瑞士联邦材料测试与研究实验室为瑞士环境部开展了一项有关包装材料的研究,该研究首次采用了健康标准评估系统,为后来生命周期评价方法的发展奠定了基础,引起了国际学术界的广泛关注。1993 年以前,所有 LCA 评价都是区域性的实践活动,缺乏一个统一的国际性的交流平台。LCA 被许多公司拿来证明其产品的环保性,以获得市场的认可。然而由于不同公司的结果差异性较大,LCA并没有作为环境协调性的分析工具而被进一步的推广。

1993年之后,SETAC与国际标准化组织(ISO)研究并颁布了LCA标准化流程(ISO14000系列),正式将生命周期评价纳入该体系。许多LCA的应用实例相继发表在*Journal of Cleaner Production*、*Resources*, *Conservation and Recycling*、*International Journal of LCA*等杂志上。从1993年开始,LCA也引起了学术界的广泛关注。2002年,联合国环境规划署(United Nations Environment Programme, UNEP)与SETAC结成生命周期伙伴关系,为推动生命周期评价的实践提供更好的数据支持以及工具支持。同时,一些基于生命周期分析的环境政策也逐渐出台。随着LCA的应用逐渐成熟,不同的LCA研究方法得以延伸,包括物流、能量流和排放物的分配(allocation methods),动态LCA(dynamic LCA),空间差分LCA(spatially differential LCA),基于风险评价的LCA(risk-based LCA)等等。

未来LCA的进一步发展依赖于不断充实的生命周期清单数据库,以保证LCA的结果更加可靠,并拓宽LCA的应用领域。欧洲的LCI数据库,例如Ecoinvent,LCI的数据量已达到10 000多条。另外,生命周期影响评价的方法也需要逐步的统一,以达到统一环境影响潜值,使得不同LCA的评价结果具有可对比性。除此之外,未来LCA的工作将包含更多的内容,如将产品设计、产品的社会和经济效应纳入LCA的研究方法中。

8.2 植物纤维增强复合材料生命周期评价

基于上节对生命周期评价概况的介绍,本节将以混杂植物纤维增强复合材料制成的汽车车顶结构为例,开展其全生命周期评价研究,评估植物纤维增强复合材料产品全生命周期各个环节对环境的影响,提出进一步提高产品绿色化程度的解决方案,真正实现环境友好复合材料的研制和应用。

8.2.1 目的与范围

本生命周期评价的目的是获得混杂植物纤维增强复合材料(PFRC)车顶对环境的影响。车顶的使用功能为覆盖166.5×107 cm^2车表面积,车顶刚度达到24.2 N · mm,并伴随汽车行驶$2×10^5$ km。依据工艺和性能要求,车顶采用平纹编织的苎麻和黄麻纤维混杂复合材料制成。对植物纤维做硅烷表面处理有助于改善纤维与基体材料的界面结合,从而延长PFRC车顶的使用寿命。然而增加表面处理步骤将增加车顶制作阶段的环境负荷,在此研究中同时考虑经过硅烷表面处理的PFRC(定义为PFRC方案1,简写为PFRC1)与未经表面处理的PFRC(定义为PFRC方案2,简写为PFRC2)的LCA。PFRC生命清单数据主要基于近十年来中国或材料实际生产地的制造技术水平。

PFRC 车顶 LCA 的研究范围如图 8.3 所示，主要包括黄麻和苎麻纤维的种植、脱胶和纺纱过程；树脂的制备过程；纤维的运输过程；利用真空辅助树脂转移模塑(VARTM)技术制作车顶的过程；车顶的使用过程和最终车顶废弃物的处理过程。其中共忽略了以下三点因素：① 由于树脂的运输为同城运输，树脂运输对环境的影响几乎可以忽略不计，故不将其纳入 LCA 的初始系统边界中；② 制作原材料和车顶材料所使用的非一次性生产机器的制造并不纳入研究范围，因为均分到每个产品上，生产机器的制造过程的环境负荷忽略不计；③ 由于还未有对汽车维修和保养方面量化的环境影响评价模型，故车顶在使用阶段保养所产生的环境负荷忽略不计。此外，在黄麻、苎麻纤维种植、脱胶和纺纱过程中，有例如麻茎秆、短麻、落麻等副产品的产生，这些多产品输出的单元过程都将使用质量分配法分配主产品的环境负荷。

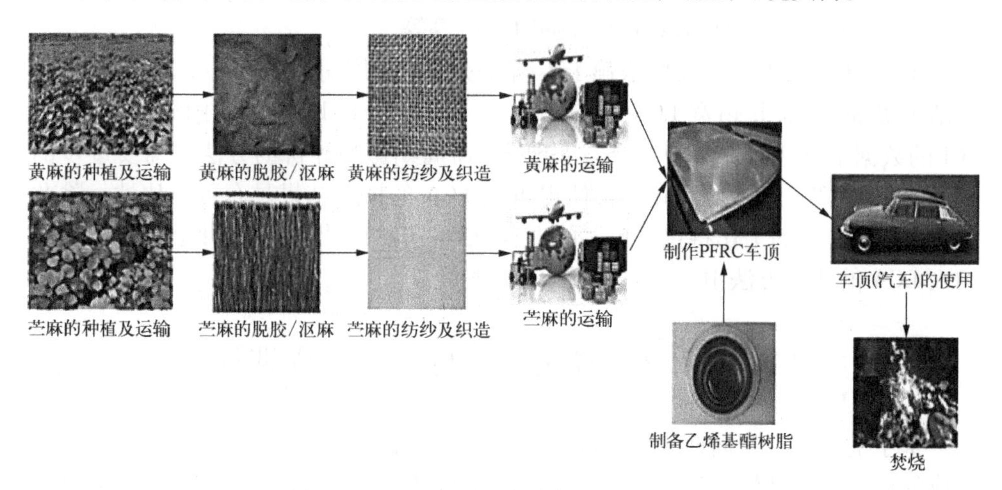

图 8.3　PFRC 车顶生命周期评价研究范围

8.2.2　功能单元

功能单元指的是汽车行驶 2×10^5 km 所需的车顶数。假设行驶 2×10^5 km 平均需要 10 年时间，于是功能单元的定义就与 PFRC 车顶的老化寿命相关。因为植物纤维的亲水性，PFRC 对湿热老化相较于紫外老化更敏感，故在定义功能单元时主要考虑 PFRC 湿热老化的预测寿命。由于 PFRC 的吸水情况符合费肯扩散定律，因此老化性能的预测模型选用以费肯扩散为基础的材料性能老化预测模型[10]，如式(8.1)所示。

$$P_t = \frac{P_0}{100}\left[-D_0\ln(t) + B\right] \tag{8.1}$$

其中,P_0为材料的初始性能;P_t为 t 时刻的材料性能;D_0为水分在材料中的扩散常数;B 为待定常数。

假设当 PFRC 车顶的弯曲强度下降 30% 车顶失效,根据相关寿命预测结果[11],在 10 年内需要一块 PFRC1 车顶或两块 PFRC2 车顶。也就是说,PFRC1 的功能单元为一块车顶,而 PFRC2 的功能单元为两块车顶。PFRC1 和 PFRC2 的差别将在下节介绍。

8.2.3 生命周期清单分析

1. *植物纤维织物的生产和运输阶段*

本案例使用的黄麻织物由我国浙江某麻业公司提供。黄麻原麻经过脱胶、纺纱和织造这三个单元过程的主副产品生产率列于图 8.4 中。由于制造过程存在纱线风耗或其他消耗,故主副产品生产率的总和不一定为 1。由于黄麻种植过程的附加值不高,该公司并不直接种植黄麻,只负责从恒河三角洲地区进口未经纺纱的黄麻纱线并纺织成市场需要的不同产品。恒河三角洲地区是世界上黄麻产量最大的地区,印度为了将黄麻产品作为环境材料推广到其他地区,2006 年印度黄麻制造商发展委员会(JMDC)对该国生产的黄麻纤维进行了生命周期评价的研究[12]。本书中,黄麻种植、脱胶和纺纱单元过程的 LCI 数据主要来源于上述研究;脱胶工艺采用温水沤麻的传统沤麻方式。种植过程中的所使用的辅料,例如氮肥、磷肥、钾肥以及农家肥的 LCI 数据来源于文献资料[13-15]。其他辅料的 LCI 数据来源于 Gabi 数据库。

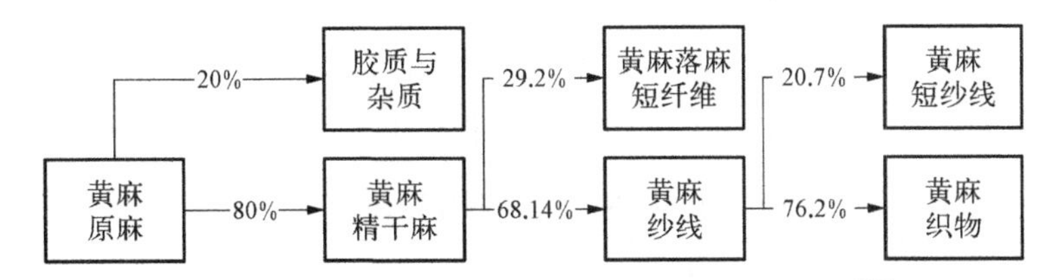

图 8.4 黄麻织物每个单元过程主副产品的生产率[12]

黄麻织物的运输包括将黄麻纱线从孟加拉国运输到浙江安吉的运输路程,同时还包括将黄麻织物从安吉运输到上海的路程。假设前段路程通过海路运输加陆路运输,后段路程通过陆路运输。海路运输路程参考 Axsmarine 网站给出的从孟加拉国吉大港到上海港的航线海里数。陆路运输路程参考百度地图给出的从浙江到上海的货车运输千米数。两种运输相关的 LCI 数据来源于 Gabi 数据库。

苎麻织物由我国湖南某麻业有限公司提供。图 8.5 表明了苎麻原麻分别经过脱胶、纺纱、织造三道工艺,每个单元过程的主副产品生产率。为了减少脱胶工艺的环境负荷，该公司采用生物化学混合脱胶工艺提取苎麻纤维。与传统化学脱胶工艺相比，生化脱胶工艺使得该公司的脱胶废水的化学需氧量从 15 g/L 下降至 100 mg/L，达到国标 GB 4287—2012 中对纺织染整工业污水化学需氧量（CODCr）排放的标准。根据中国环境科学研究院 2010 年发布的《工业污染源产排污系数手册》，麻纺织行业中苎麻脱胶工艺的平均化学需氧量排放为 105.98 mg/L[16]。由此看出，该公司的生化混合脱胶工艺可以代表国内苎麻生产技术的平均水平。苎麻种植、纺纱和织造过程的 LCI 数据参考文献[16-19]中提及的相关数据，种植、纺纱、织造过程中使用的辅料的 LCI 数据的选取同黄麻织物。苎麻从种植到最终织物成品的生产都在同一地点，而织物的运输仅有陆路运输，LCI 计算方法同黄麻织物中陆路运输的方法。

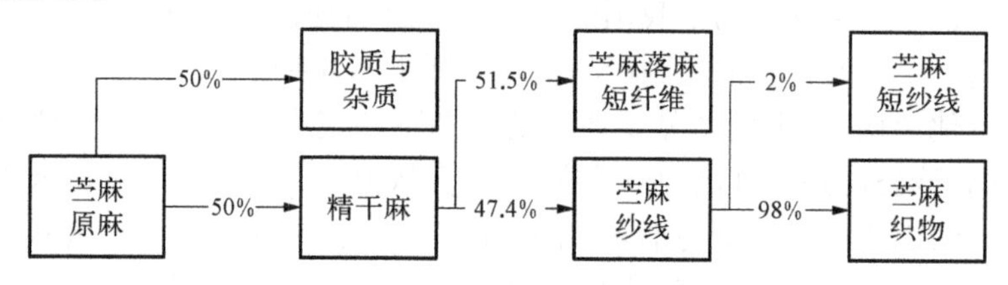

图 8.5　苎麻织物每个单元过程主副产品的生产率

2. PFRC 车顶制作阶段

对采用 PFRC1 与 PFRC2 两种车顶的方案来说，车顶制作阶段的 LCI 差异主要体现在丙酮水溶液、硅烷和过氧化二异丙苯的使用上。利用 VARTM 工艺制作 PFRC 车顶，按照实际制作 60×45 cm^2面积的 PFRC1 层合板所使用的实验耗材和产生的固体废弃物，等比例计算得出制作 166.5×107 cm^2面积的 PFRC1 车顶所使用的实验耗材及产生的废弃物。得出的单元过程的 LCI 结果如表 8.1 所示。

表 8.1　PFRC1 车顶制作过程 LCI

	基础流	单位	数值
基础流输出	工业废水	kg	13.21
	残余固化树脂	kg	0.54
	废弃塑料（耗材）	kg	1.39
	层合板切割边角料	kg	0.18
	产品流	单位	数值
产品流输入	黄麻织物	kg	1.154
	苎麻织物	kg	1.964
	乙烯基树脂	kg	4.727

续表

	产品流	单位	数值
产品流输入	乙烯基三乙氧基硅烷	kg	0.495
	水	kg	8.254
	丙酮	kg	8.254
	过氧化二异丙苯	kg	0.083
	真空袋(PET)	kg	0.645
	密封胶条	kg	0.132
	脱模布(尼龙 66)	kg	0.437
	导流网(PP)	kg	0.176
	电能	MJ	44.21
产品流输出	产品流	单位	数值
	PFRC 车顶	kg	7.31

3. PFRC 车顶使用阶段

车顶在使用阶段的环境负荷主要来源于自重在汽车行驶时所消耗的燃油，并由此产生的汽车尾气。基于动力学的汽车油耗与车重之间的关系如式(8.2)[20]所示。

$$FC_v = FRC \times M_v + B \tag{8.2}$$

其中，FC_v为单位行驶路程的汽车油耗，单位为 L/km；系数 FRC 代表与汽车转向和变速阻力相关的油耗，由汽车动力系统、外形设计和行驶速度等因素所决定，单位为 L/(km · kg)；M_v 为整车质量；B 代表与气动阻力相关的附加油耗，单位为 L/km。而对于汽车部件来说，并没有与气动阻力相关的附加油耗，故汽车部件的油耗与部件质量之间的关系可以由式(8.3)[21]得到：

$$FC_c = FRC \times M_c \tag{8.3}$$

其中，FC_c为单位行驶路程的汽车部件油耗，M_c 为部件质量。本书中 FRC 取值为 0.35 L/(100 km×100 kg)；B 取值为 3.970 3 L/100 km，假设加上乘客自重，整车质量为 1 500 kg，并且汽油的密度为 0.75 g/ml，由式(8.2)和式(8.3)，可以算出行驶 2×10^5 km PFRC 车顶与整车的油耗分别为 38.38 kg 和 1 844.06 kg。

计算整车油耗的目的是根据汽车尾气排放标准来计算由车顶油耗而产生的尾气。选取欧洲五号标准(Euro 5)作为尾气排放标准，则整车油耗产生的尾气排放可以通过标准值乘以行驶公里数计算。而车顶油耗导致的尾气可以通过车顶油耗占整车油耗的比例分配整车尾气排放而得。

4. PFRC 车顶废弃物处理阶段

复合材料废弃物处理方法主要包括废弃物回收和废弃物处置,两者的区别在于前者通过产生再生产品来减小研究对象的环境负荷,而后者除了可能回收废弃物自身的能量外,还有可能增加研究对象的环境负荷。废弃物回收又包括物理回收、热解回收和化学回收等方法。PFRC 废弃物的回收需要经过复杂的物理和重复热处理。然而由于植物纤维热稳定性较低,难以承受超过 200℃ 的重复热处理。所以,对于以热处理温度高的树脂作为基体材料的 PFRC 而言,回收得到的再生材料的力学性能会有大幅度降低,甚至可能导致无法再次使用。于是,废弃物处置对 PFRC 而言是更为可行的废弃物处理方法。填埋处理一度是复合材料废弃物处置的主要方法。然而,由于填埋处理占用大量土地并且没有回收废弃物中的能量而造成浪费,渐渐被焚烧处理所取代。

单位质量的产品在完全燃烧时所产生的热量称为产品的发热量。发热量又分为高位发热量和低位发热量。高位发热量指的是单位质量的产品完全燃烧时放出的全部热量,而低位发热量指的是上述热量扣除烟气中水蒸气的汽化潜热后的发热量。低位发热量较高位发热量更接近工业锅炉燃烧时的实际发热量。分别使用 Gabi 数据库中焚烧木质产品与焚烧塑料的相关 LCI 来简化本案例的废弃物处理阶段的 LCI。表 8.2 中列出了植物纤维与聚合物的低位发热量和电能热能转化率,转化后的电能与热能将以负环境负荷的方式体现在废弃物处理阶段的 LCI 中,以扣除焚烧过程的资源消耗及污染排放。

表 8.2　植物纤维与聚合物焚烧处理的相关系数[22]

	低位发热量/(MJ/kg)	电能转化率/%	热能转化率/%
植物纤维	14	10	26
聚合物	32.57	10	26

8.2.4　生命周期影响评价

生命周期影响评价(LCIA)的目的是将 LCI 中的基础流通过特征化因子转化为不同的环境影响潜值,从而更利于解读研究对象的环境负荷。常用的 LCIA 评价方法包括 Eco-indicator99 方法、ReCiPe 方法和 CML 方法等。其中 CML 评价方法由荷兰莱顿大学环境科学中心的研究者于 2001 年提出,是一种面向问题的评价方法。CML 方法共有 10 种环境影响评价类型,但由于 PFRC 车顶对臭氧层消耗(ODP)的环境影响很小,占总体环境影响的比率小于 1%,故在本研究中不予以考虑。因此,本书采用的 CML 评价方法中包含的影响类型和其参数结果详见表 8.3。

表 8.3 CML 方法的环境影响类型、对应基础流和参数结果

环境影响类型	对应基础流	参数结果
全球变暖(GWP)	CO_2、CO、CH_4、N_2O、氯化烃类等挥发性有机物	CO_2当量/kg
酸化(AP)	SO_2、氮氧化物、HCl、NH_3和 HF 等	SO_2 当量/kg
富营养化(EP)	磷酸盐、硝酸盐、氨水、氮氧化物和化学需氧量等	磷酸盐当量/kg
不可再生资源消耗(元素)(ADP)	岩盐、石灰岩等	锑元素当量/kg
不可再生资源消耗(化石)(ADP)	煤、石油、天然气等	能量当量/MJ
人体毒性(HTP)	CO、SO_2、碳氢化合物等气体;Hg, Cr 等重金属	1,4-二氯苯当量/kg
光化学臭氧的形成(POCP)	乙烯、CH_4、碳氢化合物、醛类和其他挥发性有机物	乙烯当量/kg
淡水生态毒性(FAETP)	排入淡水的氯化物和有害元素	1,4-二氯苯当量/kg
海洋生态毒性(MAETP)	排入海洋的氯化物,氟化物和有害元素	1,4-二氯苯当量/kg
土壤生态毒性(TETP)	土壤的氯化物和有害元素	1,4-二氯苯当量/kg

生命周期影响评价的具体实施步骤分为特征化、归一化以及加权评价。特征化是 LCIA 方法的核心,指的是将清单分析阶段获得的资源消耗和污染排放的数据,利用对应的特征化因子,量化为不同的环境影响。本研究使用 CML 评价方法所提供的特征化因子[23],计算 PFRC 车顶生命周期清单的特征化结果。归一化与加权评价不是 LCIA 的必要步骤,可根据研究目的选择是否需要对特征化结果进行归一化与加权平均。将各影响潜值除以对应的归一化基准即得到归一化结果。归一化的目的是更好地了解特征化结果,即各影响潜值的相对意义。归一化基准的选取不唯一,一般以特定范围内的资源消耗总量或排放总量作为基准。归一化的结果即代表研究对象相对于此特定范围内的资源消耗与污染排放。本书采用最新的全球资源消耗和污染排放总量作为归一化基准。加权评价是将不同的环境影响类型通过权重系数综合成一个总的环境影响潜值。加权评价的意义在于为对比不同产品的环境影响提供便利,从而便于决策者做出快速的决定。权重系数反映了社会价值和偏好,可以通过专家调查法或相关的环境标准等给出。本书选取的权重系数参考 PE international 公司于 2012 年通过专家调查所得的权重系数[24]。

8.2.5 生命周期影响评价的结果和解释

1. 特征化评价结果

(1) PFRC1 车顶和 PFRC2 车顶生命周期中各过程的环境影响评价

图 8.6(a)和(b)分别给出了 PFRC1 与 PFRC2 车顶的生命周期影响评价结果。从图 8.6(a)中可得出,PFRC1 车顶使用阶段的平均环境影响占全生命周期的比例最大,约为 46%;其次是植物纤维和车顶制造过程,约占 35%;树脂制造过程约占 19%。焚烧处理 PFRC1 废弃车顶通过再生电能与热能大大降低其对海洋生态毒性的环境影响。而对于 PFRC2 来说,从图 8.6(b)中可得出,植物纤维和车顶制造阶段成为平均环境影响最大的过程,平均环境影响占全生命周期的 39%,这是由于 PFRC2 方案使用两块车顶以满足使用年限,故相比 PFRC1 车顶,PFRC2 车顶在原材料和车顶制造过程的环境负荷占总体比例加大;其次是车顶使用阶段,约占生命周期的 36%;树脂制造约占 24%。

PFRC1 车顶的环境影响主要由车顶使用阶段的资源消耗和污染排放所主导。使用阶段主要影响的环境类型包括全球变暖、酸化、不可再生化石资源消耗、淡水生态毒性和光化学臭氧形成。PFRC1 在使用阶段因燃烧汽油产生较多的 CO_2、CO、氮氧化物、碳氢化合物,导致其对全球变暖、酸化和光化学臭氧形成的影响较

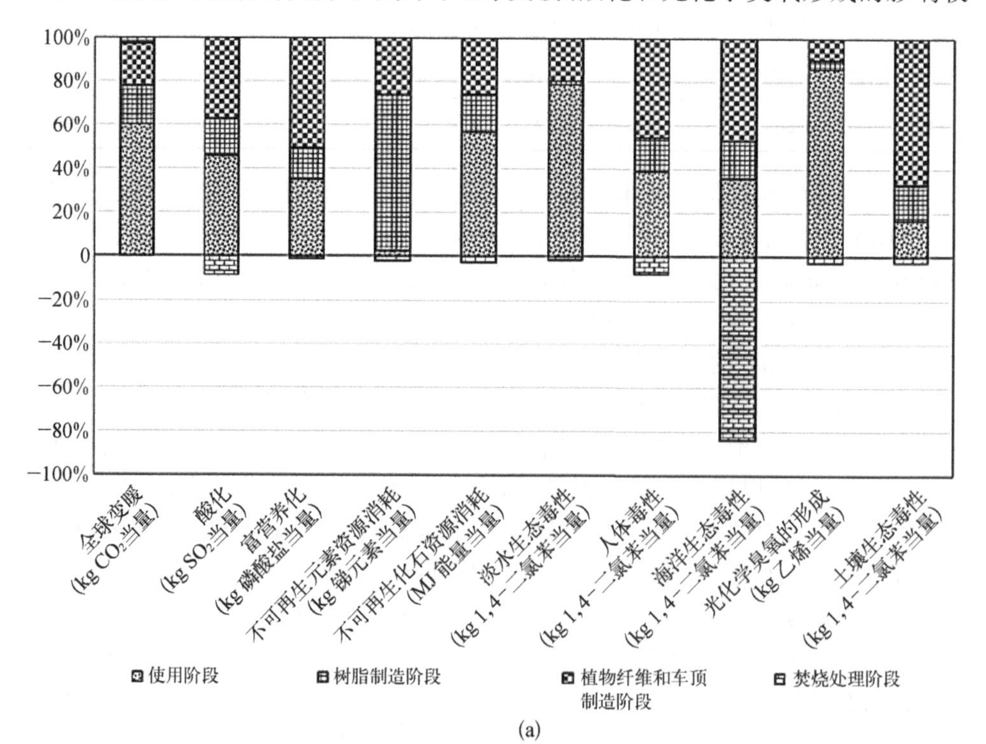

(a)

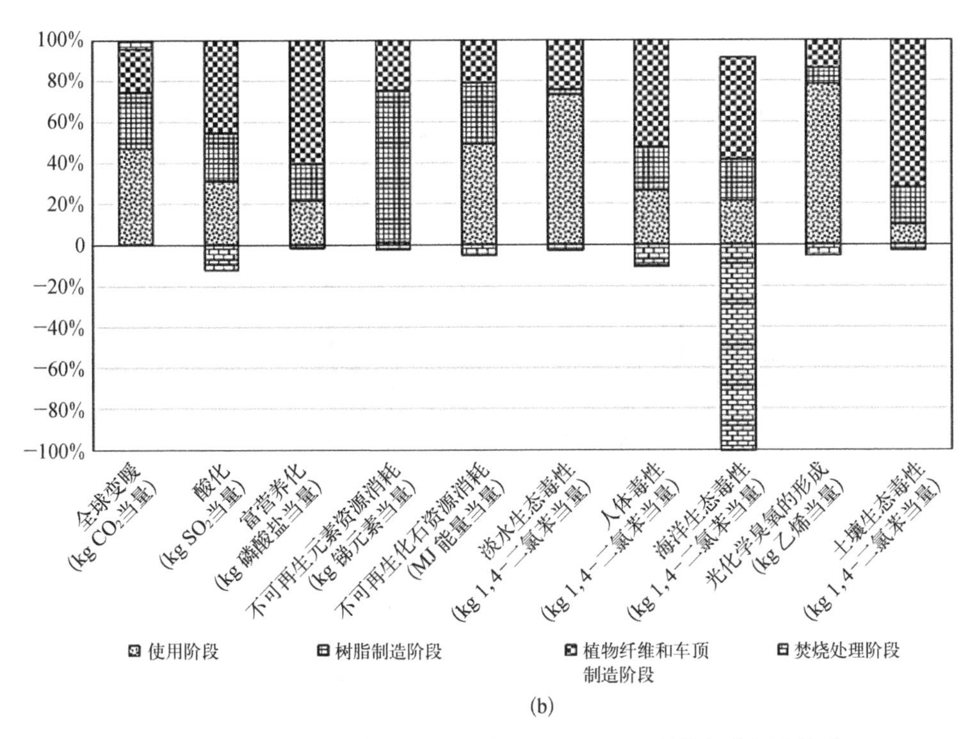

图 8.6　(a) PFRC1 的特征化评价结果;(b) PFRC2 的特征化评价结果

大。汽油在生产时消耗的原油资源和产生的 SO_2、氯化物和重金属元素较其他阶段多,故导致其化石资源消耗、酸化和淡水生态毒性的影响较其他阶段更大。

对 PFRC2 车顶而言,植物纤维和车顶制造过程的环境负荷占总体负荷的比例最大,主要体现在富营养化、人体毒性、海洋生态毒性和土壤生态毒性等影响类型。植物纤维在种植过程中使用的氮肥磷肥的流失导致其富营养化影响更大。而车顶制造过程对人体毒性、海洋生态毒性和土壤生态毒性的影响主要由过程中使用的电能在发电时产生的 CO、氯化物和有害元素的排放而导致的。

无论对于 PFRC1 车顶或是 PFRC2 车顶而言,树脂制造消耗的不可再生元素资源消耗占全生命周期的比例都较大,约为 73%左右。树脂在制造过程中使用的岩盐、石灰岩等资源对元素资源消耗的影响较大。

(2) PFRC1 车顶和 PFRC2 车顶全生命周期的环境影响评价比较

单独比较 PFRC1 与 PFRC2 车顶制备过程对环境产生的影响,如图 8.7 所示,可以看到硅烷处理对 PFRC 车顶在全球变暖、化石资源消耗和淡水生态毒性方面均有较大影响,分别提高了 19%、46%和 47%的影响值。主要原因在于硅烷处理需要耗费大量的丙酮溶液,而丙酮的制造过程对全球变暖,化石资源消耗和淡水生态毒性的影响较大。

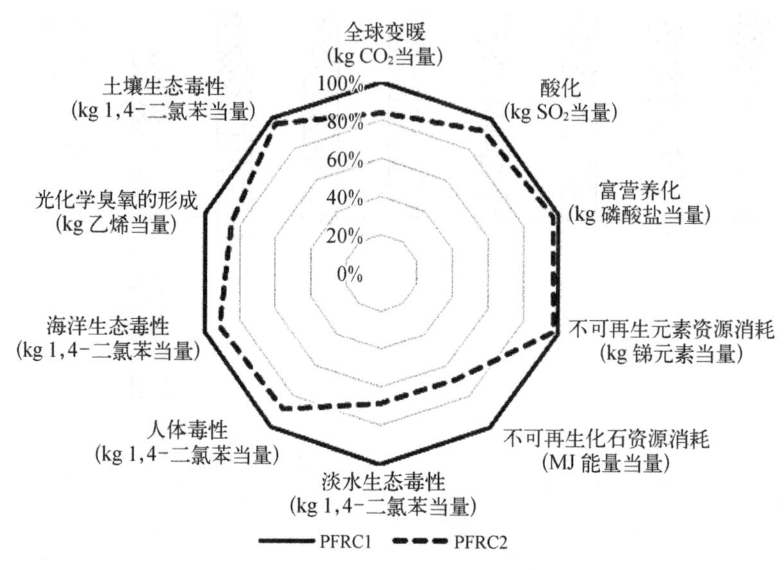

图 8.7　制备一件 PFRC1 和 PFRC2 车顶的环境影响

当比较车顶全生命周期的环境影响时,未处理与硅烷处理植物纤维增强复合材料车顶的影响评价结果发生了较大的变化。图 8.8 对比了 PFRC1 和 PFRC2 车顶的 LCIA 评价结果,发现除了海洋生态毒性影响类型之外,PFRC1 的各类环境影响均比 PFRC2 小 7%～48%。其中以元素资源消耗的影响最为显著,PFRC1 比 PFRC2 的元素资源消耗小约 48%,原因是 PFRC1 车顶树脂的用量仅为 PFRC2 的

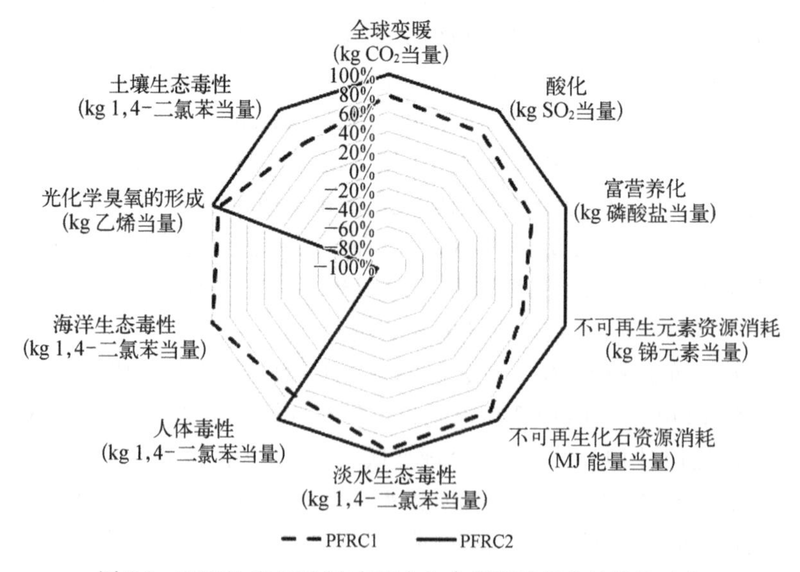

图 8.8　PFRC1 和 PFRC2 车顶全生命周期特征化结果的对比

一半,而树脂的制造过程是消耗元素资源的主要过程。PFRC2 比 PFRC1 的海洋生态毒性影响小的主要原因是焚烧树脂产生的电能和热能以负环境负荷的形式体现在环境影响中。而 PFRC2 的树脂用量是 PFRC1 的两倍,故产生两倍的负环境负荷。

2. 归一化与加权评价的结果

表 8.4 给出了 PFRC1 和 PFRC2 车顶归一化评价结果。归一化结果代表车顶全生命周期中的资源消耗或污染排放占 2000 年全球资源消耗或污染排放总量的比例。可以看出,其中化石资源消耗占全球资源消耗的比例最大,而元素资源消耗占全球资源消耗的比例最小。除去不可再生资源消耗,其余的污染排放占世界排放总量的比例都在 10^{-10} ~ 10^{-13}之间。而 PFRC1 和 PFRC2 车顶按照专家调查法确定的加权权重系数加权后得到的 LCIA 评价结果分别为 5 680 和 6 820。PFRC2 比 PFRC1 的 LCIA 加权评价结果大 20%,意味着硅烷处理的植物纤维增强复合材料虽然在制备环节对环境的影响较大,然而由于为了使未处理植物纤维增强复合材料达到相同的使用功能,需要制备两块车顶,从全生命周期的角度考虑,未处理植物纤维增强复合材料制成的车顶对环境的影响较硅烷处理对环境的影响更大。

表 8.4 PFRC1 和 PFRC2 车顶归一化评价结果

环境影响类型	PFRC1	PFRC2
全球变暖	5.43E-12	6.94E-12
酸化	1.71E-12	2.41E-12
富营养化	2.43E-12	3.91E-12
不可再生元素资源消耗	1.34E-15	2.59E-15
不可再生化石资源消耗	2.03E-08	2.31E-08
淡水生态毒性	5.70E-11	6.06E-11
人体毒性	1.55E-12	2.20E-12
海洋生态毒性	2.21E-10	-1.96E-10
光化学臭氧的形成	6.92E-13	7.41E-13
土壤生态毒性	5.93E-12	1.05E-11

8.3 玻璃纤维增强复合材料与植物纤维增强复合材料的生命周期评价对比

玻璃纤维增强复合材料(GFRC)车顶的生命周期影响评价方法同植物纤维增强复合材料(PFRC)车顶,即使用 CML 评价方法,对 GFRC 车顶的 LCI 结果依次进行特征化 LCIA 评价、归一化 LCIA 评价和加权评价处理。

8.3.1 特征化评价结果和对比

1. GFRC 车顶生命周期中各过程的环境影响评价及与 PFRC1 车顶的对比

图 8.9 给出了 GFRC 的特征化 LCIA 评价结果。车顶使用阶段的平均环境影响占总体影响的 43%，而玻璃纤维和车顶制造的平均环境影响占总体影响的 42%。树脂制造的平均环境影响占总体影响的 15%。车顶使用阶段对全球变暖、富营养化、化石资源消耗、淡水生态毒性和光化学臭氧形成的影响较大；而玻璃纤维和车顶制造对酸化、人体毒性、海洋生态毒性和土壤生态毒性的影响较大，主要是由于在二者的制造过程中使用较多电能，而火力发电时排放较多的 SO_2、氮氧化物、氯化物和有害元素，导致其酸化和人体、海洋、土壤等毒性的影响较大。车顶使用阶段因燃烧汽油产生较多的 CO_2、CO、氮氧化物和碳氢化合物，导致其对全球变暖、富营养化和光化学臭氧形成的影响较大。汽油在生产时消耗的原油资源和产生的磷酸盐、氮氧化物、氯化物和重金属元素对其化石资源消耗、富营养化和淡水生态毒性的影响也较大。

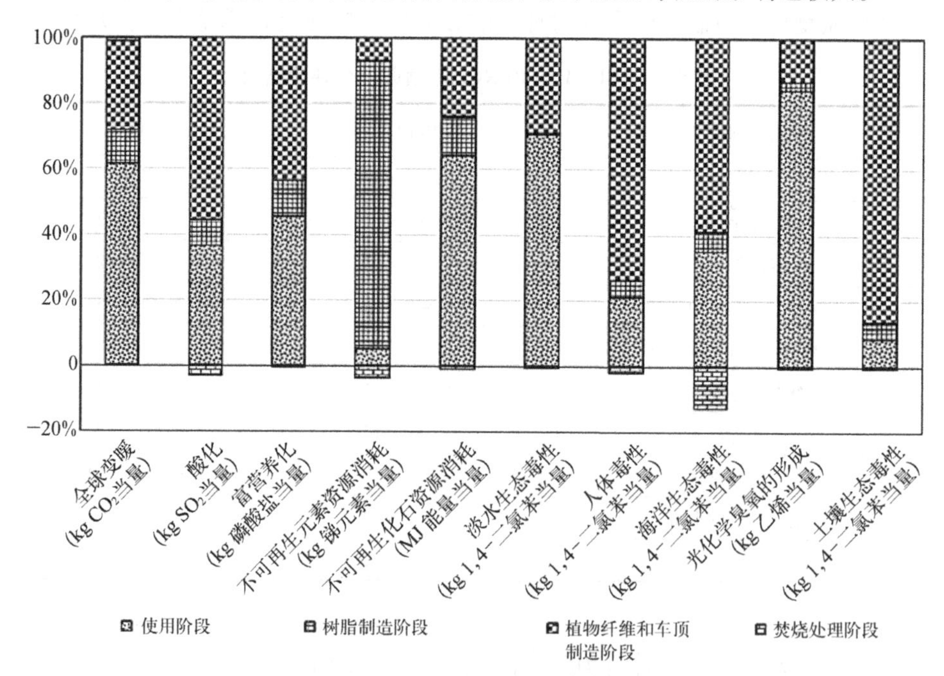

图 8.9　GFRC 的特征化结果

对比 GFRC 车顶与 PFRC1 车顶各阶段对环境影响的不同，可以发现由于植物纤维种植过程消耗了氮肥、磷肥，导致植物纤维和车顶制造环节主导了 PFRC1 车顶对富营养化的环境影响。而由于玻璃纤维制造过程消耗大量的电能，使得玻璃纤维和车顶制造环节主导了 GFRC 车顶对酸化的环境影响。

2. GFRC 车顶、PFRC1 车顶和 PFRC2 车顶全生命周期评价的比较

图 8.10 比较了 GFRC 车顶与 PFRC1、PFRC2 车顶的全生命周期特征化影响评价结果。可以发现,对大部分环境影响类型而言,PFRC1、PFRC2 车顶比 GFRC 车顶的环境影响更小。特别是在人体毒性、海洋生态毒性和土壤生态毒性三大毒性影响方面,PFRC1 车顶比 GFRC 车顶的环境影响小 24%~92%。主要原因是玻璃纤维在制造时使用大量的电能,而我国发电技术主要依赖火力发电,这对人体毒性、海洋生态毒性和土壤生态毒性的影响较大。同样,此原因导致 PFRC1 车顶的酸化影响比 GFRC 车顶的小 36%。光化学臭氧的形成和淡水生态毒性这两种环境影响主要受汽油生产或汽车行驶排放的尾气影响,相较于 PFRC1 车顶(或 PFRC2 车顶)而言,GFRC 车顶由于质量较大、消耗较多的汽油、产生较多的尾气,所以 GFRC 车顶的光化学臭氧形成与淡水生态毒性的影响较 PFRC1、PFRC2 车顶更大。

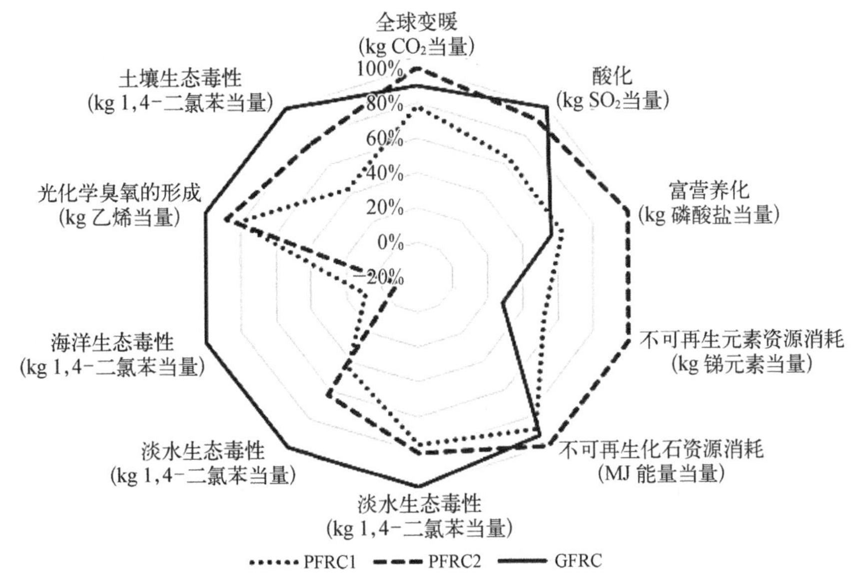

图 8.10 GFRC、PFRC1 和 PFRC2 车顶特征化结果的对比

对 PFRC1 而言,植物纤维、树脂和车顶的制造占全球变暖和化石资源消耗总影响的 37%和 43%。所以当 PFRC2 的功能单元变成两块车顶时,原材料和车顶制造的全球变暖和化石资源消耗的影响将显著增大。因此,虽然 PFRC1 车顶的全球变暖影响和化石资源消耗比 GFRC 车顶小,但 PFRC2 车顶的相关影响和消耗却比 GFRC 车顶大。

PFRC1、PFRC2 车顶的富营养化和元素资源消耗影响较 GFRC 车顶更大,主要原因在于植物纤维种植过程对富营养化的影响较大,而树脂制造过程对元素资源

消耗的影响较大。由于 PFRC 车顶与 GFRC 车顶的纤维体积含量基本一致,要达到相同的板壳刚度,PFRC 车顶的厚度比 GFRC 大,所使用的树脂量也更多。对比 PFRC 与 GFRC 材料的 LCA 评价的研究[19],大多都通过提高 PFRC 的纤维体积含量以达到与 GFRC 相同的弹性模量。由此设计的 PFRC 相比 GFRC 的树脂用量更少,所以元素资源消耗的影响也更小。

8.3.2 归一化与加权评价的结果与对比

GFRC 车顶归一化结果的总体趋势与 PFRC1、PFRC2 车顶的趋势相同,即元素资源消耗占全球元素资源消耗相比其他污染排放的占比最小,而化石资源消耗占全球相关资源消耗的比例较其他污染排放的比例更大。具体归一化结果的数值列于表 8.5 中,GFRC 归一化结果与 PFRC1,PFRC2 车顶的差异同特征化结果一致。表 8.6 列出了三种车顶的加权评价结果,可以看到 GFRC 车顶的加权评价结果比 PFRC1 车顶大 25%,而比 PFRC2 车顶大 4.1%左右。这表明从环境专家对于各环境影响的重要性来看,PFRC1 车顶的总体环境影响明显优于 GFRC 车顶,甚至 PFRC2 车顶的总体环境影响较 GFRC 车顶也略有优势。由此可以断定,即使考虑 PFRC 的湿热老化寿命,PFRC 材料运用到车顶结构上仍然较 GFRC 材料有更高的环境协调性。这个结论为推动 PFRC 材料运用到交通运输业,甚至其他产业起到了积极的促进作用。

表 8.5　GFRC、PFRC1 和 PFRC2 车顶归一化评价结果

环境影响类型	PFRC1	PFRC2	GFRC
全球变暖	5.43E－12	6.94E－12	6.22E－12
酸化	1.71E－12	2.41E－12	2.65E－12
富营养化	2.43E－12	3.91E－12	2.21E－12
不可再生元素资源消耗	1.34E－15	2.59E－15	7.39E－16
不可再生化石资源消耗	2.03E－08	2.31E－08	2.13E－08
淡水生态毒性	5.70E－11	6.06E－11	7.49E－11
人体毒性	1.55E－12	2.20E－12	3.51E－12
海洋生态毒性	2.21E－10	-1.96E－10	2.37E－09
光化学臭氧的形成	6.92E－13	7.41E－13	8.40E－13
土壤生态毒性	5.93E－12	1.05E－11	1.38E－11

表 8.6　CFRC、PFRC1 和 PFRC2 车顶加权评价结果

	PFRC1	PFRC2	GFRC
LCIA 加权评价	5 680	6 820	7 100

参 考 文 献

[1] 左铁镛,左铁镛,聂祚仁.环境材料基础[M].北京：科学出版社,2003.

[2] Bare J, Young D, Qam S, et al. Tool for the reduction and assessment of chemical and other environmental impacts (TRACI)[J]. Journal of Industrial Ecology, 2012, 6(3-4): 49-78.

[3] Margni M, Gloria T, Bare J, et al. Guidance on how to move from current practice to recommended practice in life cycle impact assessment[M]. unpublished, UNEP-SETAC Life Cycle Initiative, 2008.

[4] Guinée J B. Handbook on life cycle assessment operational guide to the ISO standards[J]. The international journal of life cycle assessment, 2002, 7(5): 311-313.

[5] Goedkoop M, Spriensma R. A damage oriented method for life cycle impact assessment[EB/OL]. https://www.univie.ac.at/photovoltaik/umwelt/EI99.PDF[2019-10-16].

[6] Itsubo N, Sakagami M, Washida T, et al. Weighting across safeguard subjects for LCIA through the application of conjoint analysis[J]. The International Journal of Life Cycle Assessment, 2004, 9(3): 196-205.

[7] Hauschild M Z, Goedkoop M, Guinée J, et al. Identifying best existing practice for characterization modeling in life cycle impact assessment[J]. The International Journal of Life Cycle Assessment, 2012,18(3): 683-697.

[8] 龚先政.材料环境协调性评价基础数据库的研究[D].北京：北京工业大学,2006.

[9] Curran MA. Broad-based environmental life cycle assessment[J]. Environmental Science & Technology, 1993, 27(3): 430-436.

[10] 董闽沈.T300碳纤维增强E51环氧树脂复合材料的耐久性研究[D].上海：同济大学,2011.

[11] 胡春静.天然纤维增强复合材料的耐久性研究[D].上海：同济大学,2008.

[12] PWC. Life cycle assessment of jute products[Z]. Jute Manufactures Development Council (JMDC), Ministry of Textiles, Government of India, 2006.

[13] Dissanayake N P J. Life cycle assessment of flax fibres for the reinforcement of polymer matrix composites[D]. Plymouth : University of Plymouth, 2011.

[14] 胡志远.车用生物柴油生命周期评价及多目标优化[D].上海：同济大学,2006.

[15] 籍春蕾,丁美,王彬鑫,等.基于生命周期分析方法的化肥与有机肥对比评价[J].土壤通报,2012,43(2): 412-419.

[16] 中国环境监测总站.工业源产排污系数手册[EB/OL]. http://www.cnemc.cn/publish/105/news/news_12893.html [2014-10-10].

[17] 刘正初,罗才安,杨瑞林,等.苎麻生物脱胶技术应用研究[J].纺织学报, 1991,12(10): 458-467.

[18] 董俊霞.苎麻.水溶性维纶织物织造实践[J].棉纺织技术,2004,32(9): 53-55.

[19] Joshi S V, Drzal L T, Mohanty A K, et al. Are natural fiber composites environmentally superior to glass fiber reinforced composites? [J]. Composites Part A: Applied Science and Manufacturing, 2004,35(3): 371-376.

[20] Kim H C, Wallington T J. Life-cycle energy and greenhouse gas emission benefits of lightweighting in automobiles: review and harmonization [J]. Environmental Science & Technology, 2013, 47(12): 6089-6097.

[21] Deng Y L. Life Cycle Assessment of biobased fibre-reinforced polymer composites [M]. New York: Rockefeller University, 2014.

[22] 方源圆,周守航,阎丽娟.中国城市垃圾焚烧发电技术与应用[J].节能技术,2010,28(1):76-80.

[23] Mansor M R, Salit M S, Zainudin E S, et al. Life cycle assessment of natural fiber polymer composites [M]//Agricultural Biomass Based Potential Materials. Berlin: Springer, 2015: 121-141.

[24] Gabi. PE LCIA Survey 2012 (Weighting) [EB/OL]. http://database-documentation.gabi-software.com/america/support/gabi/gabi-lcia-documentation/pe-lcia-survey-2012-weighting [2015-24-4].

第9章　植物纤维增强复合材料应用

近年来,二氧化碳排放引起的全球变暖使人们生态意识在逐步增强。随着国际社会越来越严格的可持续发展呼声与法律法规性质的减排限制,环境友好型材料的发展受到重视。欧盟2020年初通过新版《循环经济行动计划》(简称新版《计划》),指出将在未来10年内减少欧盟的"碳足迹",使可循环材料使用率增加一倍。新版《计划》的重点包括做出减少废弃物的目标承诺;制定产品可持续性标准的政策框架并进行立法;注重电子产品的回收利用;管控化学产品等危险废弃物等。这些规定将使欧洲的工业业态发生根本性变化。欧洲航空研究顾问委员会(ACARE)提出了一系列严格的航空减排议案,要求与2000年相比,到2050年欧盟应在航空的环境影响方面达到二氧化碳排放减少75%、氮氧化物的排放减少90%以上,噪声减少65%。同时,飞机的设计和制造,包括其使用的材料等,将都是可循环利用的。

我国对新材料技术开发的重视程度日益增加。2006年国务院发布的《国家中长期科学和技术发展规划纲要(2006—2020年)》中指出:"新材料技术将向材料的结构功能复合化、功能材料智能化、材料与器件集成化、制备和使用过程绿色化发展。"此外,在国务院发布的《中国制造2025》中也提出了"绿色制造"的发展目标,强调全面推行绿色制造是提升我国制造业整体竞争力的五项重大工程之一。其中,植物纤维作为一种生物质来源的材料,将其作为增强纤维制备复合材料,已成为国内外学术界和工业界关注的热点。

植物纤维增强复合材料在全世界范围内已有了一定的应用,尤其是在汽车行业。早在1958年,东德的特拉贝特轿车上首次实现利用棉纤维增强酚醛复合材料制造的车顶、发动机罩、尾盖及车门等部件的量产[如图9.1(a)所示]。近年来,由于全球对环境和资源问题的日益关注,越来越多的汽车制造商开始寻求可持续发展材料来制备汽车零部件[1]。梅赛德斯-奔驰、宝马、奥迪和大众等德国汽车制造商更大规模地在汽车内部和外部部件使用植物纤维增强复合材料。在日本,丰田汽车公司开发了由甘蔗制成的生态塑料并应用于汽车内饰[2],此外还开发了生物可降解树皮织物增强绿色环氧树脂复合材料,用于制造汽车仪表板[3]。

除在汽车领域应用外,植物纤维增强复合材料也已在船舶、电动车、自行车等领域得到一定的应用(图9.2)。图9.2(a)为利用植物纤维增强复合材料制造的双体船,其船体部分为采用VARTM工艺制造的亚麻纤维增强环氧树脂复合材料结构。近年来,人们还利用亚麻纤维增强复合材料开发研制了自行车车架[图9.2(c)],并频频出现在一些展会上,引起市场的一定关注。

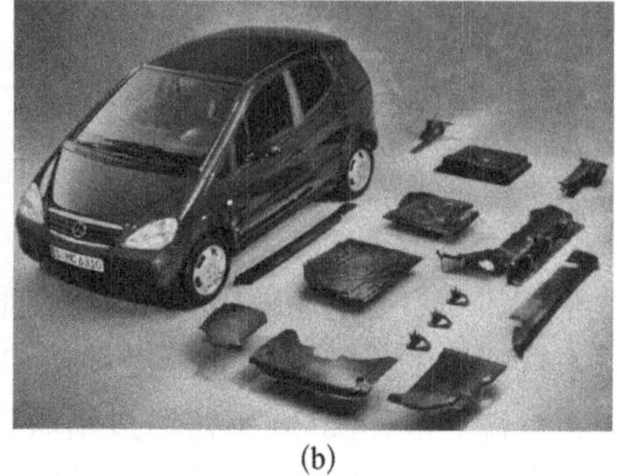

(a)　(b)

图 9.1　植物纤维增强复合材料在汽车上的应用：(a) 特拉贝特轿车；(b) 梅赛德斯-奔驰 A200

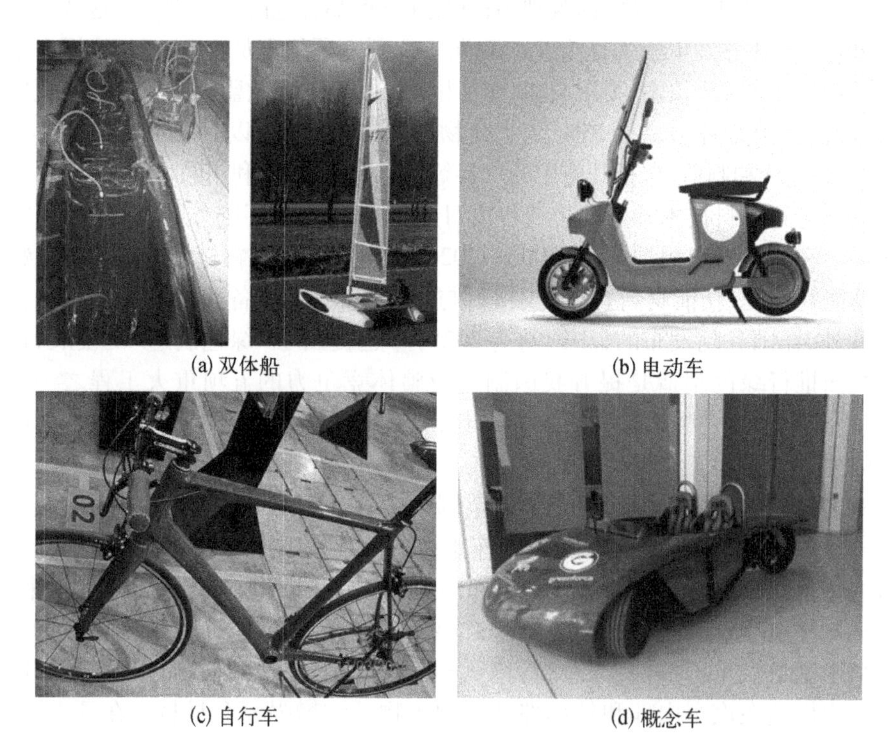

(a) 双体船　(b) 电动车

(c) 自行车　(d) 概念车

图 9.2　植物纤维增强复合材料在其他交通领域的应用

当前，体育休闲用品已大量使用碳纤维增强复合材料来制造。近年来，基于植物纤维增强复合材料的高的比力学性能和优异的阻尼性能，以及资源友好、绿色环保等特点，植物纤维增强复合材料也已开始被用于制造冲浪板、羽毛球拍、钓鱼竿、滑雪板、雪杖等体育用品（图 9.3），在赋予这些用品更优异的性能的同时，也实现了体育休闲用品可持续发展的目标。

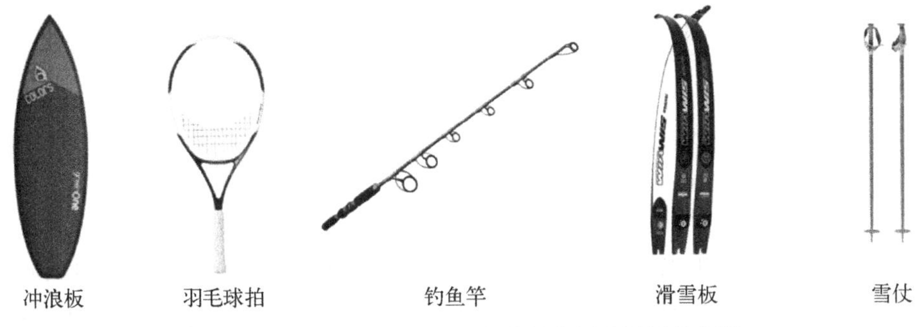

图 9.3　植物纤维增强复合材料在体育用品领域的应用

利用植物纤维特殊的空腔结构、阻尼特性及其连带的时尚性，近年来复合材料展会上也出现了一些使用植物纤维增强复合材料制造的音箱和以吉他为代表的乐器（图 9.4），这些新设计和新产品尚不足以冲击音乐和音响的传统市场，但不失为一种时尚的补充。有报道指出，采用植物纤维增强复合材料制备的乐器具有更佳的音色。

图 9.4　植物纤维增强复合材料在音箱（左）和乐器（右）领域的应用

目前，我国学者在植物纤维增强复合材料的力学高性能化和多功能化的基础理论与实验研究领域取得一系列特色鲜明的研究成果，基于这些新概念和新方法所制备的植物纤维增强复合材料结构在我国航空、轨道交通、新能源汽车等重要工程领域得到示范应用，如图 9.5 所示。利用多层级界面损伤断裂设计概念与多尺度声学结构细观设计原则，采用植物纤维增强复合材料制备了大型水陆两用运输机蛟龙 600 原型机的前机舱内壁板，不仅取得了较好的减重、隔音等效果，还增加了机舱结构的美感。这是绿色复合材料首次在国内飞机结构内饰上的亮相，该新产品和新技术向国内外传递了一种非传统、选择性的材料与结构的替代方案，为展示推动低碳、减排的“绿色航空”发挥了非常积极的作用。针对某型飞机舱内噪声过大所带来的困扰，研究人员采用平纹苎麻纤维织物、酚醛树脂与芳纶蜂窝，通过热压罐工艺制备了力学性能优异、隔声量高、重量轻、阻燃性好的内饰板和防冰板结构。这些结构已通过了相关环境适应性试验，并得到示范应用。所用到的技术主要包括植物纤维界面改性和阻燃处理技术、植物纤维增强复合材料的混杂叠层制备技术等，这一应用也证明植物纤维增强复合材料可以成为满足航空领域兼顾减重、降噪等需求的新型材料。近年来，通过多个航空舱内结构件的示范应用，表明苎麻、亚麻等生物质材料能够跟当前飞机制造所选用的玻璃纤维相竞争，证明了绿色复合材料在航空这一具有挑战领域的应用潜力。此外，采用了植物纤维界面处理技术和植物纤维增强复合材料的叠层混杂技术制备的植物纤维增强复合材料实现了结构功能一体化，此研究成果也在地铁内饰结构中得到示范应用。经过几年的路试运行，效果良好，实现了绿色复合材料在我国轨道交通工具内饰领域的首次验证及示范应用。此外，通过真空灌注工艺制得苎麻纤维/玻璃纤维增强聚酯混杂复合材料内饰板结构，并将染整图案的苎麻织物作为该内饰板表面装饰层，也已在轨道交通车辆中得到示范应用(如图 9.6 所示)。该内饰板易于制造，且能承载、吸收噪声并减振，比传统内饰板仅有的装饰作用更具性价比优势。

图 9.5　植物纤维增强复合材料结构功能一体化应用：(a) 蛟龙号 600 原型机内壁板结构；(b) 客机内饰结构示范件；(c) 地铁列车中的示范应用

注：在 973 项目的资助下，北京航空材料研究院、同济大学、中国科学院宁波材料技术与工程研究所等合作完成。

图9.6　苎麻织物/玻璃纤维混杂复合材料内饰板

采用与钢顶相同的等刚度结构设计，采用亚麻/黄麻混杂纤维与乙烯基树脂，通过真空灌注工艺为新能源汽车制备了复合材料车顶棚外覆盖件。图9.7为该车顶棚的制备工艺过程。除了承载之外，还提供了吸声和隔热的功能，与钢顶相比，实现减重达37.9%。

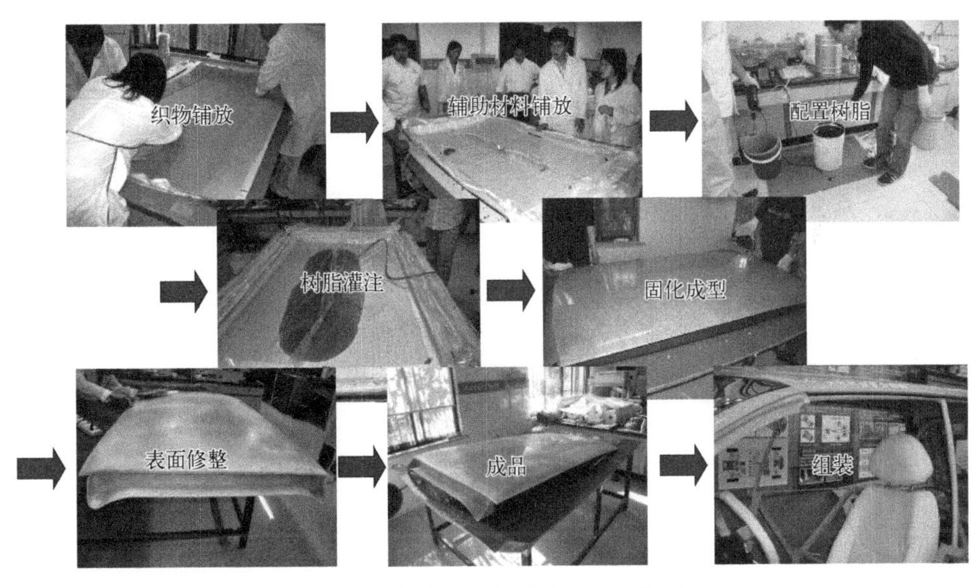

图9.7　植物纤维增强复合材料汽车顶棚制作过程

我国植物纤维资源十分丰富，通过研制高性能植物纤维增强复合材料结构，并实现其在航空、轨道交通、汽车、建筑等领域的规模化应用，不仅能够提高植物纤维的附加值和利用效率，而且对于解决全球环境和资源问题具有积极的意义。

参 考 文 献

[1] Puglia D, Biagiotti J, Kenny J D, et al. A review on natural fiber based composites part II: application of natural reinforcements in composite materials[J]. Journal of Natural Fibers, 2004,1: 23-65.

[2] Koronis G, Silva A, Fontul M. Green composites: a review of adequate materials for automotive applications[J]. Composites Part B: Engineering, 2013, 44: 120-127.

[3] Rwawiire S, Tomkova B, Militky J, et al. Development of a biocomposite based on green epoxy polymer and natural cellulose fabric (bark cloth) for automotive instrument panel applications [J]. Composites Part B: Engineering, 2015, 81: 149-157.